1 000 MW 超超临界火电机组仿真运行实训教程

主　编　晁　阳
参　编　任燕燕　何光艳　史玉凤
　　　　管新蕾　高云鹏

中国矿业大学出版社
·徐州·

内容提要

本书为中国矿业大学实习教学系列教材之一。全书围绕安全、经济、清洁的现代发电理念，以 1 000 MW 超超临界火电机组仿真为对象，介绍火电机组仿真基本原理；以 1 000 MW 超超临界火电机组仿真运行过程为主线，说明火电机组仿真从冷态到满负荷仿真实际操作的整个过程；以 1 000 MW 超超临界火电机组生产运行为基本内容，介绍火电机组系统组成、运行规定和典型事故分析及处理操作。全书共分 9 章，包括发电机组仿真原理概述、机组系统组成及运行规定、仿真系统基础操作及厂用电送电、机组就地操作、机组附属系统和设备投运、机组锅炉点火及升温升压、机组汽轮机冲转及并网带初负荷、机组升负荷及投入 CCS 运行、机组典型事故分析及处理操作等内容。

本书可作为普通高等院校本科、专科学生相关专业教材，也可作为相关工程技术人员的参考用书。

图书在版编目(CIP)数据

1 000 MW 超超临界火电机组仿真运行实训教程 / 晁阳主编. —徐州：中国矿业大学出版社，2022.12

ISBN 978 - 7 - 5646 - 5527 - 3

Ⅰ. ①1… Ⅱ. ①晁… Ⅲ. ①火电厂—发电机组—超临界机组—仿真系统—电力系统运行—高等学校—教材 Ⅳ. ①TM621.3

中国版本图书馆 CIP 数据核字(2022)第 148937 号

书　　名　1 000 MW 超超临界火电机组仿真运行实训教程

主　　编　晁　阳

责任编辑　章　毅　夏　然

出版发行　中国矿业大学出版社有限责任公司

(江苏省徐州市解放南路　邮编 221008)

营销热线　(0516)83884103　83885105

出版服务　(0516)83995789　83884920

网　　址　http://www.cumtp.com　**E-mail**:cumtpvip@cumtp.com

印　　刷　江苏淮阴新华印务有限公司

开　　本　787 mm×1092 mm　1/16　**印张** 12.5　**字数** 320 千字

版次印次　2022 年 12 月第 1 版　2022 年 12 月第 1 次印刷

定　　价　55.00 元

前　言

《1 000 MW 超超临界火电机组仿真运行实训教程》为中国矿业大学实习教学系列教材之一。编写这套系列教材的主要目标是提升学生的工程实践能力、创新能力和竞争能力。随着我国电力工业的发展和电力工业经济体制的改革，电力企业的市场竞争日益激烈，对人才的选择提出了更高的要求，一些大型电力企业已明确要求毕业生必须经过电厂仿真培训。为了适应电力行业人才市场需求，完善人才培养方案，我们依托中国矿业大学低碳能源与动力工程学院电厂仿真中心实验室，以及仿真中心所拥有的火电站 135 MW、300 MW、1 000 MW 等各种容量等级的单元制机组仿真实训系统，编写了这本为能源与动力工程专业“火电厂机组运行与仿真”实验课程以及能源与动力工程专业生产实习配套的实训教材。教材力求适应岗位需求，体现专业培养与行业需求“无缝对接”的工学结合特色，突出现代大型火电机组及其热力系统的实际运行仿真操作，强化设备运行知识及典型事故分析与操作处理，旨在培养、提高学生的实践创新能力。

本书由中国矿业大学晁阳担任主编，编写第 5 章、第 6 章、第 8 章，并对全书统稿；中国矿业大学任燕燕编写第 1 章、第 7 章、第 9 章；中国矿业大学何光艳编写第 4 章；中国矿业大学史玉凤编写第 2 章；中国矿业大学管新蕾编写第 3 章；中国矿业大学高云鹏负责全部图片编辑。书稿得到了中国矿业大学韩东太教授、宋正昶教授和于东升教授的审阅，并提出许多宝贵意见，在此深表谢意。由于编者水平所限，书中不足之处在所难免，恳请读者批评指正。

编　者

2022 年 3 月

目　录

第 1 章　发电机组仿真原理概述

1.1　仿真的有关知识

1.1.1　仿真的定义

仿真的直接含义就是模仿真实事物，也就是用一个模型来模仿实际系统。仿真是不可能完全等同于实物的，但其基本内容相同，即仿真必须反映系统的主要特征或本质特性。

建模和仿真是人类处理实际问题的一种有效工具。模型一般有精神模型、物理模型和数学模型三种类型。

精神模型仅是一个思维过程，通常并不严密，只能给出一个粗略的定性结论。而在做仿真研究时，总是需要把精神模型转化成物理模型或数学模型，即将我们大脑中的想象，用实物或数学方程来表达，这就是所谓的建模过程。

物理仿真利用物理模型来进行仿真，其理论基础是相似理论，其必要条件是几何相似。对于复杂系统，建立物理模型往往比较困难，物理模型造价高、精度低、开发周期长且不适应数据变化，所以物理仿真应用较少，主要用于不易求得系统数学模型的情况。

数学仿真利用数学模型进行仿真，其实质就是对数学模型进行求解。同样是对于复杂系统，建立数学模型则相对比较容易，数学模型造价低、开发周期短且模型易修改并有很强的适应能力，所以数学仿真应用较广。

计算机仿真用计算机求解建立起的数学模型来进行仿真。20 世纪 70 年代以来，数字计算机发展迅速，所以目前研究的计算机仿真系统大都是数字计算机仿真系统。

综上所述，我们对计算机仿真给出一个明确定义：仿真是将一个能近似描述实际系统的数学模型进行二次模型化，形成一个仿真模型，然后在计算机上进行运行的过程。

1.1.2　计算机仿真的过程

对系统进行仿真时，首先要求得它的数学模型，此过程被称为一次建模。

一次建模得到的数学模型，其描述系统所用的数学表达式一般为微分方程、偏微分方程、代数方程和差分方程等，而计算机算法语言大多不能直接求解微分和偏微分方程，因此在对模型求解前，必须将其转换成能用计算机算法语言描述的形式，这个转换过程被称为二次建模。

得到计算机算法语言表达的模型后，需要编制相关仿真程序，并将其在计算机上运行，得到运行结果。这个结果既可能是系统响应数据，也可能是系统响应曲线。对于实时仿真系统来说，其运行结果可能是仪表显示的变化，也可能是某些实际机构的动作。

最后需要对实现仿真结果进行验证认可。只有当设计者认可了仿真的必要条件，以及认为决定这些条件所进行的试验和验证工作满足要求以后，仿真工作人员才能认可该仿真程序。

综上所述，计算机仿真分为四大步骤，如图 1-1 所示。

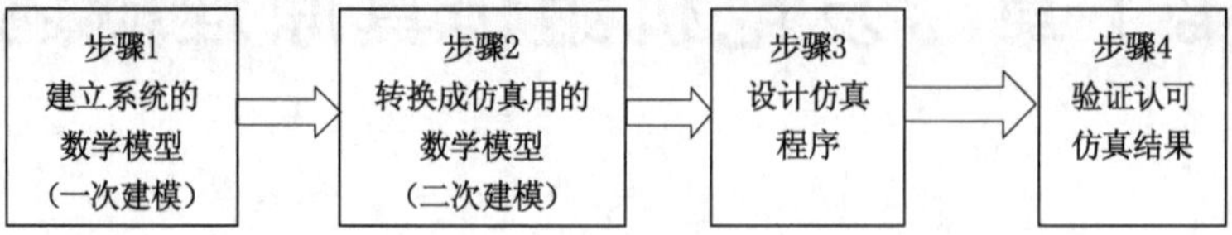

图 1-1　计算机仿真的步骤

1.1.3　仿真的分类

计算机仿真分类方法很多：按使用的模型来分，可分为物理仿真和数学仿真；按使用的计算机类型来分，可分为模拟计算机仿真、数字计算机仿真和混合计算机仿真；按所描述系统的类型来分，可分为连续系统仿真和离散事件系统仿真；按仿真试验中时间标尺 τ 与实际时间标尺 t 之间的比例关系来分，可分为实时仿真（$\tau/t=1$）和非实时仿真（$\tau/t\neq1$）。

1.1.3.1　连续系统仿真

连续系统是指输出随时间连续变化的系统，它的输出在任何时刻或任何时间间隔都可测量到。我们周围存在的系统大多数是连续系统，火电机组中各类系统也都是连续系统。

1.1.3.2　离散事件系统仿真

离散事件系统与连续系统正好相反，其输出不随时间连续变化，它的输出仅能在一定的离散时间间隔中测量到。

对于连续系统，可以用微分的概念表达在一个无穷小的时间间隔内，系统状态量无穷小的变化量。对于离散事件系统，则需要用在某一离散时间间隔内，系统状态量的有限差分来表达。

1.1.3.3　实时仿真（$\tau/t=1$）

实时仿真是指仿真时系统的响应速度与实际系统的响应速度一致。

1.1.3.4　非实时仿真（$\tau/t\neq1$）

非实时仿真与实时仿真正好相反，非实时仿真时系统的响应速度与实际系统的响应速度不一致。当仿真系统的响应速度大于实际系统的响应速度时，称之为超实时；反之，则称之为慢实时。

实时仿真主要用于有实物参与仿真实验的情况，在这种情况下，实物的响应速度既不能超过实时，也不能慢于实时。所以数学模型部分的计算速度无论怎样快，也必须等待实物的响应，并在某一点上达到与实物响应时间一致，否则将会导致错误的仿真结果。

本书所讨论的火电机组仿真系统是一个连续的、实时的数字仿真系统。

1.2　火电机组仿真机综述

1.2.1　仿真机的基本概念

仿真技术除被应用于系统分析、研究与设计之外，也被广泛应用于训练与教育。

随着计算机仿真技术的发展，早期由实物组成的仿真训练系统如今已被由计算机构成的仿真训练系统所替代，我们把这种仿真训练系统称为仿真机(simulator)。仿真机主要由操作员台、计算机系统和教练员台三个基本部分组成，其组成原理框图如图 1-2 所示。

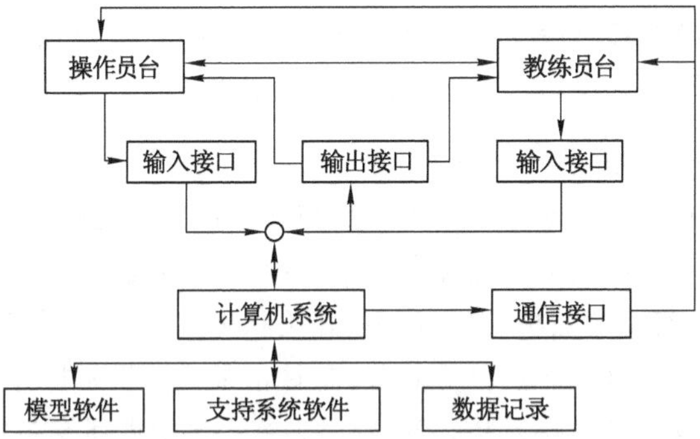

图 1-2　仿真机组成原理框图

计算机系统包括输入接口、输出接口、通信接口、主计算机、被仿真系统模型软件、支持系统软件以及运行中的数据记录等。

输入接口、输出接口及通信接口用于沟通操作员台、计算机系统和教练员台之间的信号联系。

操作员台是一个物理设备，它既可以是针对一个人培训的操作平台，也可以是针对一组人培训的操作平台。例如，飞机驾驶员起降训练仿真机的操作员台有飞机驾驶舱中各种仪表及操纵按钮；火电站仿真机的操作员台有火电站运行控制室内各种显示仪表、操作按钮、运行监视器及一些光字牌等。

教练员台是多功能、多用途的培训控制中心，教练员通过它控制整个仿真机的工作。对教练员台的主要要求有三项：能给教练员提供一套全面的控制培训工具；教练员能容易地完成各项控制任务；程序运行及相应结果必须完全是可重复的。

火电机组仿真机主要应用于培训操作员、事故分析、开发论证与修改运行规程、电站系统分析与设计、测试评估控制系统的配置和人为因素评估等方面。

1.2.2　火电机组仿真机的分类

火电机组仿真机从使用目的和仿真范围考虑，可分为六种类型。

1.2.2.1　部分任务型仿真机

部分任务型仿真机(part task simulator)仅模拟电站中部分设备和系统。例如，球磨机系统仿真机仅能训练球磨机的操作程序及检查一次风、二次风对球磨机的影响。这种仿真机无从中法对电站整体操作形成全貌了解，所以用处不大。

1.2.2.2　基本原理型仿真机

基本原理型仿真机(basic principles simulator)对火电机组运行操作的基本概念提供一个有效的基本训练，由简化的电厂主要设备的流程图显示及彩色模拟图，以及少量模拟盘台组成。但实际电厂控制室中有多个控制台，不单单是流程图显示或彩色模拟图，故此在这种仿真机上，操作员只能学到较少的实际电站设备的操作知识，没有进一步训练发展的价值。

1.2.2.3　通用型仿真机

通用型仿真机(generic simulator)被用来说明运行操作的基本规则，它对电厂复杂系统进行了一定程度的简化。通用型仿真机通常由一至三个控制台组成，由于没有包含电厂全部系统和控制模型，其操作并不完全像在实际电厂中进行的操作那样。通用型仿真机容易掌握，但对有经验的操作员来说，没有进一步训练的必要。

1.2.2.4　近似复制型仿真机(全范围仿真机)

近似复制型仿真机(near-replica simulator)是在被指定仿真电站控制及电站本体结构设计完成以后才建立仿真模型的。近似复制型仿真机的操作员台复制了实际电站的各种操作及反应，但也仅复制了对培训有用的面板、显示仪表、开关和按钮(一般复制实际电站系统的85%到90%)等。这种仿真机能模拟电站运行中遇到的各种正常或不正常操作，其操作及反应与实际非常相似，即使没有完全复制出实际环境，仍能让被训练人员感觉到像在实际电站中操作一样。

全范围仿真机(简称全仿真机)能仿真实际电站控制室中从燃料输送到发电输出全范围的操作，但其对操作盘台大多进行了一些简化。例如，某些疏水、排污操作被省略，多个相同操作归并为一个操作；双侧两台空气预热器归并为一台大容量空气预热器等。全范围仿真机等同于近似复制型仿真机。

1.2.2.5　精确复制型仿真机

精确复制型仿真机(exact replica simulator)是被仿真电站控制室的完全复制品，它的各种显示仪表、形状和按钮与实际操作台完全一致。仿真机上的操作及反应与实际电站中的没有差别。这种仿真机的数学模型极其复杂，需要较多的硬件设备，造价很高。与近似复制型仿真机相比，精确复制型仿真机的培训效果并不显著，大多用于训练安全程度要求较高的核电站仿真。

1.2.2.6　基于CRT的仿真机

基于阴极射线显像管(cathode ray tube，CRT)的仿真机(CRT-based panel simulator)可以是全范围型的，也可以是精确复制型的。这种仿真机通常由多台PC机(personal computer)组成，控制室中各种显示(或指示)仪表、开关和按钮等都用软件设计成图案显示在CRT上。它不存在硬操作员台，操作员的所有操作都是通过触摸屏幕或操作键盘来实现的，所以这种仿真机也被称为软盘台仿真机。

1.2.3　火电机组仿真机的基本能力

(1) 提供一个连续的实时运行环境，真实地仿真整个电站的运行工况，实现在多种工况下机组启动、停机和正常运行的监视及操作，全部操作结果(无论是正确操作还是错误操作)

都与实际电站反应一致。

(2) 正常或异常状态下的全部参数在相应的仪表、CRT 及记录仪表等设备上显示和记录。当参数达到或超过极限时，与实际电站一样报警或逻辑联锁保护动作。

(3) 提供机组在不同运行条件下，分析和改进操作方式并进行优化的试验条件。

(4) 提供正确的故障、事故现象仿真，以提高机组运行人员正确判断、处理各种故障及事故的应急能力，并为进一步改进操作方式和制定反事故对策提供参考。

(5) 对机组的控制系统进行仿真试验和控制系统的参数整定。

1.2.4　火电机组仿真机的仿真范围

仿真机按生产流程进行仿真，从燃料制备开始，到发电机、主变压器组为止，包括锅炉、汽轮机、电气、控制与保护四大部分。

(1) 锅炉：锅炉本体、燃烧与风烟系统、汽水系统、燃料制备系统和辅机系统等。

(2) 汽轮机：汽轮机本体、凝汽器与循环水系统、回热与疏水系统、除氧与给水系统、旁路系统、辅助蒸汽系统及油系统等。

(3) 电气：发电机本体、主变压器、励磁系统、厂用电系统和冷却系统等。

(4) 控制和保护：协调控制系统、模拟量控制系统、数字电液调节系统、旁路控制系统、顺序控制系统、监控系统、联锁保护系统、单回路调节系统等。

1.2.5　火电机组仿真机硬件构成

仿真机硬件主要由仿真计算机、操作员台、教练员台、输入/输出(I/O)接口、计算机网络等构成。

仿真计算机好比仿真机硬件系统的心脏，它负责运行仿真软件，并将运行结果发送至 I/O 总线及教练员台上。

操作员台是受训学员的人-机操作界面，具备相应设备以监视和控制仿真电站的运行状况。对目前国内主力机组仿真机而言，操作员台通常包括常规控制盘台、DCS 操作员台以及就地操作台等设备。

教练员台用于控制仿真机的运行、监视与评价学员效果操作。

I/O 接口用于实现仿真计算机与常规控制盘台间数字量/模拟量转换，进而满足两者之间的通信要求，包括模拟量输入(AI)板、模拟量输出(AO)板、数字量输入/输出(DI/DO)板和同期表专用接口等。

目前国内投入的主力机组中，均采用分散控制系统或计算机数据采集系统。各仿真机生产厂家，亦采用微型计算机或工作站仿真实现监视操作，它们与仿真计算机之间通过网络实现数据通信。随着计算机技术、电站工业过程测控设备及数字仿真技术的发展，如今仿真机硬件系统大多采用精简指令集计算机(reduced instruction set computing，RISC)结构工作站，与多台微型计算机之间构成分布式系统。

1.2.6　火电机组仿真机软件系统

典型的培训用仿真系统软件通常包括计算机系统软件、仿真支撑软件、教练员台软件和电站仿真软件等四个部分。

仿真机硬件系统是仿真机软件的运行平台，并构成仿真机人-机界面，其质量直接影响仿真机总体性能和物理逼真度。现如今计算机处理能力大幅度提高，各计算机厂家采用中档以上的服务器和工作站均可满足电站仿真软件的实际运行需要，所以现在仿真机的好坏主要取决于仿真软件性能的高低和功能的强弱。

1.3 仿真机的精度

仿真机的精度是指仿真机仿真实际电站设备的行为，在静态与动态响应方面的精度，也被称为非物理逼真度或功能逼真度，属于仿真机软件及数学模型的范畴。

仿真机的精度分为稳态精度和暂态精度两类。

1.3.1 稳态精度

仿真机的稳态精度是相对于满负荷和几个特定中间负荷值来确定的，这些工况的实际数据可以在参考电站中通过测试获得，测试过程应遵循下述原则。

(1) 仿真机计算值的精度应该在全负荷范围内至少选取 3 点进行检验。

(2) 仿真机仪表误差应不大于参考电站的相应仪表、传感器和有关仪表系统的误差。

(3) 满足质量和能量平衡原理。例如蒸汽量与发电负荷平衡，给水流量与蒸汽量平衡。

稳态精度实际测试过程中最基本的要求是仿真机在具备参考电站控制系统配置情况下，其关键参数的稳态工况与满负荷工况下的运行计算值应是稳定的，且与参考电站测量值的误差不大于±2%，并给出各关键参数的允许偏差。

关键参数是指与电站能量和质量平衡相关的一些参数，例如主蒸汽流量及压力、给水流量、机组负荷、汽机各压力缸蒸汽流量、高压缸入口蒸汽温度及蒸汽压力、过热蒸汽与再热蒸汽减温水流量、过热器出口蒸汽温度及蒸汽压力、再热器出口蒸汽温度及压力、凝汽器压力、燃料量、空气量等。

(4) 当负荷大于 35%，如负荷在 50%、75%和 100%时，仿真系统关键参数的计算值与参考电站的设计值的静态误差应小于 2%。

(5) 在仿真机控制盘上监视的与电站运行相关的非关键参数计算值，同参考电站设计值之间的误差应小于±10%。

1.3.2 暂态精度

仿真机的暂态精度是指仿真机在仿真机组启停、升降负荷、故障、异常及其他非稳态运行工况时，相对于同样运行条件下仿真机动态特性与实际电站动态特性之间的差别。

要给出一个定量的暂态精度要求，并定量地测试出仿真机的暂态精度是非常困难的。这里仅给出仿真机在暂态工况下运行时应达到的基本要求。

(1) 在拥有电站启动试验步骤验收指标的情况下，仿真机应有与之相同的指标。

(2) 在暂态操作过程中，全部参数的变化应达到不破坏仿真真实性的要求。所观察的参数变化方向和幅值应反映出实际电站中相应参数在暂态工况中的特性，同时并不违反物理定律。

(3) 在同样状态下，如果实际电站发生了报警和自动动作，仿真机也应发生同样的报警和自动动作；如果实际电站没有发生报警和自动动作，仿真机也不应发生报警和自动动作。

(4) 由于可提供的暂态数据有限，所以暂态运行时的精度要求比稳态运行时要低。此时仿真机的暂态精度，可参考下述3项要求进行粗略分析。

① 仿真机的暂态响应与实际电站的暂态分析数据比较时，关键参数偏差不超过±10%。

② 在仿真一个已运行的电站时，如果提供了足够的电站试验数据，仿真机与实际电站启动数据比较时，关键参数的容差为±10%。

③ 在同样的运行条件下，所有系统的暂态特性时间与参考电站的暂态特性时间之间误差在20%之内。

(5) 没有办法根据以上第(1)条至第(4)条要求进行检验的故障和暂态过程，应该与最佳估计或其他已有资料进行比较检验，并至少满足第(2)条的要求。

1.3.3　影响仿真机精度的因素

影响仿真机精度的因素，主要从以下五个方面来考虑。

1.3.3.1　数学模型

影响仿真机精度的最重要因素就是描述被仿真电站热力设备的数学模型。发电机组是一个非常庞大的系统，设备与设备之间有着千丝万缕的联系。在建立设备的数学模型时，一般会对一些干扰因素进行简化或忽略，而当把各局部模型连接到一起时，整体模型的精度会较局部模型变差，对整个发电机组来说，仿真系统模型精度并未能达到极度准确的程度。

1.3.3.2　数字仿真算法

计算数学模型所选用的数字仿真算法是影响仿真精度的另一个重要因素。仿真系统设计所采用的数字仿真算法绝大多数选用欧拉法，而不是选用更高阶(即更精确)的算法，主要原因是欧拉法计算速度快，能满足仿真系统实时计算的要求。

1.3.3.3　A/D接口和D/A接口

A/D接口的任务是把接收操作员台发出的模拟量输入信号转换成数字量信号后，发送给仿真计算机。D/A接口的任务是把接收仿真计算机发出的数字量输出信号转换成模拟量信号后，发送给操作员台。

在A/D转换和D/A转换过程中，虽然会对仿真机精度造成一定程度的降低，但相对于数学模型及仿真算法而言，上述两个转换对仿真系统精度的影响微乎其微。

1.3.3.4　仪表误差

操作员台上仪表的误差，会对仿真系统精度产生很大的影响。如果仪表选择不当，会使仿真系统精度大大降低，所以仿真系统的仪表误差不应大于实际参考电站相应的仪表误差。

1.3.3.5　计算机字长

从理论上讲，计算机字长也会影响仿真系统精度。因为在计算数学模型时，迭代计算的舍差会降低计算模型的精度，但是目前仿真系统采用的计算机多为32位或64位，其舍差是非常小的，所以计算机字长对仿真系统精度的影响也可以忽略不计。

1.4 仿真机数学模型

火电机组仿真系统的设计关键是数学模型的建立与调试。一般情况下，为了加快建模速度，提高建模质量，仿真系统的数学模型通常采用模块化的建模结构。

事先将辅机设备、能量转换环节、操作调节机构及本体中各部件的数学模型编写成通用模块，在设计和调试电站仿真系统数学模型时，只要根据电厂实际的设计参数、运行数据，将各模块中相关系数填入，再结合各环节及设备连接方式，把这些模块的输入、输出变量联系起来，即可经过调试形成该电厂的仿真模型。

1.4.1 锅炉数学模型

锅炉模型往往具备以下几个特点。

(1) 锅炉是一种体积庞大、系统复杂的能量转换设备。

锅炉运行中有燃料的化学反应、工质与能量的释放与贮存、工质的循环流动和能量传递等过程，对其中各个过程采用数学公式、经验公式、表格或图形等来表明状态参数之间的关系，所有的数学公式、经验公式、试验曲线和数据表格等均属于锅炉的数学模型。完整的锅炉数学模型就是由这些数学关系综合而成的，它描述了锅炉系统输入、输出变量之间主要的数学关系，可以通过计算机求解，反映实际系统的运行情况。

锅炉运行中，如果输入与输出物质和能量保持不变，并且处于平衡状态，那么锅炉内部的各种参数基本上都是稳态的，这些参数值既可以实际测定，也可由热力学、水动力学和气体动力学等静态计算求出。在各种稳定工况下，各状态参数之间总是存在某种特定关系，这些关系可用公式、图形和表格等数学形式来表达，从而构成仿真对象的静态数学模型。

在工况变动过程中，或者说在不稳定状态下，哪些参数会发生变化、参数变化速度和历程如何这些问题都属于动态问题。动态数学模型描述的是系统或过程在不稳定状态下，各种参数随时间变化的数学关系式。这些数学关系式，一方面依据物理与化学基本定律，另一方面取决于系统结构特点和初始工作条件。从理论上讲，动态数学模型决定的所有参数最终稳态值应该与静态数学模型决定的参数值完全一样，两种模型在稳态工况下是统一的。

对于现代大型锅炉，其数学模型主要是指建立动态模型。

(2) 锅炉本体空间大，包括处于不同热力学状态的各种介质，它们各处参数绝大部分是三维空间函数，具有明显的分布式特点，其数学模型往往是非线性的。

在静态计算中，通常采用分区集总的办法，即对每个区域内的各种参数，分别用平均值来代替，也就是简化为集总参数模型，即把整个通道中的介质分成了若干区段，使其具有分布参数的特点。

在动态模型中，对某一区段内的一种或几种参数，有时也可按分布参数来处理。一般认为同一通道横截面上的参数是均匀的，参数仅沿工质流向发生变化，这就将三维空间分布参数简化为一维分布参数。

集总参数动态模型是时间变量的常微分方程组，而一维分布参数的动态模型是含有两个自变量(距离和时间)的偏微分方程组。

(3) 工作过程复杂。

在锅炉内部有几种不同性质和不同状态的介质，如风、烟、汽、水、燃料和灰渣等，它们同时发生多种化学反应和多种物理过程，如燃烧、传热、水动力、气体动力、制粉和热化学等，各种过程之间还存在着交叉影响。

锅炉动态模型一般仅研究压力、温度和流量等热力学参数的变化过程。至于锅炉内部其他一些极其复杂的工作过程，如汽包中汽水分离过程、汽水管道内两相流动过程以及煤粉管道内汽固两相流动过程等，在建立锅炉模型时，只能在宏观上加以适当反映。

(4) 不同的动态过程，时间常数差别很大。

锅炉内各物理现象动态过程的速度变化相差很大。如在同一汽、水流程中，可测量到的压力参数变化较快，而可测量的汽流量/水流量变化则较慢。对于这些速度变化差别较大的过程，动态仿真时一般会加以区别对待，例如分成流量模块和传热模块分开处理。

(5) 多变量和多回路。

锅炉有许多输入量和操作量，如燃料量、给水量、减温水量、燃烧器倾斜角度、送风机和引风机挡板开度、烟气再循环挡板开度等。也有许多输出量，如汽水侧和烟气侧各点的压力、温度和流量等。这些输入量和输出量之间是密切相关且相互影响的，因而会形成若干并联、串联和交叉影响的闭合回路，使锅炉模型成为一个多元函数方程组。

1.4.2　汽轮机数学模型

汽轮机数学模型主要由蒸汽流量及功率计算、旁路系统、液压调节系统及油系统、振动和串轴、转子热应力计算、汽轮机寿命预测、缸体及法兰加热系统、缸温和胀差等模块组成。

建立汽轮机模型时，一般从以下几个方面进行考虑。

(1) 汽轮机的具体结构因制造厂商不同而有所差异，故其控制系统类型也有所不同。

(2) 汽轮机热惯性较小，在机组正常运行时，汽轮机的动态变化过程比锅炉的动态变化过程快得多。

(3) 汽轮机流量计算和功率计算通常采用以级为环节或以高压缸和中低压缸为环节两种方法。

(4) 热工参数一般由图表来表示，通常采用下面两种方式处理。

① 将图表中某一区域的数据进行回归分析，得出拟合公式，确定参数值。

② 将图表中的数据存入计算机，利用插值计算得出所需要的数据。

(5) 液压调节系统及油系统，因机组结构和运行方式不同，调节的要求也不同，但调节本身并无本质区别，都是利用调速器来控制调节阀的开度。

(6) 轴承振动与轴位移。

轴承振动是机组转速的函数，并考虑临界转速、油流、轴承油温、水冲击、局部磨损和偏心率等因素的影响。

轴位移是轴向推力的函数，轴向推力反映出汽流的某种不平衡。

(7) 缸体及法兰加热系统、缸温、胀差值和热应力。

汽轮机启动和运行中，缸体的温度、热应力、膨胀程度和胀差值等不仅与进汽流量、汽温和加热汽流有关，而且与缸体和转子的结构尺寸、质量有关，无法用简单的函数关系表示。通常认为，缸体温度和膨胀程度主要取决于汽温和加热汽流，而热应力与金属温度变化率有关。

(8) 热应力计算及寿命预估。

热应力是分布参数系统，由偏微分方程组描述。汽轮机寿命主要依据热应力进行估算。

1.4.3 电气部分数学模型

电气部分数学模型主要是针对发电厂电气设备动态过程与静态过程、发电机与变压器冷却系统等方面进行设计的。

1.4.3.1 发电机系统模型

(1) 反映发电机的全部物理过程，符合转子运动方程式和电流、电压方程式，对仿真机所有工况提供准确合理的动态响应。

(2) 反映发电机从启动到满载再到停机的全过程，包括在此过程中可能产生的振荡失步、非全相运行等工况。

(3) 反映发电机的空载特性、短路特性以及各种负载下的有载特性，准确反映出现发电机内部与外部短路故障时发电机的动态过程。

(4) 准确描述发电机手动、自动同期操作，以及在此操作下定子电压、定子电流及转子电压、转子电流的变化。

(5) 反映发电机冷却系统和密封油系统的工作过程，以及由于故障而引起的发电机报警和保护动作。

1.4.3.2 励磁系统模型

励磁机和励磁调节器的类型各有不同，因而仿真模型也各不相同，较为典型的有同轴交流他励式和静止可控硅整流式两种。

(1) 按真实系统中励磁机与调节器的类型及动态特性建模，正确描述主、副励磁机在各种工况下的运行过程，并反映强励和灭磁的动态过程。

(2) 反映手动、自动调节励磁的仿真及其相互切换的操作。

(3) 励磁系统的故障仿真和保护仿真。

(4) 如系统有备用励磁机，则要对备用励磁机进行仿真。

1.4.3.3 主变压器模型

主变压器模型首先要符合各相绕组的电势平衡方程式和各相绕组间的励磁平衡方程式，模拟正常运行、事故过负荷以及高压侧外部短路故障等一系列状态下的动态过程。

此外，模型还应包括主变压器冷却系统工作过程及其对主变压器的影响。

1.4.3.4 厂用电系统模型

厂用电系统模型包括高压厂用变压器模型、低压厂用变压器模型、厂用电启动/停运操作及主/备变压器切换关系等。

其中，仿真断路器操作应包括与操作有关的联锁保护等逻辑关系。

1.4.4 调节与控制逻辑模型

对于仿真系统中的调节与控制逻辑模型，有以下几方面说明。

(1) 燃煤火电厂过去多采用由电动仪表与气动仪表构成的控制系统，其顺序控制、联锁保护逻辑较简单，调节控制方法大多停留在单回路控制方式和一些简单的协调控制，其仿真工作相对来说比较简单。

(2) 在全工况数学模型中，除各种生产过程连续系统模型的计算之外，还包括数以百计的运行状态、故障状态以及许多逻辑保护联锁关系的运算。对此专门设置了许多事件变量，用以表示各种操作开关运行状态、各种辅助机械运行状态、阀门开关状态、各种保护装置状态、各种联锁系统状态以及故障状态等。

(3) 事件变量类型比较复杂，有以下三种形式。

① 事件变量是较为简单的(0,1)变量，它们的取值只有 0 或 1 两种状态。例如接点是否闭合，操作按钮是否按下，阀门是否打开等等。

② 事件变量除了 0 或 1 两种状态之外，还可以在 0 到 1 之间取值。例如阀门的不同开度，可以停留在 0 到 1 之间的任何位置上。

③ 事件变量虽然可以在 0 到 1 之间取值，但却不能停留在 0 到 1 之间的任何位置上，只能是经由中间状态逐步由 0 变到 1，或由 1 变到 0。例如各种辅机、电机启停过程状态变量。

(4) 各种不同的故障状态，可以用上述各种变量中的一种来表示。

例如各种参数的超限报警信号，可以用简单的(0,1)变量来表示，并按不同的方式接通或断开报警信号灯。

某些故障会有不同的严重程度，可以用 0～1 状态变量来表示。

某些故障会产生相应的积累，可以采用累计量来表示。

某些参数越限时会触发另一些状态量的变化，例如表示一些管道堵塞的过程。

某些事件变量可以直接参与各子系统连续系统模型的计算中。例如表示阀门开度的(0,1)或(0～1)变量可以直接参与流量公式的计算；参数为 0 时表示阀门关闭或流量为 0，参数不为 0 时则表示有流量通过等。

某些事故状态量直接控制某些数学模型是否参与运算。例如汽包满水或缺水，水泵是否产生汽蚀等故障模型的运算。

更多的事件变量直接参与逻辑保护程序模块的运算。例如油泵未运行时，许多辅机是不能启动的；锅炉的燃烧与风机、磨煤机及程控点火系统之间有着复杂的联锁关系；汽轮机本体和电气系统也有许多保护系统。

(5) 大型机组采用分散控制系统(DCS)。

DCS 中采用了许多新的控制算法，既增强了控制效果，也增加了控制逻辑和调节系统的复杂程度。这些控制系统通常包括 SCS(顺序控制系统)、BMS(燃烧器管理系统)、DEH(汽轮机电液调节系统)、MEH(给水泵汽轮机控制系统)、CCS(协调控制系统)、DAS(数据采集系统)、FSSS(锅炉炉膛安全监控系统)和 BPS(旁路控制系统)等。

做控制系统仿真时，进行一定的简化是必要的，但是必须保证逻辑关系和控制回路一致，以及功能作用相同。

第 2 章 机组系统组成及运行规定

2.1 机组系统组成

火力发电机组由锅炉、汽轮机和发电机三大主机及其众多辅助设备组成。锅炉的任务是生产蒸汽,即把煤、油等燃料的化学能转化成具有一定压力和温度的蒸汽热能;汽轮机把蒸汽热能转化成机械能;发电机则把机械能转化成电厂的最终产品——电能。

为使现代化大型火力发电厂的大容量机组获得较高的经济性,均采用蒸汽中间再热的方式。该方式使蒸汽在汽轮机高压缸做功以后返回锅炉再加热,而后又送入汽轮机中低压缸继续做功。

在实际运行中,当几台汽轮机承担的负荷不一致时,要求各台锅炉提供的蒸汽初参数和再热蒸汽参数达到完全一致是非常困难的,于是出现了单元机组,即由一台锅炉配合一台汽轮机、一台发电机及主变压器构成纵向联系的独立单元。每个单元发出的电功率直接送到变电所母线,各个单元之间没有大的横向联系(各个单元之间有公用蒸汽系统用于机组启动、停运等),正常运行时本单元所需要的蒸汽和厂用电均取自本单元。这种独立单元系统的机组称为单元机组。

这类大型火力发电厂 1 000 MW 机组热力系统如图 2-1 所示。

2.2 机组主机设备

2.2.1 锅炉

锅炉是火力发电厂三大主机中最基本的能量转换设备,其作用是使燃料在炉内燃烧放热,并将锅内工质由水加热成具有足够数量和一定质量(汽温、汽压)的过热蒸汽,供汽轮机使用。锅炉设备包括锅炉本体和辅助设备两大部分。

锅炉本体由"锅"和"炉"两部分组成。"锅"是指锅炉的汽水系统,由省煤器、启动分离器、下降管、水冷壁、过热器、再热器等设备组成。"炉"是指锅炉的燃烧系统,由炉膛、烟道、燃烧器及空气预热器等设备组成。

锅炉辅助设备包括锅炉本体以外的全部设备,主要有输煤、制粉、通风、给水、除尘、除灰、水处理设备及热工仪表等。

(1) 输煤设备:由卸煤、储煤、碎煤及输送等设备组成,用以保证燃料的供应。

(2) 制粉设备:由给煤、磨煤、干燥及分离等设备组成,用以磨制并供应合格的煤粉。

(3) 通风设备:由送风机、引风机、烟风调节装置、烟风道及烟囱等组成,用以保证燃料

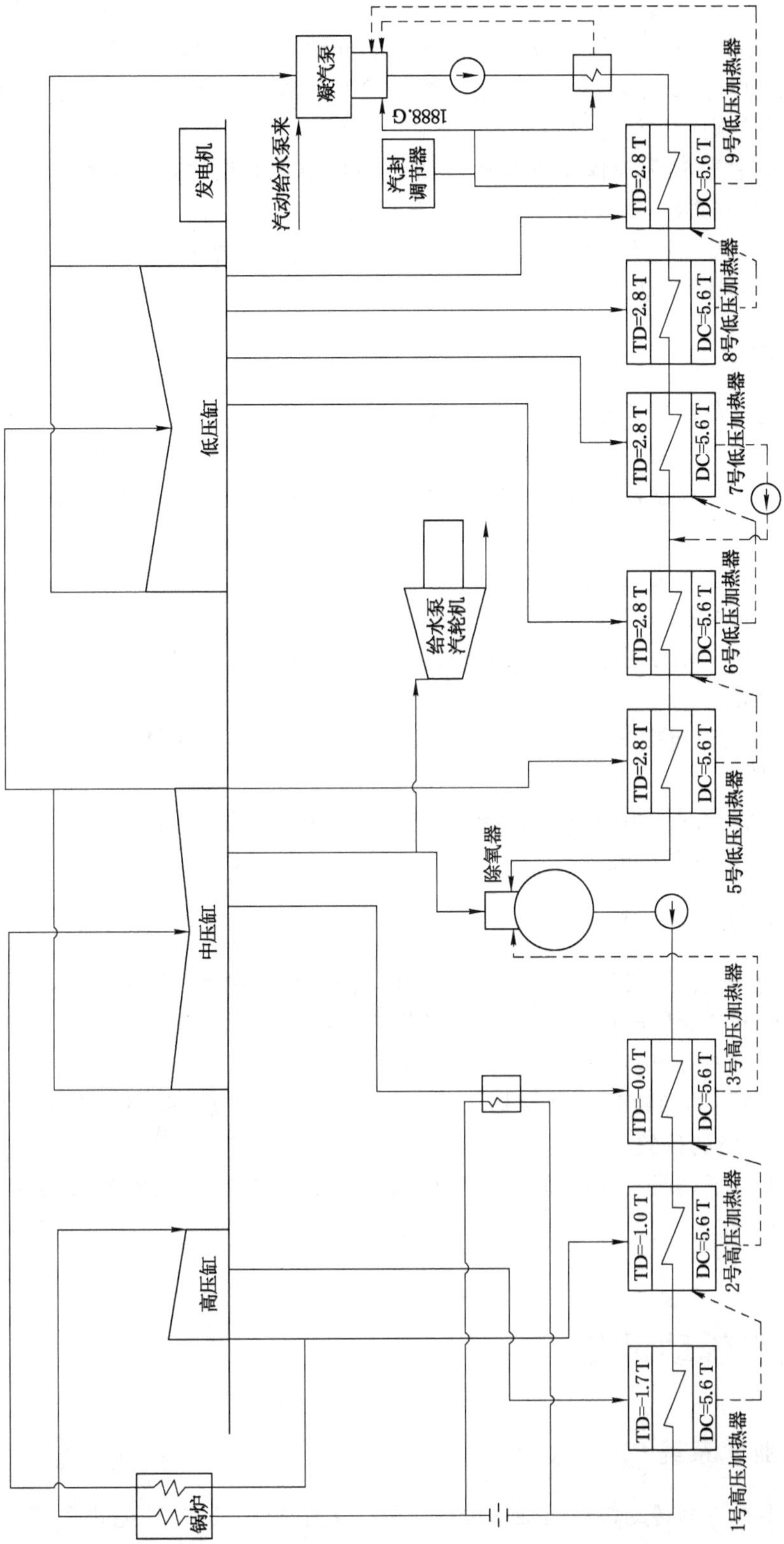

图 2-1　1 000 MW 机组热力系统

燃烧所需空气的连续供应及所产烟气的顺利排出。

(4) 给水设备:由给水泵、管道及附件组成,用以保证向锅炉连续可靠地供水。

(5) 除尘、除灰设备:燃料燃烧后,其灰一部分随烟气飞出,称之为飞灰,另一部分从炉底排出,称之为灰渣。除尘设备用来清除烟气中的飞灰,防止环境污染,并可减轻引风机的磨损。除灰设备则用来清除燃烧剩余的灰渣,并将其送往灰场。

(6) 水处理设备:为确保蒸汽品质及防止锅炉结垢和腐蚀,电站锅炉都设有水处理设备,用以清除水中的悬浮物、油类、溶解性气体以及各种盐类等。

(7) 热工仪表及其他:为了保证锅炉安全、经济地运行,需配备安全门以及水位表、温度计、压力表、流量计、氧量计等多种仪表。

2.2.2 汽轮机

汽轮机也称蒸汽透平发动机,是一种旋转式蒸汽动力装置,高温、高压蒸汽穿过固定喷嘴成为加速的气流后喷射到叶片上,使装有叶片排的转子旋转,同时对外做功。汽轮机是现代火力发电厂的主要设备,具有单机功率大、效率高、运转平稳、单位功率制造成本低以及使用寿命长等优点。

汽轮机设备及系统主要包括以下几部分。

(1) 汽轮机本体:由汽轮机的转动部分(转子)和固定部分(定子)组成。

(2) 调节保护系统:主要包括调节阀、调速器、调速传动机构、主油泵、油箱(EH 油箱)、安全保护装置等。

(3) 辅助设备:包括凝汽器、抽真空设备、高低压加热器、除氧器、汽动给水泵、凝结水泵、循环水泵等。

(4) 热力系统:主要由主蒸汽系统、再热蒸汽系统、汽轮机旁路系统、凝结水系统、给水系统、回热加热系统等组成。

2.2.3 发电机

发电机是将其他形式的能源转换成电能的机械设备,它由汽轮机驱动,将气流产生的能量转化为机械能传给发电机,再由发电机转换为电能。

发电机的形式有很多,但其工作原理都基于电磁感应定律和电磁力定律。其构造的一般原则是:用适当的导磁和导电材料构成互相进行电磁感应的磁路和电路,以产生电磁功率,达到能量转换的目的。

发电机由定子、转子、端盖、轴承、密封油装置、冷却器及外罩、出线盒、引出线及瓷套端子、集电环等组成。

2.3 机组辅助设备

2.3.1 工业水系统

发电厂中有许多转动机械因轴承摩擦而产生大量的热量,各种电机和变压器在运行中因存在铁损和铜损也会产生大量的热量,某些设备因高温流体流过而吸热等,所有这些热量如不及时排出，将引起设备超温损坏，为确保设备的安全运行，必须对这些设备进行冷却。

冷却水系统分为闭式循环冷却水系统和开式循环冷却水系统两种。

(1) 闭式循环冷却水系统简称闭式冷却水系统，它是指冷却水经闭式冷却水泵升压后，送入各设备冷却器中吸热，然后进入闭式水冷却器(水-水冷却器)，将热量传给冷却介质(开式冷却水)，经冷却后的冷却水再由闭式冷却水泵送入各设备冷却器中重复使用的冷却水系统。闭式循环冷却水系统一般采用凝结水或除盐水作为冷却水。

(2) 开式冷却水水质差、水温低，一般满足下列条件的设备冷却用水可接入开式冷却水系统。

① 要求冷却水品质低于凝结水品质的设备，如管式冷却器。

② 要求冷却水温度低于闭式冷却水温度的设备。

③ 需要大量冷却水的设备。

2.3.2　厂用压缩空气系统

厂用压缩空气系统主要由空气压缩机、冷却干燥器和储气罐组成。

压缩空气一般有仪用压缩空气、杂用压缩空气和检修用压缩空气三种。其中，仪用压缩空气用于气动执行机构；杂用压缩空气用于气力除灰、吹扫和冷却等；检修用压缩空气用于设备的检修。

2.3.3　循环水系统

循环水系统是在水源水量贫乏或受季节影响极大而无法满足供水要求的情况下采用的一种供水方式。

在循环水系统中，冷却水经凝汽器、开式冷却水系统和其他用水设备吸热后进入冷却塔，将热量传给空气而本身冷却后，再由循环水泵送回凝汽器重复使用。

2.3.4　锅炉疏水扩容器系统

锅炉疏水系统主要用于收集锅炉水冷壁、过热器、再热器、省煤器和其他热力设备的疏水。锅炉设计时其容量为在 1 h 内靠重力所能疏放掉的所有炉本体内的水量。

超临界压力锅炉疏水包括水冷壁前后墙入口联箱疏水、螺旋管出口联箱疏水、折焰角入口汇集联箱疏水、后烟道下联箱疏水、后烟道中间隔墙出口联箱疏水、屏式过热器出口联箱疏水、低温再热器入口联箱疏水以及储水箱放水、锅水循环泵出口放水、锅炉吹灰疏水、杂用水疏水等。

超临界压力锅炉没有排污系统，锅炉在启动时要进行冷态清洗和热态清洗，清洗水通过锅炉疏水扩容系统排走。

2.3.5　汽轮机供油系统

汽轮机调节和保护装置的动作都是以油作为工作介质的，同时支持轴承和推力轴承也需要大量的油来润滑和冷却，因此供油系统与调节系统、保护系统、润滑系统密切联系在一起，成为保证汽轮发电机组正常运行不可或缺的一个重要部分。

供油系统的主要作用有：向调节和保护系统供油；向各轴承供润滑油，并带走摩擦产生的热量和高温转子传来的热量；供给各运动副机构润滑油；对采用氢冷的发电机供密封油；供给盘车装置和顶轴装置工作用油。

其中，发电机密封油系统的功能是向发电机密封瓦提供压力略高于氢压的密封油，以防止发电机内的氢气从发电机轴伸出处向外泄漏，同时起到密封、润滑和冷却等作用。

顶轴装置是汽轮机组的一个重要装置，它在汽轮发电机组盘车、启动、停机过程中起到顶起转子的作用。

在汽轮机启动冲转前和停机后，使转子以一定的转速连续转动或间歇转动的装置，被称为盘车装置。

EH 油系统又被称为抗燃油系统，该系统通过提供高压抗燃油，驱动伺服机构调节汽轮机各气阀开度。

2.3.6 发电机冷却系统

运行中的发电机绕组和铁芯都要发热，发电机输出功率越大，其发热量也就越多，造成电机温度升高，影响内部绝缘。为保证机组安全运行，大容量发电机组都必须设置发电机冷却装置，用来带走发电机运行中产生的热量。

大容量发电机组采用的冷却方式主要有全氢冷方式、定子绕组水冷转子＋铁芯氢冷方式（水氢氢）和双水内冷方式（水水空）三种。

定子冷却水系统向各定子绕组不间断地供水，并监视水温、水压、流量和电导率等参数。

2.3.7 辅助蒸汽系统

辅助蒸汽系统是机组和全厂的公用汽系统，它的作用是向相关辅助设备和系统提供蒸汽，以满足机组在启动、低负荷、正常运行和停机等工况时的用汽要求。

辅助蒸汽汽源一般有以下四种。

(1) 从启动锅炉来汽，全厂停用时使用。

(2) 从再热冷段供汽，机组启动初期或低负荷时使用。

(3) 从汽轮机第四级抽汽，机组正常运行时使用。

(4) 从邻机辅助蒸汽母管供汽，邻机组运行时使用。

2.3.8 轴封系统

汽轮机的高压端和低压端都装有轴端汽封，能减少高压端蒸汽漏出和低压端空气漏入凝汽器，需要指出的是，漏气现象是无法完全消除的。

汽轮机的轴端汽封一般由几段组成，相邻两段之间设有环形腔室，并有管道与之相连。通常把轴端汽封和与之相连的管道、阀门及附属设备组成的系统称为轴封系统。

2.3.9 凝结水系统

凝结水系统一般由凝结水泵、轴封加热器、低压加热器等主要设备及其连接管道组成。大型机组主凝结水系统还包括由补充水箱（除盐水箱）和补充水泵（凝结水输送泵）等组成的补充水系统。

凝结水系统的主要作用是将凝结水从凝汽器热井送到除氧器。为保证整个系统可靠工作，输送过程中还要对凝结水进行除盐净化、加热和必要的控制调节。同时，凝结水系统还为有关设备提供减温水、密封水、冷却水和控制水等。此外，凝结水系统还可以补充热力循环过程中的汽水损失。

2.3.10　给水除氧系统

给水系统是指从除氧器出口到锅炉省煤器入口的全部设备及其管道系统。

给水系统的主要功能是将除氧器水箱中的凝结水通过给水泵提高压力，再经高压加热器进一步回热加热后达到锅炉给水的要求，输送到锅炉省煤器的入口作为锅炉的给水。

2.3.11　凝汽器抽真空

机组启动时，由抽气设备将凝汽器及真空系统内的空气抽出，从而建立真空。

正常运行时，凝汽器真空主要是由汽轮机排汽骤然凝结成水，造成比容急剧缩小而形成的。

汽轮机排汽中含有一些不凝结气体，同时凝汽器本身及其连接处也存在漏气现象，造成空气漏入凝汽器，从而使凝汽器运行压力提高，真空下降。因此需要抽气设备不断地将这些不凝结气体抽出，以维持凝汽器的高度真空，确保凝汽器正常工作。

2.4　机组主机运行规程

2.4.1　机组启动

机组启动方式按启动前金属温度或停运时间，可分为以下几类。

(1) 极冷态：汽轮机高压转子平均温度小于 50 ℃。

(2) 冷态：汽轮机高压转子平均温度小于 150 ℃或停机超过 72 h(主蒸汽压力小于 1 MPa)。

(3) 温态：汽轮机停机 56 h 以内，高压转子平均温度为 150～400 ℃或停机 72 h 以内(主蒸汽压力为 1～6 MPa)。

(4) 热态：汽轮机停机 8 h 以内，高压转子平均温度大于 400 ℃或停机 10 h 以内(主蒸汽压力为 6～12 MPa)。

(5) 极热态：汽轮机停机 2 h 以内或停机 1 h 以内(主蒸汽压力大于 12 MPa)。

2.4.1.1　机组启动前的准备

(1) 机组启动前应具备的条件。

① 机组大修、小修后的各类检查、验收和试验均已完成，并且合格。有关设备、系统的异动和竣工报告齐全。所有工作票终结，临时设施已拆除，设备保温完整。

② 所有用于测量、保护的热工测点一、二次门检查完毕，确认开启。机组电气、热工联锁保护校验合格。

③ 热工装置的仪表、报警、设备状态及参数显示正常，尤其是液位、油压等重要参数，CRT 上的显示应与就地指示一致。

④ DCS、DEH、ECS 等系统工作正常。

⑤ 各个设备、仪器、仪表的操作和控制电源或仪用气源，均已送上且工作正常。

⑥ 现场照明和通信良好，事故照明可随时投用。

⑦ 机组各附属系统设备完好，阀门传动试验合格，位置正确。

⑧ 锅炉与各管道的支吊架完好，无影响设备自由膨胀的因素存在。膨胀指示器齐全、位置正常，并记录原始值。

⑨ 锅炉本体、烟道、风道的人孔、检查孔、看火孔等在确认无人后关闭严密。

⑩ 煤、油、水、化学药品、二氧化碳、氢气等物质储备充足，且质量合格。

⑪ 机组汽、水、油系统及设备冲洗合格，各油箱油位正常，油质合格。

⑫ 输煤系统具备上煤条件，按值长命令给各原煤仓上煤。

⑬ 电除尘、输灰、出渣系统具备投运条件，电除尘的绝缘子和灰斗加热在风烟系统启动前 24 h 投入。

⑭ 烟气脱硫、脱硝系统具备投运条件，并储备足够的石灰石和液氨。

⑮ 废水处理系统运行正常，废水池有足够的容量满足机组启动时清理管道所产生的废液储存。

⑯ 厂用电处于正常运行方式，各动力电源可靠、备用电源良好。

⑰ 电气设备保护回路正常，并根据实际情况投入。

⑱ 汽轮发电机组滑销系统正常，缸体能自由膨胀。

⑲ 机组启动专用工具、仪器、仪表、记录本和操作票等准备齐全。

⑳ 各岗人员就位。值长向中调报备，中调下达机组启动命令。

(2) 机组附属设备及系统的投运。

① 投运凝补水系统。

② 投运闭冷水系统。

③ 投运压缩空气系统。

④ 投运循环水注水系统和循环水。

⑤ 投运辅汽系统。

⑥ 投运主机润滑油系统。

⑦ 投运 EH 油系统。

⑧ 投运密封油系统。

⑨ 发电机充氢。

⑩ 投运定子冷却水系统。

⑪ 确认主机润滑油系统、顶轴油系统及密封油系统运行正常，投运主机盘车。

⑫ 高、低压加热器投运前检查。

⑬ 锅炉启动系统投用前检查。

⑭ 投运凝结水系统。

⑮ 锅炉启动循环泵及电机注水、放气、清洗。

⑯ 除氧器冲洗、上水。

⑰ 投轴封、抽真空。

⑱ 投运一台汽动给水泵。

⑲ 除氧器加热给水。

⑳ 锅炉上水、清洗过热器。

㉑ 投运火检冷却风系统，确认冷却风压正常，各火检、炉膛火焰电视摄像头冷却风进口手动门开启，火检和火焰电视系统工作正常。

㉒ 投运底渣系统。

㉓ 投运风烟系统。

㉔ 投运炉前燃油系统。

㉕ 脱硝系统投运前准备。

㉖ 微油系统投运前准备。

㉗ 制粉系统投运前准备。

㉘ 启动再热器安全阀的压缩空气系统，检查并确认空压机工作正常，压缩空气压力为 1.3 MPa。

㉙ 启动高、低压旁路的油系统。检查并确认油质、油位、压力、温度等参数正常，油系统加载、卸载正常，系统无渗漏。

㉚ 进行吹灰系统投用前检查。

(3) 发电机和励磁系统改为冷备用。

① 确认发电机、励磁系统的接地闸刀、临时接地线、标示牌、脚手架等安全设施已拆除或回收，常设栅栏、警告牌已恢复，现场已符合投运条件。

② 发电机和励磁系统测绝缘。

③ 检查并确认接地变压器完好，符合运行条件，合上发电机中性点闸刀。

④ 检查并确认发电机出口 PT(电压互感器)符合运行条件，二次开关在开位，发电机出口 PT 小车至工作位。

⑤ 检查并确认励磁系统电气回路所有工作结束，符合运行条件；励磁控制器(automatic voltage regulator，AVR)静态给定器输出处于预先整定的位置；主、副励磁机绕组引出电缆连接牢固，无破损；旋转整流盘上熔断器无熔断现象；测量用碳刷完好，与测量滑环接触良好、接线牢固；励磁机室门关闭严密，励磁机干燥器控制开关设置为“AUTO”，在机组转速不高于盘车转速时干燥器工作，在机组转速高于盘车转速时干燥器停止。

⑥ 装上整流柜的冷却风扇电源熔断器，并合上风扇电源开关。

⑦ 投入发电机转子励磁回路接地监测装置。

⑧ 投入发电机封闭母线微正压装置。

⑨ 投入发电机漏氢检测装置、漏液检测装置。

⑩ 投入发电机局部放电在线监测仪。

⑪ 确认发电机、励磁系统保护符合运行条件，发电机同期装置设备完好，符合运行条件，发电机氢、油、水系统运行正常。

2.4.1.2　*机组冷态启动(简述)*

(1) 锅炉点火前进行炉膛吹扫等操作。

(2) 锅炉点火、升温、升压。

(3) 发电机和励磁系统改为热备用。

(4) 汽轮发电机组冲转、并网。

(5) 机组负荷升至额定出力。

2.4.1.3　热(温)态启动(简述)

(1) 全面检查已投运的系统、设备,确认无异常。

(2) 锅炉上水。

(3) 进行锅炉点火前的燃油泄漏试验和炉膛吹扫。

(4) 锅炉点火、升温、升压。

(5) 发电机改热备。

(6) 检查并确认汽机冲转条件已经满足。

(7) 投入汽机程序控制启动进程,汽轮发电机冲转、并网。

(8) 机组负荷升至额定出力。

2.4.2　机组运行

2.4.2.1　机组运行调整的主要任务和目的

(1) 按照电网负荷需求,及时调节负荷。

(2) 保持良好燃烧工况,控制机组运行参数符合规定;加强机组设备、系统运行工况监视,合理调整、控制污染物生成及处理,符合环保标准;维持机组安全、稳定、经济运行。

(3) 定时记录机组有关运行参数;定期进行设备检查和维护;定期进行有关设备的切换和试验;加强机组运行状态参数的监视与分析,及时发现异常并进行处理。

2.4.2.2　机组运行方式

(1) 机组控制方式。

机组控制方式有全手动(BASE)、汽机跟随(TF)、锅炉跟随(BF)和机组协调控制(CCS)四种。

机组正常运行时应采用 CCS 方式。在机组不同工况下或系统及设备发生故障时,可灵活地采用 TF、BF 或 BASE 方式。

(2) 负荷调度方式。

负荷调度方式有电话调度和 AGC 两种。

电话调度方式:负荷指令由上级调度值班员通过电话指令下达给当班值长,再由值长发令给各台运行机组;运行人员接到值长命令后,手动设置机组负荷指令,再由协调控制系统按一定速率完成机组负荷的升降。

AGC 方式:机组的目标负荷由中调遥控设定,负荷变化率可以由运行操作员手动设定或按调度要求规定。

(3) 汽机调门运行方式。

① 汽机无调节级,机组采用全周进汽。

② 汽机调门保持全开,采用纯滑压方式运行,由锅炉负责调节负荷。

③ 取消调门 5%节流,使补汽阀参与一次调频。

2.4.3　机组停运

2.4.3.1　机组正常停运

(1) 按正常降负荷操作把机组负荷降至 500 MW,保留三台磨煤机工作。

(2) 在机组降负荷过程中尽量保持主蒸汽、再热蒸汽参数额定值。若不能保持，应随燃烧率降低而下滑(控制温降速率小于1.5 ℃/min)，同时满足汽机要求，密切注意汽机TSC裕度。

(3) 负荷降至400 MW，可根据情况停运一台汽泵及凝结水泵。

(4) 解除机组协调控制(CCS)。利用锅炉主控，逐渐降低燃料量，直至机组负荷降至350 MW左右，保留两台磨煤机运行。注意锅炉的燃烧情况，若发现燃烧不稳，应及时投入微油装置或相应层油枪进行稳燃。

(5) 当汽水分离器出现水位且水位持续上升后，表明锅炉正在转入非直流运行。当锅炉转入非直流运行后，锅炉给水流量由焓值控制转为分疏箱水位控制。

(6) 当分疏箱水位大于5 m后，开启锅炉启动循环泵入口阀，调节启动循环泵出口调节门，对启动循环泵入口、出口管路进行暖管，并确认启动循环泵入口过冷水调节阀联锁正常。当启动循环泵启动条件满足后，启动锅炉启动循环泵。锅炉转湿态运行后，确认启动循环泵流量调节阀，以满足自动控制锅炉再循环流量的需求。

(7) 当汽水分离器出现水位后，确认分疏箱至大气式扩容器之间疏水管路暖管正常。当汽水分离器水位大于17 m后，确认分疏箱液位控制阀正常动作。

(8) 锅炉转非直流工况时，为保证该转换的平稳进行，首先应保证给水流量不变，再逐步减少燃料量。随着燃料量的减少，分离器出口焓值逐渐降低，当降到设定值后，分疏箱水位控制器参与调节，使给水流量需求值增加，从而达到燃料量和给水量的平衡。

(9) 锅炉进入低负荷运行阶段后，应连续投入空预器吹灰。

(10) 利用汽机顺控子组停运汽轮发电机组(SGC ST)。

2.4.3.2　滑参数停机

(1) 负荷减到750 MW，停一台制粉系统，主汽温、再热汽温逐渐降到520 ℃，汽压降到约20 MPa，减负荷速率控制在13.5 MW/min左右，降压速率小于0.1 MPa/min。

(2) 负荷减到540 MW，停第二台制粉系统，主汽温、再热汽温逐渐降到460 ℃，汽压降到约14.3 MPa，降压速率小于0.1 MPa/min。

(3) 负荷减到400 MW，停用一台汽泵及凝结水泵。

(4) 负荷减到350 MW，及时完成以下操作。

① 解除协调控制。

② 投入微油装置或油枪稳燃烧；若采用投入油枪稳燃烧，需投入空预器连续吹灰并通知灰控值班员。

(5) 锅炉燃料量减至28%BMCR过程中停第三台制粉系统。

(6) 主汽温、再热汽温逐渐降到450 ℃，汽压降到约8.5 MPa，锅炉给水维持在30% BMCR。

(7) 锅炉转入湿态运行。

(8) 注意分疏箱水位，待锅炉启动循环泵启动条件满足后程控启动。分疏箱液位控制阀投入自动控制分疏箱液位。

(9) 总燃料量维持在28%BMCR，汽压维持约8.5 MPa，主汽温、再热汽温降到400 ℃。

(10) 启动汽机停运顺控子组，发电机解列及汽机跳闸，高压旁路动作正常。

(11) 完成汽机停机、锅炉停炉操作。

2.5 辅机运行规程

火电机组辅助设备及系统的投入顺序，如图 2-2 所示。

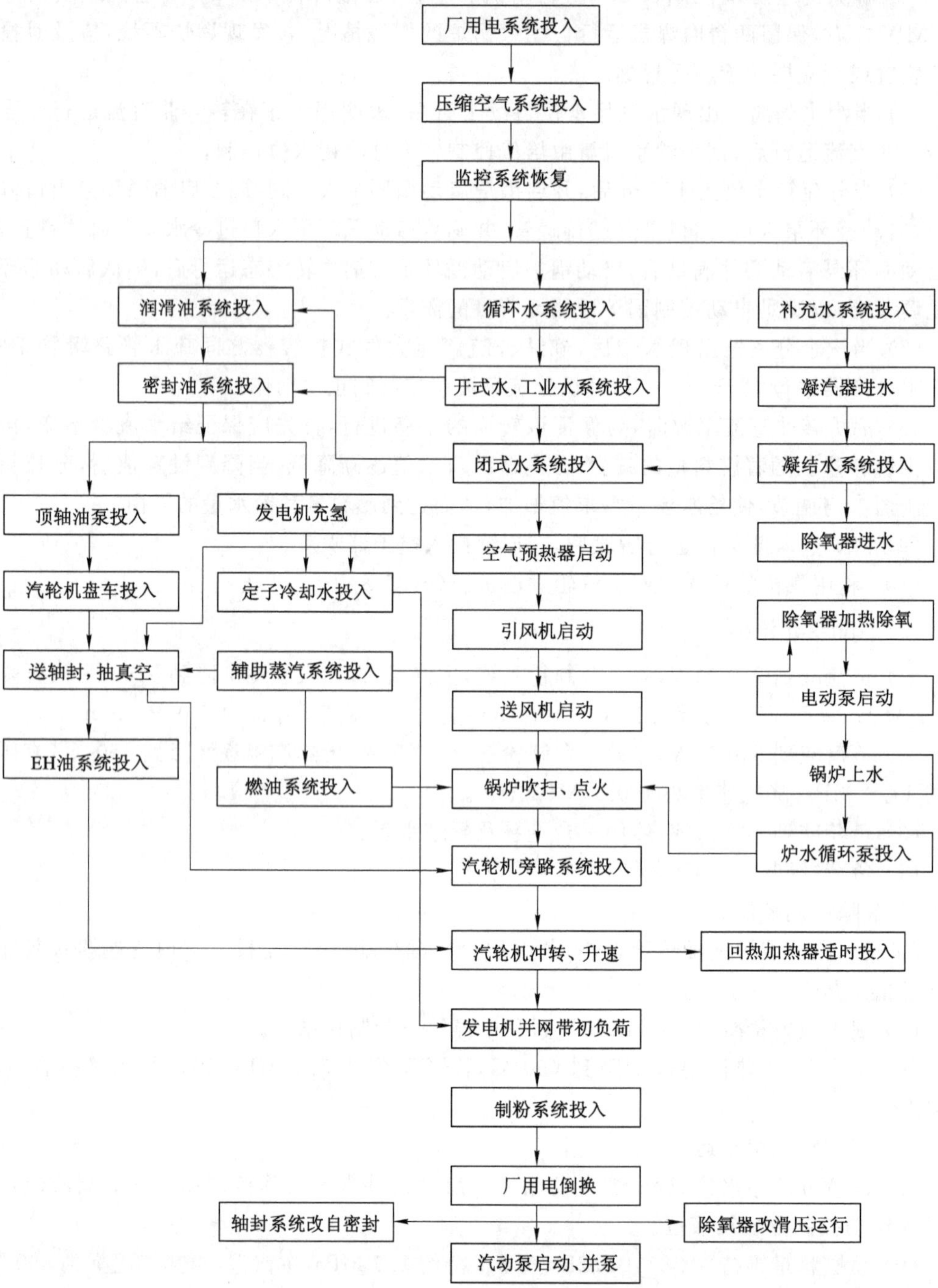

图 2-2　火电机组辅助设备及系统投入顺序图

由于篇幅所限，本节仅简要介绍部分辅助设备及系统的运行规程。

2.5.1　润滑油系统

2.5.1.1　润滑油系统的启动

润滑油系统启动顺序为：启动主油箱排烟风机→油净化装置投运→润滑油泵投运→顶轴油泵投运→盘车装置投运。

2.5.1.2　润滑油系统的运行维护

(1) 检查并确认主机润滑油系统无泄漏。

(2) 检查运行油泵及排烟风机的电机电流、轴承温度、振动等参数。

(3) 主油箱油位低至 1 400 mm，应通知检修在 8 h 内把油位加至正常。若油位低于 1 380 mm，应立即通知化学部门化验储油箱油质，合格后向油箱加油至正常。

(4) 定期检测润滑油油质，若油质超标，应立即进行净化。

(5) 汽机转速大于 15 r/min，所有油泵的控制回路必须投“自动”。

(6) 主机交流润滑油泵切换时，主机直流润滑油泵会自动投入运行，并在切换成功后的 15 min 内停运。

(7) 除检修工作要求外，主机润滑油净化装置应保持连续运行。

2.5.1.3　润滑油系统的停运

(1) 盘车的停运条件。

① 汽机转子温度小于 100 ℃，盘车装置可以停运。

② 若能确保汽机转子每 15～30 min 手动盘车 180°，盘车转子停运不受缸温限制。

(2) 主机润滑油系统的停运条件。

① 盘车已停运。

② 发电机气体置换完毕、密封油系统已停运。

(3) 盘车停止后方可停运顶轴油泵。

2.5.2　主机 EH 油系统

2.5.2.1　EH 油系统的启动

(1) 启动一台 EH 油泵，检查油泵、电机振动、声音、轴承温度等均正常。

(2) 检查并确认系统油压正常，达到 16 MPa。监视过滤器的指示器，以防滤芯堵塞。

(3) 检查并确认 EH 油系统的各管道、接头、油动机无泄漏。

(4) 启动一台冷却循环泵，检查并确认出口压力为 0.5 MPa。

(5) 当 EH 油温度超过 55 ℃时，冷却风扇启动。

2.5.2.2　EH 油系统的运行维护

(1) 检查并确认系统尤其是各连接部位无泄漏，各油动机下方漏油收集盘无油，油箱油位正常，油箱地面无积油。

(2) EH 油母管压力正常为 16 MPa，若高于 17 MPa 或低于 5 MPa，应检查运行 EH 油泵工作情况，必要时切至备用泵运行，并联系检修人员处理。

(3) 检查并确认风扇冷却器工作正常,控制EH油温不超过55 ℃。

(4) 定期化验EH油质,包括黏度、氧化程度、含水量、杂质量和污物含量。

2.5.2.3　EH油系统的停运

(1) 机组停运后,可以停运EH油系统。

(2) 将备用EH油泵联锁解除,停止运行油泵。

(3) 系统短时间停运,应保持EH油冷却循环油泵运行,以保持连续油净化。

2.5.3　循环水系统

2.5.3.1　循环水系统的投运

(1) 开启低压凝汽器内环进口电动门、低压凝汽器外环进口电动门、高压凝汽器内环出口电动门、高压凝汽器外环出口电动门。

(2) 开启凝汽器的排空门。

(3) 关闭凝汽器水室放水电动门。

(4) 检查并开启循环水管道自动排气阀前手动门。

2.5.3.2　循环水系统的正常运行维护

(1) 监视循环水泵电流正常,出口压力正常。

(2) 检查循环水泵振动情况,循环水泵电机轴承油位、油质及轴承和线圈温度。

(3) 监视前池水位正常;集水箱泵运行正常。

(4) 监视凝汽器循环水出口压差、入口压差。

2.5.3.3　循环水系统的停运

(1) 使用程控子组,停运循环水泵。

(2) 循环水泵停运后,注意泵倒转及惰走情况。

2.5.4　轴封系统

2.5.4.1　轴封系统的投运

轴封系统投运顺序为:确认轴封蒸汽温度与转子温度匹配→开启轴封系统供汽、回汽管道疏水→对轴封供汽管道和轴封母管进行暖管疏水→启动一台轴加风机,检查并确认风机振动、声音等正常,将另一台轴加风机投备用→暖管结束后将轴封母管压力调节至3.5 kPa,轴封压力调节门投自动,轴封溢流门投自动→视温度情况投入小机轴封减温水→监视轴封供汽压力、温度及盘车运行情况正常。

2.5.4.2　轴封系统的运行维护

(1) 轴封蒸汽压力设定、调节正常,维持轴封压力为3.5 kPa。

(2) 监视轴封温度正常,避免出现大幅波动。

(3) 轴加风机运行正常,轴封加热器内维持微负压,防止轴封蒸汽外溢。

(4) 轴封加热器内水位正常。

(5) 负荷350 MW以上时,轴封系统开始自密封,此时轴封蒸汽母管压力由轴封蒸汽溢流门来控制。

(6) 轴封汽投用后,应注意凝结水流量必须大于 475 t/h。

(7) 正常运行中必须保持一台轴加风机运行,另一台风机备用。

(8) 当轴封温度高于 340 ℃或低于 260 ℃时,应检查温度调节阀是否达到调节极限。在电网允许的情况下,机组将通过负荷变动来参与轴封温度调节,若调节无效,必须将机组手动打闸。

2.5.4.3　轴封系统的停运

(1) 确认机组停运、盘车投入、凝汽器真空到"0"。

(2) 关闭轴封减温水、压力调节门、溢流门、供汽电动门和手动门。

(3) 开启轴封蒸汽联箱疏水门、轴封供汽疏水器旁路门,放尽各管道内的存水。

(4) 停止轴加风机运行。

2.5.5　凝汽器真空系统

2.5.5.1　凝汽器真空系统的启动

(1) 确认轴封系统运行正常,确认真空泵进口手动门关闭。

(2) 启动一台真空泵,检查并确认进口气动门联锁开启。

(3) 根据真空泵电流调整开启真空泵进口手动门。

(4) 依次启动其余两台真空泵,当凝汽器真空升至－87 kPa 时,停运一台真空泵做备用。

(5) 凝汽器真空建立后,应及时检查凝汽器真空破坏门密封水的溢流情况,并做适当调整。

2.5.5.2　凝汽器真空系统的运行维护

(1) 检查并确认运行真空泵盘根密封填料盒处的泄漏量正常,盘根无过热现象。

(2) 定期检查真空泵密封液的温度。

(3) 检查真空泵汽水分离器液位和密封液的流量是否正常。

(4) 真空泵正常工作时,电流应无较大波动;电流出现波动或者突然大幅上升,应及时停泵并切至备用泵运行。

(5) 真空高于－96.0 kPa 时,真空泵易出现汽蚀,因此不允许真空泵长时间高真空运行。

2.5.5.3　凝汽器真空系统的停运

(1) 解除真空泵联锁,停止真空泵运行,开启真空破坏门破坏真空。

(2) 真空泵停用后,检查并确认其进口门自动关闭。

(3) 机组紧急停运,当发电机解列,汽机转速下降后,迅速破坏真空,缩短停机惰走时间。

(4) 真空降到"0",方可停用轴封汽。

2.5.6　凝结水系统

2.5.6.1　凝结水系统的启动

(1) 启动一台凝结水泵,监视电流、出口压力、流量等参数,现场检查并确认凝结水泵声音、振动无异常，线圈温度、轴承温度正常。

(2) 水质合格后根据需要向除氧器上水，注意凝汽器、除氧器水位调节正常。

(3) 将密封水切至凝结水泵出口供水，检查并确认密封水正常。

(4) 根据负荷情况再启动一台凝结水泵，并将第三台凝结水泵试运行后投入备用。

2.5.6.2 凝结水系统的运行维护

(1) 检查并确认凝结水泵出口压力、流量、电流等参数正常，入口滤网差压正常。

(2) 检查并确认凝结水泵密封水正常，系统严密无泄漏。

(3) 监视轴加及各低加进出口水温。

2.5.6.3 凝结水系统的停运

(1) 确认无水用户且低压缸排汽温度小于 60 ℃，退出凝结水精处理，解除联锁，停运凝结水泵。

(2) 确认系统不需要凝补水，可停运凝补水泵。

(3) 根据情况对凝结水系统进行放水。

2.5.7 辅助蒸汽系统

2.5.7.1 辅助蒸汽系统的投运

(1) 若需要一期供汽，联系一期值长对一期、二期辅汽联络管进行暖管疏水。

(2) 对辅汽联箱进行暖管，注意管道无水击振动。暖管充分后，缓慢开启一期辅汽供二期辅汽总门，直至全开。

(3) 辅汽联箱投运正常后，检查并确认辅汽参数正常，要求压力为 0.72 MPa 左右，温度为 280 ℃。

(4) 若机组由一期供应辅汽，在切换汽源为本台机组自有汽源前，应及时联系一期值长。切换汽源后，立即关闭一期供二期辅汽手动总门，防止二期高压辅汽倒流至一期。

(5) 机组负荷大于 50%且四抽压力<0.7 MPa 时，可转换为冷再向辅汽联箱供汽。

(6) 机组负荷大于 75%且四抽压力大于 0.7 MPa 时，可转换为四抽向辅汽联箱供汽。

2.5.7.2 辅助蒸汽系统的运行维护

(1) 系统无泄漏，各疏水器工作正常，管道无振动。

(2) 做好一期、二期辅汽联络管的热备用。

(3) 根据具体情况，由值长安排辅汽的运行方式。

① 当四抽供辅汽时，两台机组的辅汽联箱应相互隔断、分列运行。同时以冷再供应辅汽作为备用汽源，四抽压力不足时投入。

② 两台机组的辅汽联箱并列运行时，由一台机组的冷再供应辅汽，并开启两台机组辅汽联箱之间的联络门。同时以另一台机组的冷再作为备用，辅汽压力降至 0.7 MPa 时投入。

(4) 在机组正常运行和停运过程中，辅汽参数应保持稳定，维持压力为 1.15 MPa，温度为 378 ℃。

2.5.7.3 辅助蒸汽系统的停运

(1) 辅汽系统停运须经当班值长批准，并确认所有辅汽用户均已停止用汽。

(2) 关闭辅汽联箱的各路汽源门。

(3) 开启辅汽联箱的各放水点的放水手动门,对联箱进行消压。

(4) 确认系统无压力,各路汽源可靠隔离后,方可允许开票工作。

2.5.8　给水系统

2.5.8.1　给水系统的启动

给水系统启动顺序为:小机油系统投运→给水泵注水排气→启动汽动给水泵前置泵→盘车装置投运→小机轴封系统及真空系统投运→小机进汽管暖管及疏水系统投运→汽动给水泵组的冲转。

2.5.8.2　给水系统的运行维护

(1) 按照辅机正常运行检查、监视和维护通则的要求做给水系统的运行维护。

(2) 汽泵润滑油系统运行正常,各轴承油流正常,润滑油箱油位正常,润滑油压正常,润滑油温度为(45±5) ℃,运行中各轴承回油温度为 60～70 ℃。

(3) 除氧器水位正常,给水泵无汽化、冲击现象。

(4) 给水泵组各项运行参数,如汽温、汽压、振动、转速、轴向位移、轴承温度、真空、排汽温度、前置泵与给水泵密封水温度和水泵进出口压力与流量等,均处于运行限额内。

(5) 小机调门无晃动,调门开度正常。

2.5.8.3　给水系统的停运

(1) 将准备停运的汽动给水泵切出给水控制。

(2) 逐渐将停运给水泵流量转移至另一台泵,逐渐降低给水泵小机转速,注意给水压力和流量变化。

(3) 随汽泵出口流量降低,逐渐开启汽泵再循环门,关闭中间抽头手动门。

(4) 当停运汽泵出口压力低于给水母管压力,关闭汽泵出口电动门。

(5) 按下小机跳闸按钮,使小机跳闸。注意泵组停运后,应检查并确认以下事项。

① 高、低压主汽门关闭,高、低压调节门开度指示到零,转速逐渐下降。

② 小机相关疏水门开启。

③ 检查并确认盘车装置在自动位置,当转速降至 600 r/min 以下时,盘车装置启动,之后维持 40 r/min 的盘车转速。

④ 停运汽泵前置泵。

⑤ 盘车装置投运后,应连续盘车至少 24 h 才允许停运。

⑥ 盘车装置停运后,润滑油系统应运行 10 h 以上。

(6) 关闭小机排汽电动门,破坏小机真空。当小机真空降到"0"后,停运轴封汽。

(7) 将密封水排放切地沟,根据情况退出密封水、冷却水。

(8) 当机组停运完毕,锅炉不再需要进水时,根据情况停运第二台汽泵。

2.5.9　发电机氢气系统

2.5.9.1　发电机氢气系统的投运

启动顺序为:确认纯度分析仪取样已切至高区且气体分析仪投用正常→投运氢气干燥

装置→氢冷器水侧进行充水排气→根据氢温及时投入氢冷器温度自动调节。

2.5.9.2 发电机氢气系统的运行维护

(1) 检查并确认发电机内氢压、纯度、湿度正常,发电机纯度分析仪运行及显示正常。

(2) 检查并确认氢冷器进出口氢温正常、供氢压力及氢压调节正常。

(3) 定期检测发电机周围环境中可能积聚氢气处的含氢量应在正常范围。

(4) 监视漏氢情况,本机组正常漏氢量应小于18 m^3/d(大气压力),若系统漏氢量增加,应分析原因并汇报值长,同时联系有关部门查漏。

2.5.9.3 发电机氢气系统的停运

(1) 停止氢气干燥器运行。

(2) 检查并确认二氧化碳数量足够。

(3) 关供氢手动门、氢压调节门前手动门、氢压调节门旁路门。若采用的是氢瓶供氢,则应关闭氢瓶出口门、氢气压力调节门、前后手动门、氢压调节门旁路门。

(4) 停用热导式气体分析仪。

(5) 当发电机泄压后,开启系统所有排气门。

(6) 联系检修人员在发电机补氢管道上加装堵板阀。

2.5.10 加热器

2.5.10.1 加热器投运原则

(1) 加热器投运时,先投水侧,后投汽侧,加热器汽侧投运顺序是先低压后高压。

(2) 控制高、低压加热器出水温度变化率不超过3 ℃/min,低压加热器出水温度变化率最好控制为2 ℃/min。

(3) 在加热器投运过程中应注意疏水能否自流,必要时通过危急疏水阀来控制水位。加热器疏水水位投入自动控制时,应遵循从高压到低压的原则,逐级投用。

2.5.10.2 加热器的投运

(1) 低压加热器投运。

① 缓慢开启加热器水侧进口电动门,观察加热器汽侧有无明显水位上升。

② 加热器水侧各放空门连续出水后逐一关闭。

③ 缓慢开启加热器水侧出口电动门。待加热器水侧旁路电动门的关闭条件满足且旁路电动门前后无差压后,缓慢关闭加热器旁路电动门。

④ 缓慢开启加热器汽侧连续放气门,并注意凝汽器真空变化情况。

⑤ 检查并确认各低压加热器抽汽逆止门已开启。缓慢打开抽汽电动门,控制加热器出水温度变化小于2 ℃/min。

⑥ 低压加热器投运初期采用危急疏水调整门控制加热器水位。

⑦ 待5号低压加热器疏水满足逐级自流后,将疏水切至正常疏水,并投入水位自动控制。

⑧ 当机组负荷升至300～500 MW,且6号低压加热器疏水水质合格后,启动低压加热器疏水泵。控制6号低压加热器水位处于－38～＋38 mm且平稳,将低压加热器疏水切至正常疏水。

(2) 高压加热器投运。

① 开启高压加热器注水门,对高压加热器进行注水,观察加热器汽侧有无明显水位上升。

② 当高压加热器水侧压力与给水母管压力一致时,开启给水三通阀,给水走高压加热器本体。

③ 开启三段抽汽管道疏水门,暖抽汽管道。

④ 打开3A、3B高压加热器抽汽电动门,投入3A、3B高压加热器。

⑤ 3A、3B高压加热器投入后,待机组运行工况回稳后,投入2A、2B高压加热器。采用相同方法,投入1A、1B高压加热器。

⑥ 将疏水切为正常疏水,并投入水位自动控制。

2.5.10.3　加热器的运行维护

(1) 注意加热器进汽压力、温度、出水温度、疏水温度、水位正常。

(2) 检查并确认加热器及抽汽管道、疏水管道等无泄漏、无振动、无水冲击现象。

(3) 监视加热器的端差,高压加热器疏水端差小于8 ℃,低加疏水端差为5.5～11 ℃,若发现端差增大应分析原因,及时处理。

(4) 注意加热器疏水调整门调节正常,若疏水调整门有不正常开度增大时,加热器钢管可能有泄漏。

(5) 若加热器水位达到保护值,应检查保护动作的情况,分析水位波动的原因,及时进行处理,并确认加热器钢管无泄漏。

(6) 运行中任一台高加水位出现高Ⅲ值(+138 mm)或水位测点故障,则同列三台高压加热器汽侧全部解列,给水切至旁路。

(7) 运行中任一台低压加热器水位出现高Ⅲ值(+138 mm)或水位测点故障,则低压加热器解列,凝结水切至旁路。

(8) 当加热器恢复正常,重新投入加热器水侧(视当时情况而定),再逐台投入加热器汽侧,监视加热器水位调节正常及给水(或凝结水)温度的变化。

2.5.10.4　加热器的停运

(1) 高压加热器的停运。

① 高压加热器汽侧随机停用,高压加热器出水温降率为2 ℃/min左右,将正常疏水切为危急疏水。

② 机组停机后,检查并确认高加抽汽逆止门、高压加热器进汽电动门关闭,逆止门前后疏水门自动开足。

③ 机组减负荷过程中,注意各加热器水位变化,水位自动调节正常。

④ 根据要求决定给水是否走旁路,关闭高压加热器进口三通阀,关闭高压加热器出口三通阀。

(2) 低压加热器的停运。

① 逐渐关闭抽汽电动门至全关,控制低压加热器出水温降率为2 ℃/min,检查并确认低压加热器正常、危急疏水门动作正常,控制低压加热器水位正常,关闭抽汽逆止门。

② 检查并确认抽汽逆止门前疏水门开启。

③ 关闭低压加热器运行排气门。

④ 开启停用低压加热器的水侧旁路门，逐渐关闭停用低压加热器进、出水门，将低压加热器切至旁路运行，注意凝结水流量应正常。

⑤ 根据需要关闭停用低压加热器的正常疏水及危急疏水调节门的前、后隔离门。

⑥ 根据需要缓慢开启停用低压加热器汽侧、水侧的放水门和放气门。

⑦ 停运低压加热器时，应注意真空的变化情况。

2.5.11 除氧器

2.5.11.1 除氧器的投运

(1) 除氧器上水流量控制在273 t/h，除氧器上水至正常水位后，关闭除氧器启动排气门。

(2) 投入除氧器加热，控制升温速率为0.44～2.33 ℃/min，并升温至105 ℃。除氧器注水至正常水位(900 mm)后，除氧器压力升至0.15 MPa，维持定压运行。

(3) 投入除氧器水位调节自动。

(4) 当负荷升至150 MW，四抽压力高于除氧器内部压力后，除氧器加热汽源切至四抽，除氧器进入滑压运行。

(5) 汽机跳闸或甩负荷，注意辅助蒸汽应及时投入。

2.5.11.2 除氧器的运行维护

(1) 监视除氧器的压力、温度、水位及进水流量等情况，运行工况与机组负荷相适应。

(2) 当除氧器水位降至低Ⅰ值(700 mm)时，及时调整水位至正常值(900 mm)。若水位调整无效，给水泵在除氧器水位降至低Ⅱ值(−1 360 mm)时自动跳闸。

(3) 若除氧器水位自动调节失灵，水位无法维持，升至高Ⅰ值(1 100 mm)时，立即切至手动调节；升至高Ⅱ值(1 200 mm)时，将高压加热器疏水切为危急疏水；达到高Ⅲ值(1 400 mm)时，应检查并确认所有的进汽门均自动关闭。

(4) 当机组负荷大幅度变化或除氧器加热由辅汽切换至四抽汽供汽时，应加强监视除氧器水位、压力，以防发生振动。

(5) 除氧器压力控制小于1.182 MPa。若压力大于1.46 MPa，应检查除氧器安全门动作。

(6) 根据化学要求给水加氧运行，监视除氧器出水含氧量。

2.5.11.3 除氧器的停运

(1) 负荷降至150 MW，除氧器汽源切至辅汽，除氧器进入定压运行。

(2) 当锅炉不需要进热水时，停止除氧器加热，并将除氧器加热汽源隔离。

(3) 除氧器停止进水后，注意凝汽器水位。

(4) 除氧器若长期停用(超过两个月)，应排尽积水，使其自然干燥，必要时要放置干燥剂。

2.5.12　旁路系统的运行

2.5.12.1　高压、低压旁路液压油站的运行

(1) 按照辅机通则，对高压、低压旁路系统进行详细检查，系统已经具备投运条件。

(2) 检查并确认高压、低压旁路液压油站泄油手柄在关闭位置，过滤油泵的三位手柄在工作位置。

(3) 检查并确认高压、低压旁路液压油站液压油至各控制阀进油总门和手动分门开启。

(4) 检查并确认高压、低压旁路液压油站油位正常，油质合格。

(5) 启动高压、低压旁路液压油站过滤油泵，检查并确认过滤系统运行正常。

(6) 启动高压、低压旁路液压油站油泵，检查并确认油泵出口压力大于12 MPa，油系统管路无泄漏。

(7) 根据情况投入高压、低压旁路液压油站精过滤器系统运行。

(8) 高压、低压旁路液压油站正常运行期间，检查并确认油管路无泄漏，就地控制柜无报警。

2.5.12.2　高压旁路的控制方式

(1) 启动阶段。

高压旁路控制方式分为三种模式：A1模式(阀关闭模式)、A2模式(最小阀位模式)、A3模式(定压模式)。

A1、A2模式下压力控制器处于跟踪状态，跟踪开度指令。

A3模式下设定压力值为主蒸汽冲转压力，并根据主蒸汽压力、主蒸汽流量以及汽水分离器内外壁温度差控制主蒸汽的升压速度。

(2) 机组运行阶段。

机组在正常运行阶段，旁路有2种运行模式：B模式(正常运行模式)和C模式(压力控制模式)。

B模式下进入滑压运行方式。

C模式下进入压力控制方式，由旁路控制主汽压力。

(3) 停机阶段。

① 当锅炉熄火后，旁路控制转入D模式(正常停机模式)或E模式(检修停机模式)。

② 高压旁路进入D模式后，高压旁路压力设定值约为13.5 MPa。

③ 若机组准备检修停机，可以将高压旁路切换到E模式。此模式下，高压旁路将根据主蒸汽压力设定降压速度，最终高压旁路设定压力为0.1 MPa，放走所有蒸汽。

④ 当出现凝汽器故障、低压旁路故障或主汽温大于420 ℃，从而造成给水泵停运时，高压旁路压力设定值为29.4 MPa，致使旁路不开，暂时闷炉。

2.5.12.3　低压旁路的控制方式

(1) 启动阶段。

在此阶段过程中，低压旁路有两种控制模式。

① 低压旁路关闭模式：锅炉启动后当任一层燃油枪投用数不小于3根，或等离子拉弧不小于7时，低压旁路收到“fire on”信号，低压旁路切换为自动遥控方式，进入关闭模式。

② 定压模式：当再热器压力达到0.2 MPa时，低压旁路进入升压控制模式，此时低压旁路压力设定值按照冷态、温态、热态启动曲线逐渐增加至冲转压力（冷态：1.4 MPa；热态：1.7 MPa）。

（2）机组运行阶段。

在此阶段过程中，低压旁路一般处于滑压控制模式。

但当机组带负荷且低压旁路全关后，进入滑压控制模式。此时低压旁路压力设定值为实际再热蒸汽压力+0.5 MPa（最高：5.7 MPa）。

（3）停机阶段。

在此阶段过程中，低压旁路有三种控制模式。

① 减负荷控制模式：在减负荷过程中，低压旁路压力设定值为实际再热蒸汽压力值+0.5 MPa，低压旁路全关。

如果燃烧波动使得再热蒸汽压力升高速率大于0.16 MPa/min，低压旁路开启并以控制再热蒸汽压力为当前值。

② 停机控制模式：汽机解列后，低压旁路处于定压控制模式，逐渐开启。

③ 熄火控制模式：锅炉熄火后，低压旁路关闭。

2.5.13 引风机

2.5.13.1 引风机的启动

（1）启动引风机电机轴承润滑油站，检查并确认滤网后润滑油压大于0.2 MPa，投入备用油泵联锁。

（2）启动引风机轴承冷却风机，投入备用冷却风机联锁。

（3）第一台引风机启动。

① 确认两台空预器已经运行。

② 确认烟气通道已经建立。

③ 关闭该引风机入口挡板和静叶调节挡板，开启该引风机出口挡板。

④ 启动引风机，引风机启动后10 s检查并确认引风机入口挡板自动开启。

⑤ 缓慢开启引风机静叶调节挡板，注意监视并调整炉膛负压为－100 Pa左右，投入该引风机静叶调节挡板自动。

（4）第二台引风机启动。

① 第二台引风机投入运行前，应有一台送风机已在运行。

② 启动第二台引风机前检查关闭该引风机出、入口挡板和静叶调节挡板，确认引风机无倒转现象。

③ 启动第二台引风机，引风机启动后10 s检查并确认引风机入口挡板自动开启。

④ 监视炉膛负压，逐渐开启第二台引风机静叶调节挡板，检查并确认第一台引风机静叶调节挡板自动关小。当两台引风机出力相同时，投入第二台引风机静叶调节自动。

⑤ 检查两台引风机电流和出口风压，其参数在引风机静叶调节挡板开度一致时应相同。

2.5.13.2 引风机的运行维护

（1）按照辅机正常运行检查、监视和维护通则的要求做引风机的运行监视。

(2) 引风机正常运行静叶调节挡板开度为−75°(关闭)～+30°(开启)。

(3) 引风机及电机运行中无异音,内部无碰磨、刮卡现象,电流正常。

(4) 引风机轴承冷却风机运行中无异音,内部无碰磨,冷却风管道不漏风。

(5) 电机轴承润滑油压大于0.2 MPa,滤网前后差压小于0.2 MPa,润滑油温度为35～63 ℃。

(6) 两台风机并列运行时,应尽量保持两台风机出力一致。

2.5.13.3 引风机的停运

(1) 两台引风机并列运行时,正常停运其中一台引风机。

① 机组负荷降至500 MW以下,解除待停引风机静叶调节挡板自动。

② 逐渐关闭待停引风机静叶调节挡板,另一台引风机静叶调节挡板自动增加出力。

③ 停止引风机,检查并确认引风机出、入口挡板自动关闭。

④ 引风机停运后根据轴承温度停运轴承冷却风机;依情况停运电机轴承润滑油泵。

(2) 仅一台引风机运行时,正常停运。

① 最后一台引风机只有在所有送风机停止后才能停运。

② 解除引风机入口静叶调节挡板自动,逐渐关闭该引风机入口静叶调节挡板。

③ 停止引风机运行,两侧引风机出、入口挡板自动开启。

④ 根据情况检查并确认关闭引风机出、入口挡板。

⑤ 引风机停运后根据轴承温度停运轴承冷却风机;依情况停运电机轴承润滑油泵。

(3) 引风机发生事故时,紧急停运。

① 手动或保护动作停运引风机。

② 检查并确认引风机静叶调节挡板自动关闭、引风机入口挡板自动关闭。

2.5.14 一次风机的运行

2.5.14.1 一次风机的启动

(1) 启动一次风机轴承润滑油泵,润滑油压大于0.3 MPa,液压控制油压大于2.5 MPa,投入备用油泵联锁。

(2) 启动一次风机电机轴承润滑油泵,电机轴承润滑油压大于0.2 MPa,投入备用油泵联锁。

(3) 第一台一次风机的启动。

① 确认一次风机的启动许可条件已满足。

② 检查并确认两台一次风机动叶已关闭,关闭两台一次风机出口挡板。

③ 开启冷一次风挡板、空预器出口热一次风挡板。

④ 开启1～2台磨煤机冷风闸板,冷风调节挡板开30%～50%。

⑤ 启动一次风机,检查并确认一次风机出口挡板自动开启。

⑥ 缓慢开启一次风机动叶,调整一次风压正常,投入一次风机动叶自动。

(4) 第二台一次风机启动。

① 根据一次风压、风量的需求,及时启动第二台一次风机。

② 确认一次风机的启动许可条件已满足。

③ 检查并确认该一次风机出口挡板已关闭，关闭该一次风机动叶。

④ 检查并确认风机无倒转现象，启动第二台一次风机，检查并确认一次风机出口挡板自动开启。

⑤ 检查并确认开启第二台一次风机动叶，并调整第一台一次风机动叶，使两台一次风机动叶出力相同，投入一次风机动叶自动。

⑥ 检查并确认两台一次风机电流、出口风压和风量，在动叶开度一致的情况下应基本相同。

2.5.14.2 一次风机的运行维护

(1) 按照辅机正常运行检查、监视和维护通则的要求做一次风机的运行维护。

(2) 一次风机液压、润滑油箱油位在正常范围内，若油位不正常，应立即进行处理。

(3) 检查并确认风机轴承油温正常，电加热器在油箱油温小于 25 ℃时自动投入，油箱温度大于 35 ℃时自动停运。

(4) 检查并确认电机轴承油温正常，电加热器在油箱油温不大于 30 ℃时自动投入，油箱温度不小于 40 ℃时自动停运。

(5) 一次风机电机轴承润滑油压为 0.4～0.6 MPa，动叶调节油压为 2.5～3.5 MPa，滤网前后差压小于 0.5 MPa。

(6) 一次风机正常运行动叶开度在－30°～＋25°，风机运行无失速，电机不过载。

(7) 检查并确认一次风机轴承温度在正常范围，当电机轴承温度超过 95 ℃或风机轴承温度超过 110 ℃，且保护未动作时，应手动停止风机运行。

(8) 检查并确认一次风机及电机轴承振动正常，当振动超过 11 mm/s 时应停止风机运行。

(9) 一次风机电机线圈温度不超过 135 ℃，一次风机电机及相应电缆无过热冒烟、着火现象，现场无绝缘烧焦气味，若发现异常应立即进行处理。

2.5.14.3 一次风机的停运

(1) 两台一次风机并列运行时，正常停运其中一台一次风机。

① 机组负荷降至 550 MW 以下，运行磨煤机不超过 3 台，解除待停一次风机动叶调节挡板自动。

② 逐渐关闭待停一次风机动叶调节挡板，检查并确认另一台一次风机动叶调节挡板自动增加出力，调节操作正常，一次风母管压力正常。

③ 待停一次风机动叶全部关闭后，关闭出口挡板。

④ 检查并确认运行一次风机系统运行正常。

⑤ 停止待停一次风机，检查并确认一次风母管风压正常。

⑥ 一次风机停运后，检查并确认风机无倒转现象，液压油泵可根据情况停止运行。

(2) 仅一台一次风机运行时，正常停运。

① 检查并确认磨煤机全部停运。

② 解除一次风机动叶自动，逐渐关闭一次风机动叶，注意总风量，调整炉膛负压。

③ 一次风机动叶全部关闭后，停运一次风机。

④ 检查并确认一次风机出口挡板自动关闭。

⑤ 一次风机停运后，液压油泵可根据需求停止运行。

（3）一次风机事故时，紧急停运。

① 手动或保护动作停止一次风机。

② 一次风机动叶自动关闭，出口挡板及冷一次风挡板自动关闭。

2.5.15　制粉系统

2.5.15.1　制粉系统的启动

（1）根据油温情况投入润滑油箱电加热装置，控制油温在 30～40 ℃。启动磨煤机润滑油泵，检查并确认轴承润滑油压大于 0.2 MPa，投入备用油泵联锁，确认磨煤机减速箱油位正常。

（2）确认给煤机进口闸板开启。

（3）投入磨煤机及给煤机密封风。

（4）旋转分离器启动。

（5）磨煤机启动。

① 确认一次风机已启动，母管风压大于 7.5 kPa。

② 确认密封风机已启动，磨煤机密封风与一次风差压大于 2.0 kPa。

③ 启动磨煤机润滑油泵，检查、控制油温不小于 40 ℃、油压大于 0.09 MPa。

④ 开启磨煤机本体密封风电动门、磨煤机出口门、给煤机密封风电动门。

⑤ 关闭磨煤机冷、热风的关断挡板和调节挡板。

⑥ 开启磨煤机冷风闸板门，冷风调节门至 10%～50%。

⑦ 启动磨煤机电机。

⑧ 开启磨煤机热风闸板门，手动调整磨煤机冷、热风调节挡板，以 3 ℃/min 的升温速率将出口温度逐渐上升至 65～82 ℃，暖磨 10 min。

⑨ 缓慢将磨煤机入口风量升至 93～100 t/h。

⑩ 启动给煤机，给煤机转速调最低。

⑪ 当磨煤机电流大于最低值后，逐渐增加给煤机转速至最大转速的 40%。

⑫ 磨煤机出口温度升至正常（65～70 ℃）且稳定后，投入冷、热风调节挡板自动，出口温度定值 70 ℃。

⑬ 根据需要增加给煤机转速，待与其他给煤机平衡后投入自动。

2.5.15.2　制粉系统的运行维护

（1）给煤机转速控制在最大转速的 40%～80%，运行中的给煤机平均出力超过 80%时，应增加一套制粉系统运行；运行中的给煤机平均出力低于 40%时，应切除一套制粉系统运行。

（2）检查并确认磨煤机减速箱各轴承温度不超过 70 ℃。

（3）磨煤机出口温度应控制在 65～70 ℃。

（4）磨煤机密封风与磨入口一次风压差大于 2 kPa。

（5）磨煤机出口 4 根煤粉管道出粉均匀，管壁温度较磨煤机出口温度差值不超过 10 ℃。

2.5.15.3　制粉系统的停运

（1）制粉系统的手动停运。

① 逐渐降低给煤机转速至最大转速的 40%。

② 风量设自动，逐渐调整磨煤机出口温度到55 ℃，达到后关闭给煤机入口门。

③ 待给煤机胶带无煤后停止给煤机运行，并关闭磨煤机热风调节及关断挡扳。

④ 磨煤机以额定风量吹扫运行10 min。吹扫结束后，电流降至空载时停运磨煤机。

⑤ 检查并确认旋转分离器联锁停运。

⑥ 磨煤机冷风调节挡板关至5%冷却。

⑦ 磨煤机轴承温度降至常温后，根据需要停止润滑油泵运行。

(2) 制粉系统的程序停止。

投入制粉系统程序停止子组，制粉系统中各设备将按顺序动作完成停止任务。

第 3 章　仿真系统基础操作及厂用电送电

本书介绍的 1 000 MW 机组仿真系统由北京恒和大风软件技术有限公司于 2012 年 9 月开发编制完成，经中国矿业大学低碳能源与动力工程学院能源与动力工程实验中心测试运行，并经过进一步完善后，于 2013 年 11 月正式应用于低碳能源与动力工程学院的能源与动力工程专业本科教学工作。

1 000 MW 机组仿真系统硬件由 1 块 98 英寸(1 英寸＝0.003 m)主显示屏、4 块 86 英寸辅显示屏、1 台主服务器计算机、33 台操作终端计算机等组成，软件由仿真支撑平台软件 Simu Works、数学模型软件、仿真功能软件等组成，组合成工程师工作站、教练员工作站、操作员工作站三大部分。

工程师工作站利用功能软件完成对 1 000 MW 机组模型的修改和维护、DCS 组态、运行参数设定以及画面组态等工作。分装运行在 3 台工程师站计算机上，通过网络与支撑系统进行数据交换。

教练员工作站主要用来设定各种工况和事故，对学员进行培训。同时，仿真系统各项主要功能由教师通过教练员工作站发出指令来实现，全部功能软件集成在 Simu Engine 系统中，均运行于 1 台主服务器计算机上。

操作员工作站通过仿真软件模拟实际机组操作员界面。该界面与实际现场操作界面，在内容和形式上完全一致，即外观一致、界面一致、操作键盘一致、操作方式一致，实现了现场集散控制系统操作员站的全部操作功能，模拟了界面显示、报警处理、设备控制等全部运行功能。仿真软件运行于仿真操作计算机工作站上，形成 1 台指导操作终端和 32 台培训操作终端。

整个仿真系统通过专用内部局域网络连接运行。

3.1　仿真系统基础操作

首先启动操作员工作站计算机，然后双击屏幕桌面上“操作员在线”图标，进入 1 000 MW 机组仿真系统界面，如图 3-1 所示。

图 3-1 中，左上角为仿真系统设置菜单工具栏，中部为仿真系统功能界面显示区，下部为仿真系统运行状态数据栏。

3.1.1　仿真系统设置菜单及操作

仿真系统设置菜单工具栏主要用于进行仿真系统界面控制、系统菜单信息显示选择等操作，如图 3-2 所示。图 3-2 中：

① 左起第一个按钮，打开“系统”菜单。

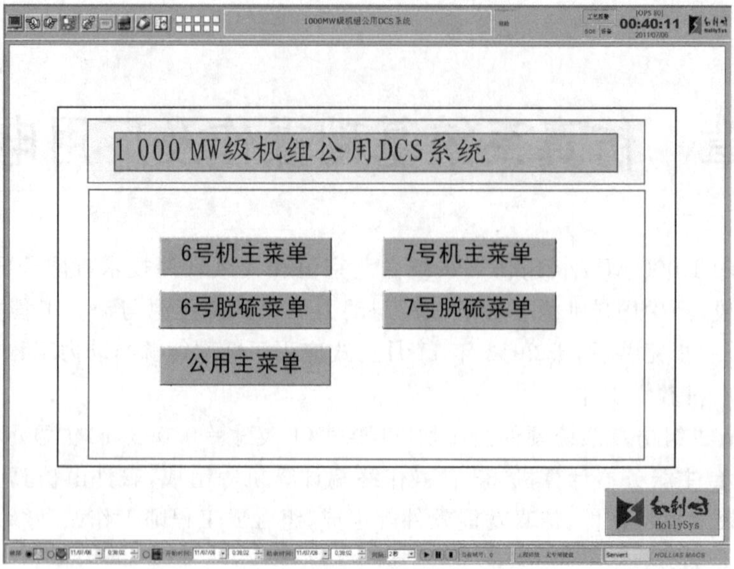

图 3-1　1 000 MW 机组仿真系统界面

图 3-2　仿真系统设置菜单工具栏界面

② 左起第二个按钮，向前翻页。

③ 左起第三个按钮，向后翻页。

④ 左起第四个按钮，打开“图形管理”菜单。

⑤ 左起第五个按钮，打开“工程师功能”菜单。

⑥ 右侧的双排方块为光字牌。

接下来主要介绍登录系统、选择当前工作域、退出系统和光字牌等四项常用操作。

(1) 登录系统。

登录系统用于取得仿真系统的可操作权限，若不登录，则仅能查看仿真系统的各个界面。

点击系统菜单工具栏左起第五个按钮，弹出“工程师功能”下拉菜单，如图 3-2 所示。

在下拉菜单内选择第一条“登录”项，弹出系统登录对话框，如图 3-3 所示。

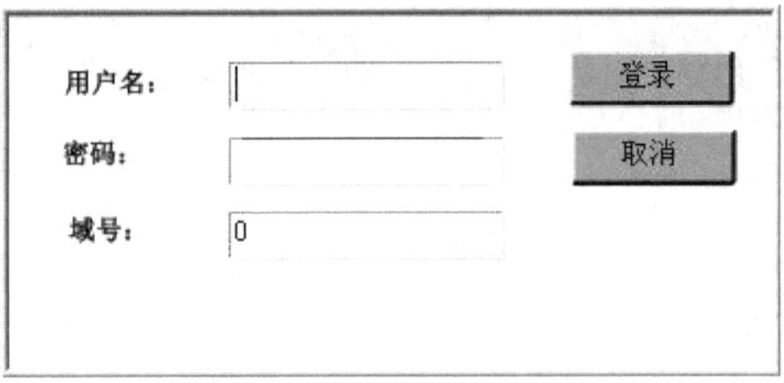

图 3-3　系统登录对话框

首先输入用户名："aaaa"，密码："aaaa"，然后点击右侧【登录】按钮，完成系统登录。

(2) 选择当前工作域。

当前域实质上对应的是系统不同操作权限范围，按取得可操作权限范围递增，依次分为 0 号域、1 号域和 3 号域。

点击系统菜单工具栏左起第五个按钮，在弹出的"工程师功能"下拉菜单内，选择第四条"选择当前域"项，弹出选择当前域对话框，如图 3-4 所示。

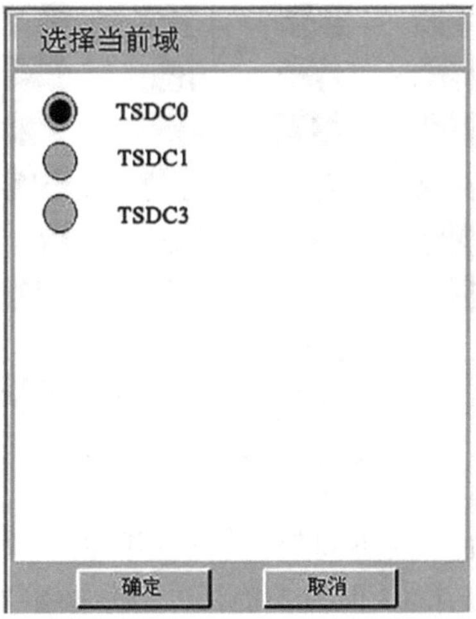

图 3-4　选择当前域对话框

图 3-4 中，"TSDC0"为 0 号域，"TSDC1"为 1 号域，"TSDC3"为 3 号域。

根据需要选择相应当前域后，点击下方【确定】按钮，进入所选工作域。

(3) 退出系统。

退出系统用于在当前终端上结束本次仿真系统运行。

注意，必须是在之前已经成功完成仿真系统登录，再进行此项操作，才能正常退出系统，否则无法直接退出。

点击系统菜单工具栏左起第一个按钮，弹出"系统"下拉菜单，如图 3-5 所示。

在"系统"下拉菜单中，选择第一条"退出"项，结束本次仿真系统运行。

(4) 光字牌。

光字牌用于对仿真系统所模拟发电机组的各项运行参数进行显示及报警。

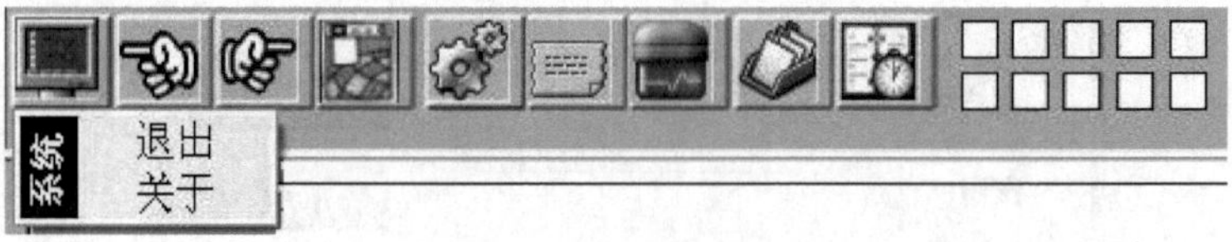

图 3-5　仿真系统设置菜单工具栏退出界面

点击系统菜单工具栏最右侧双排方块按钮中任意一个，进入其对应的光字牌界面，如图 3-6 所示。

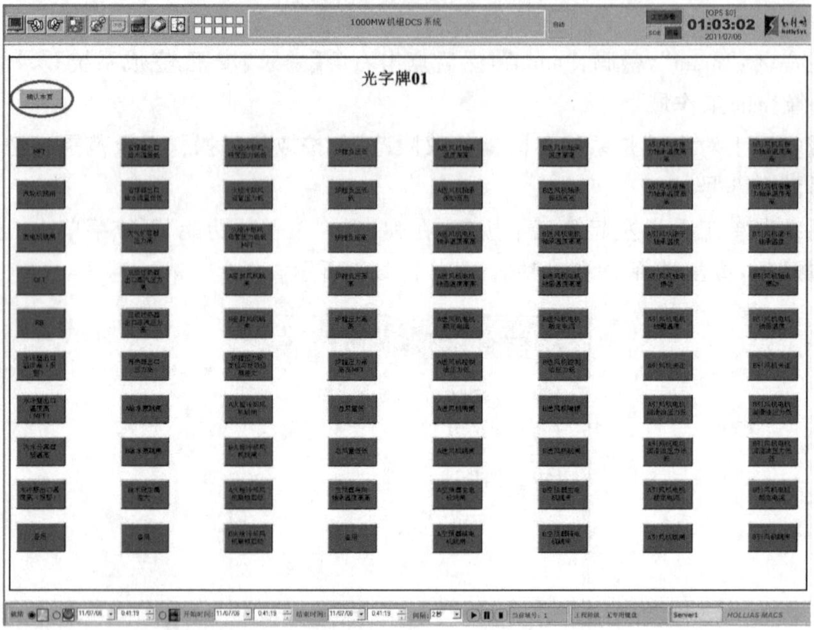

图 3-6　光字牌界面

在实际操作中，光字牌界面中用不同颜色表示不同的含义：

① 红色闪烁的参数表示新产生，但尚未确认的异常参数报警。

② 红色不闪烁的参数表示已经确认，但尚未消失的异常参数报警。

③ 黄色闪烁的参数表示曾经存在，未经确认，但目前已消失的异常参数报警。

点击图 3-6 左上部椭圆形标记的【确认本页】按钮，表示操作员认可本页显示的全部光字牌参数。

3.1.2　仿真系统功能菜单及操作

仿真系统功能菜单与所选当前工作域有关，不同域对应不同系统功能菜单与操作范围。

(1) 当前域为 0 号域时，仿真系统界面及功能菜单如图 3-1 所示。

此界面中主要有机组主菜单、脱硫菜单和公用主菜单等菜单选项。

(2) 当前域为 1 号域时，仿真系统界面及功能菜单如图 3-7 所示。

此界面中，在保留 0 号域相关菜单选项的基础上，新增机组锅炉主菜单、汽机主菜单、电气主菜单等菜单选项。

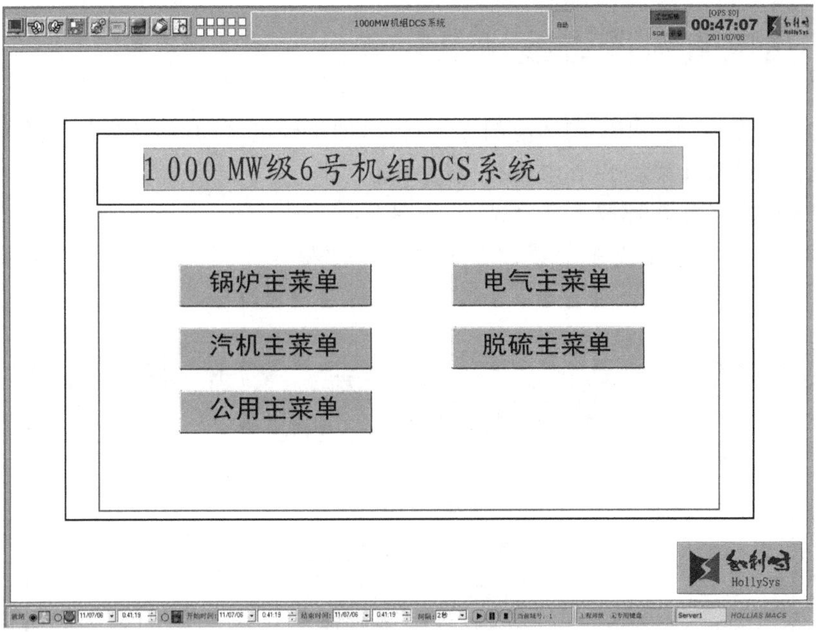

图 3-7　1 000 MW 机组仿真系统 1 号域主菜单

（3）当前域为 3 号域时，仿真系统界面及功能菜单如图 3-8 所示。

图 3-8　1 000 MW 机组仿真系统 3 号域主菜单

此界面中，在保留 1 号域全部菜单选项的基础上，新增锅炉就地主菜单、汽机就地主菜单、电气就地主菜单、脱硫就地主菜单和 DEH 主画面等菜单选项。

3.2　厂用电直流段母线送电

本节主要介绍机组厂用电倒送电的操作过程，即将外电网的电，按电压逐级降压送到本厂各用电设备。实质上就是由外电网提供厂用电。

(1) 进入仿真系统 3 号域主菜单界面，如图 3-8 所示。

点击图 3-8 中＜电气就地主菜单＞菜单项，进入“电气就地主菜单”界面，如图 3-9 所示。

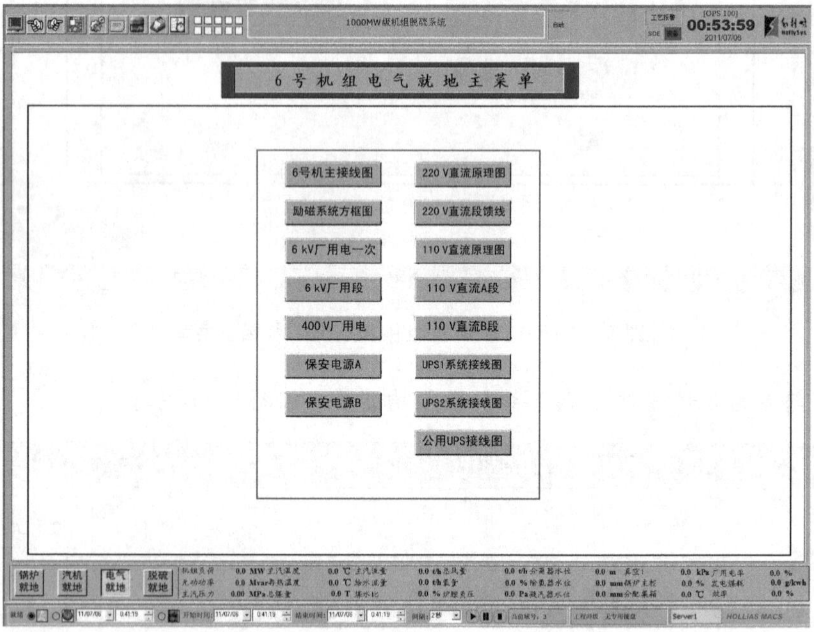

图 3-9　电气就地主菜单

点击图 3-9 中＜220 V 直流原理图＞菜单项，进入“220 V 直流原理接线图”界面，如图 3-10 所示。

注意图 3-10 中这几个区域：

① 左下角椭圆形标记区域的按钮组是“锅炉就地”“汽机就地”“电气就地”“脱硫就地”等子系统间快速切换按钮，点击切换可进入相对应子系统的主菜单界面。

② 左下角椭圆形标记区域按钮组右侧是机组状态参数显示栏，显示机组运行中的各项主要运行参数。

③ 右上部长方形标记的按钮组是当前子系统内部各操作界面间快速切换按钮，点击切换进入相对应的操作界面。

点击图 3-10 中左下部六边形标记的开关，将开关由分闸状态(实际操作中显示为绿色)切换为合闸状态(实际操作中显示为红色)。

注意每点击一次开关其开关状态就会直接切换一次。

随后，依次合上图 3-10 左侧方框形标记的 7 个开关，完成左侧电路送电。

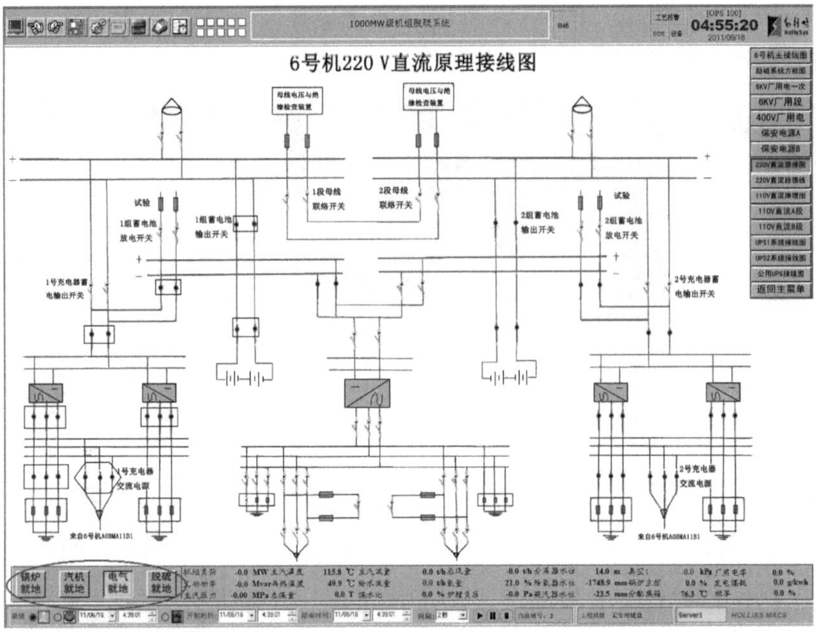

图 3-10　220 V 直流原理接线图

采用与上述相同的操作方法，给“220 V 直流原理图”右侧电路送电。

(2) 在“电气就地主菜单”中，点击<220 V 直流段馈线>菜单项，打开“220 V 直流段馈线屏接线图”界面，如图 3-11 所示。

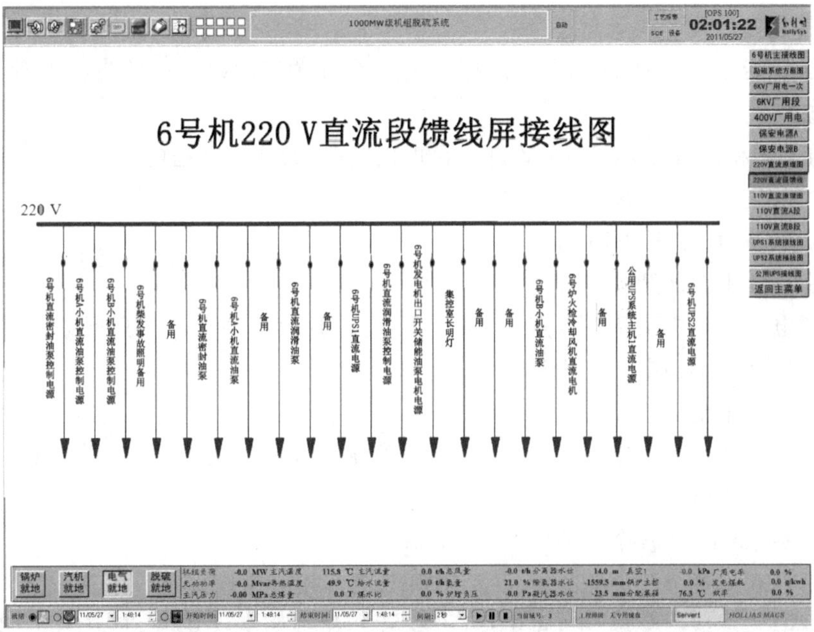

图 3-11　220 V 直流段馈线屏接线图

合上图 3-11 中全部开关。

(3) 在“电气就地主菜单”中，点击<110 V 直流原理图>菜单项，打开“110 V 直流原理接线图”界面，如图 3-12 所示。

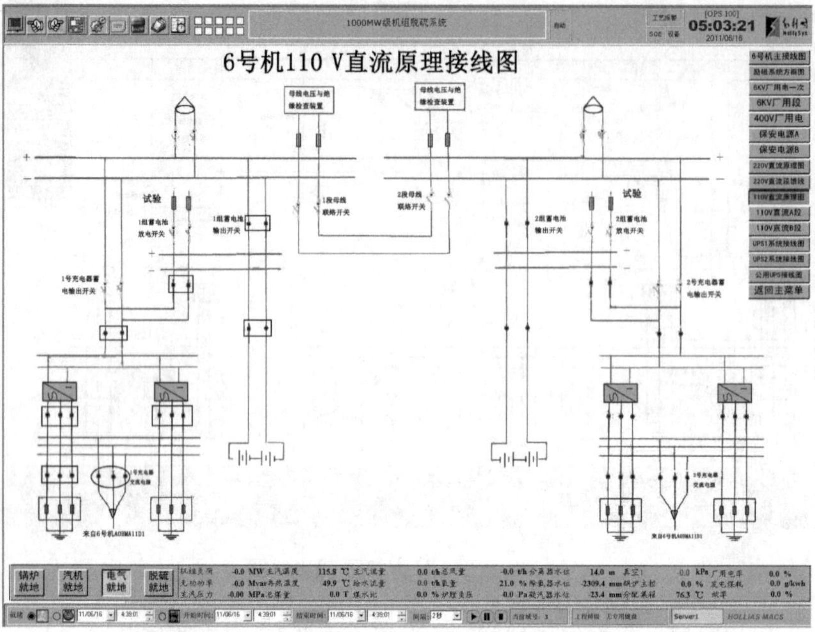

图 3-12　110 V 直流原理接线图

点击图 3-12 左下部椭圆形标记的开关，将开关由分闸状态(显示为绿色)切换为合闸状态(显示为红色)。

随后，依次合上图 3-12 左侧方框形标记的 7 个开关，完成“110 V 直流原理接线图”左侧电路送电。

采用与上述相同方法，给“110 V 直流原理接线图”右侧电路送电。

(4) 在“电气就地主菜单”中，点击<110 V 直流 A 段>菜单项，打开“110 V 直流 A 段馈线屏接线图”界面，如图 3-13 所示。

合上图 3-13 中全部开关。

(5) 在“电气就地主菜单”中，点击<110 V 直流 B 段>菜单项，打开“110 V 直流 B 段馈线屏接线图”界面，如图 3-14 所示。

合上图 3-14 中全部开关。

(6) 在“电气就地主菜单”中，点击<UPS1 系统接线图>菜单项，打开“UPS1 系统接线图”界面，如图 3-15 所示。

注意观察图 3-15 中各个开关的开、合状态。

按照图 3-15 中各个开关的显示状态，对开关进行相应操作。

(7) 在“电气就地主菜单”中，点击<UPS2 系统接线图>菜单项，打开“UPS2 系统接线图”界面，如图 3-16 所示。

注意观察图 3-16 中各个开关的开、合状态。

图 3-13　110 V 直流 A 段馈线屏接线图

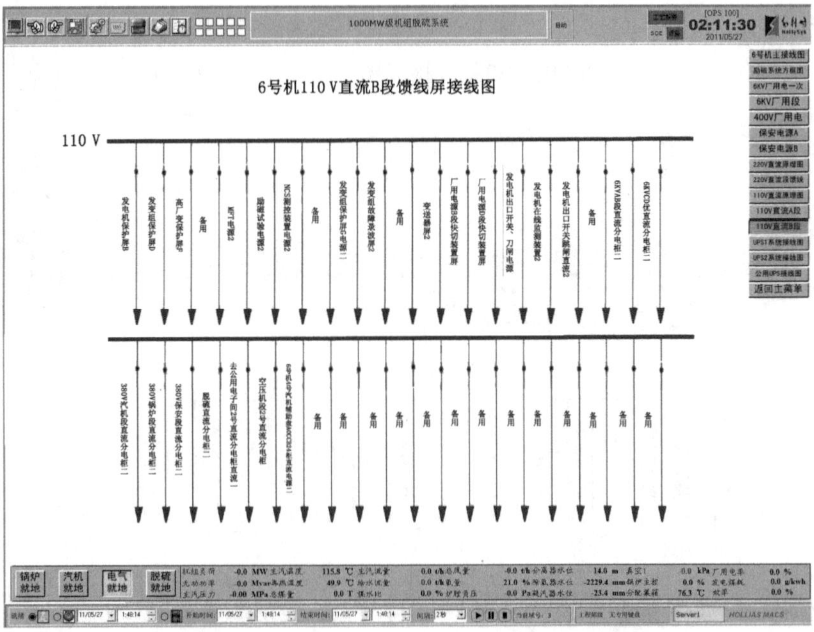

图 3-14　110 V 直流 B 段馈线屏接线图

按照图 3-16 中各个开关的显示状态对开关进行相应操作。

(8) 在“电气就地主菜单”中，点击＜公用 UPS 接线图＞菜单项，打开“公用 UPS 接线图”界面，如图 3-17 所示。

注意观察图 3-17 中各个开关的开、合状态。

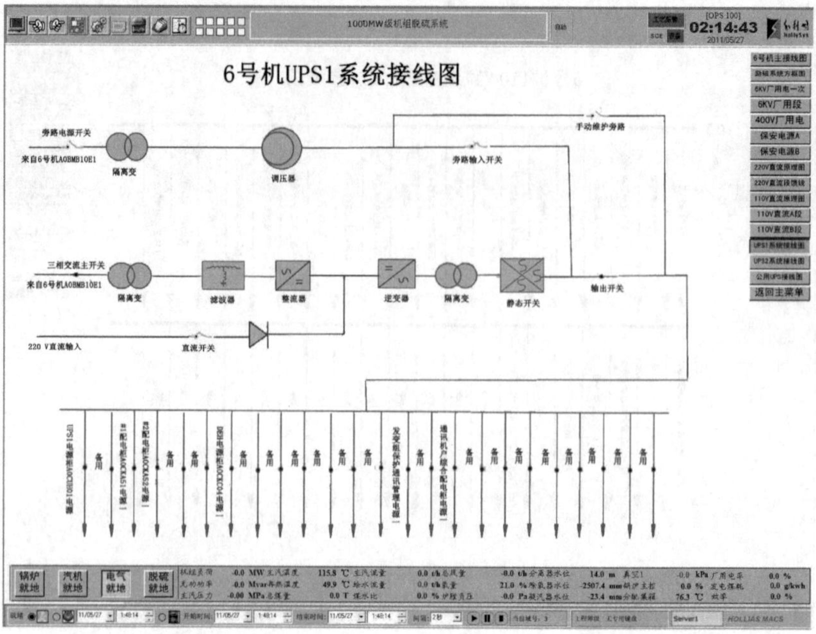

图 3-15　UPS1 系统接线图

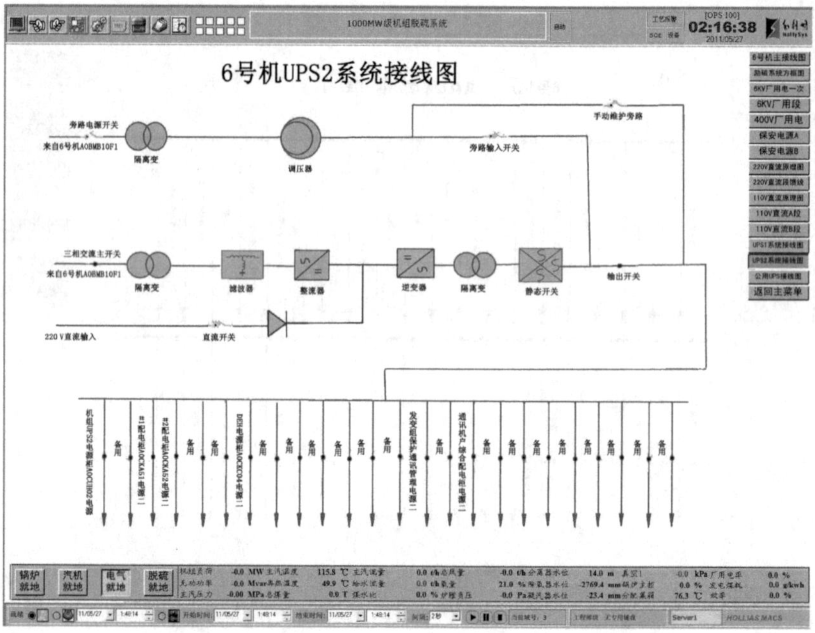

图 3-16　UPS2 系统接线图

按照图 3-17 中各个开关的显示状态对开关进行相应操作。

(9) 检查上述各系统(图 3-10～图 3-17)中全部开关的开、合状态是否与上述各图中显示的状态一致。

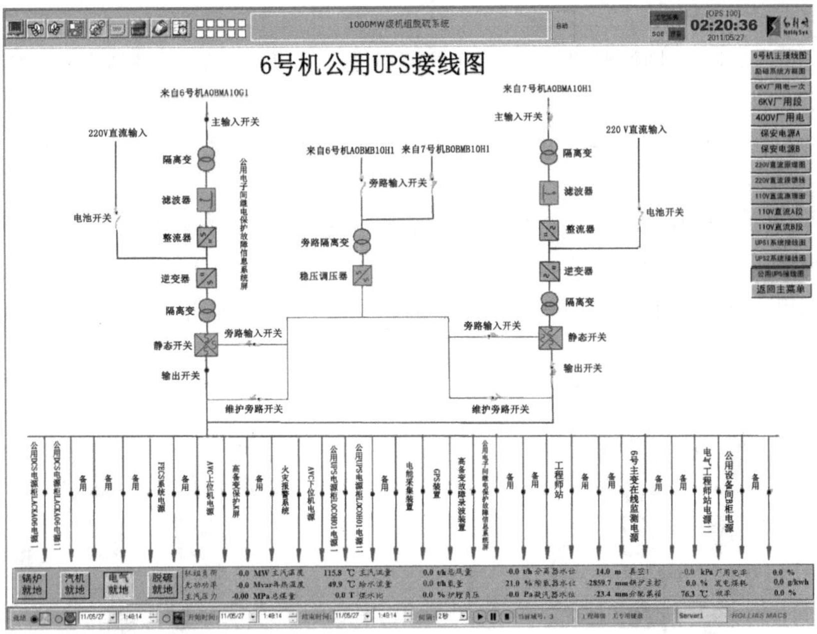

图 3-17　公用 UPS 接线图

3.3　厂用电 6 kV 侧送电

（1）在“电气就地主菜单”中，点击＜6 kV 厂用电一次＞菜单项，打开“6 kV 厂用电一次接线图”界面，如图 3-18 所示。

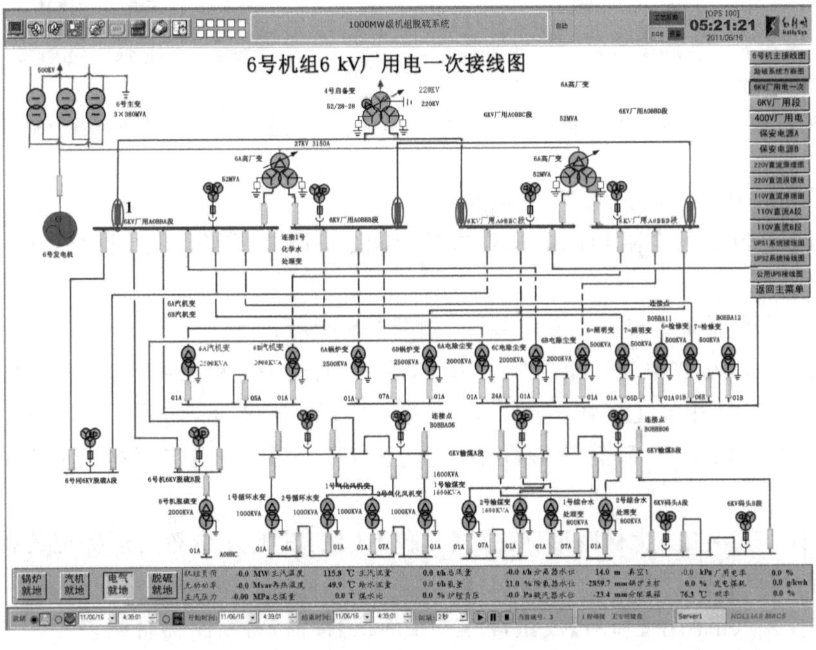

图 3-18　6 kV 厂用电一次接线图

① 断路器合闸操作。

(a) 点击图 3-18 中椭圆形数字 1 标注的断路器，弹出“6 kV 断路器”二级操作窗口，如图 3-19 所示。

(b) 将图 3-19 上半部中左侧旋钮位置由“就地”旋转至“远方”，右侧旋钮位置由“试验位置”旋转至“工作位置”。

(c) 将图 3-19 下半部中旋钮位置由“试验位置”旋转至“工作位置”。

(d) 将图 3-19 中全部开关合闸，全部熔断器投入，二次插头投入。

操作完成后，“6 kV 断路器”界面内各装置状态如图 3-20 所示。

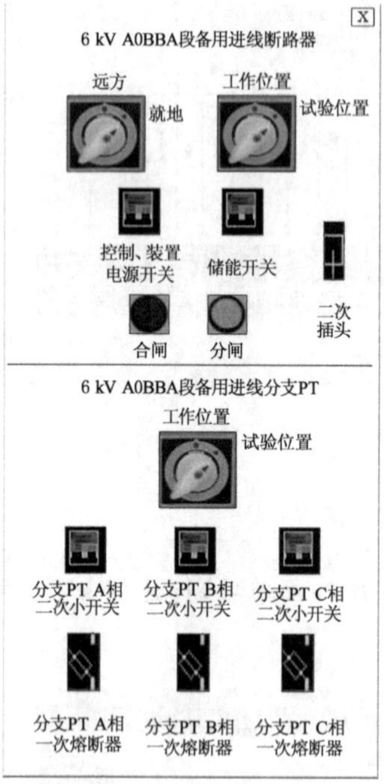

图 3-19　6 kV 断路器合闸前

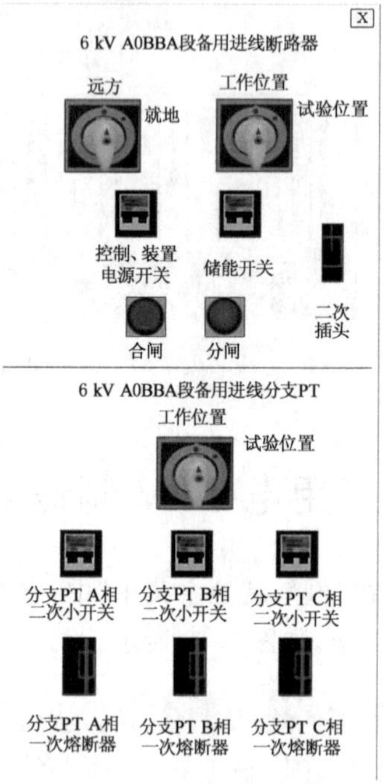

图 3-20　6 kV 断路器合闸后

② “6 kV 厂用电一次接线图”界面操作。

采用与上述断路器合闸相同的操作方法，将图 3-18 中椭圆形标记的另外 3 个断路器合闸。

(2) 进入仿真系统 3 号域主菜单界面，如图 3-8 所示。

① 点击图 3-8 中＜电气主菜单＞菜单项，进入“电气主菜单”界面，如图 3-21 所示。

② 点击图 3-21 中＜主接线图＞菜单项，进入“接线图”界面，如图 3-22 所示。

③ 点击图 3-22 左下部椭圆形数字 1 标注的断路器，弹出二级操作窗口，如图 3-23 所示。

④ 点击图 3-23 下方大椭圆形标记的【复位】按钮，其上方小椭圆形标记的指示灯变红色，表示断路器已合闸，如图 3-24 所示。

⑤ 否则，先点击图中【合闸】按钮，再点击【确认】按钮，将断路器合闸。

按与上述相同操作方法，将图 3-22 中椭圆形标记的另外 3 个断路器合闸。

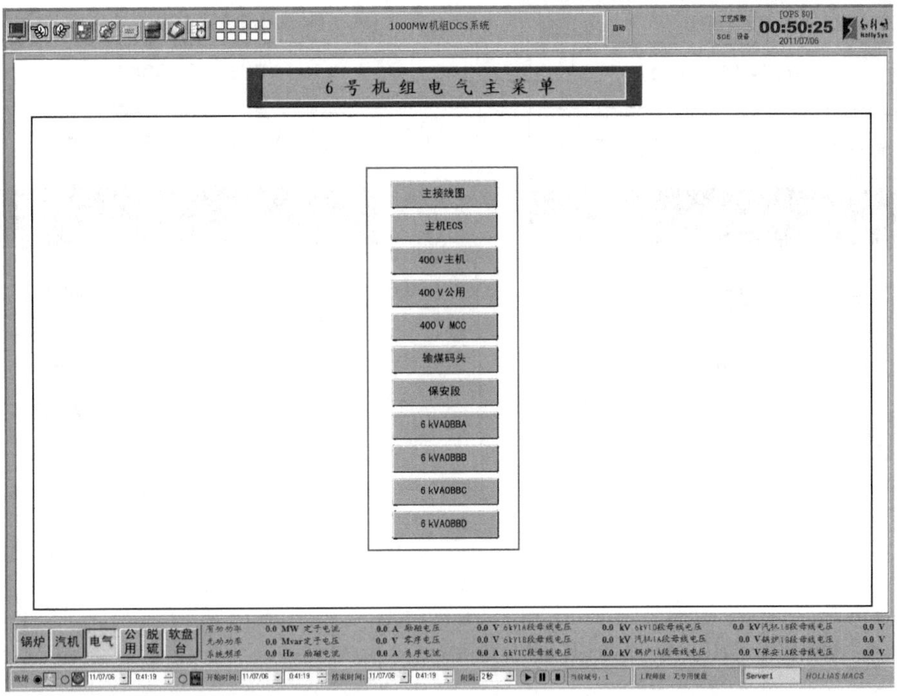

图 3-21　电气主菜单

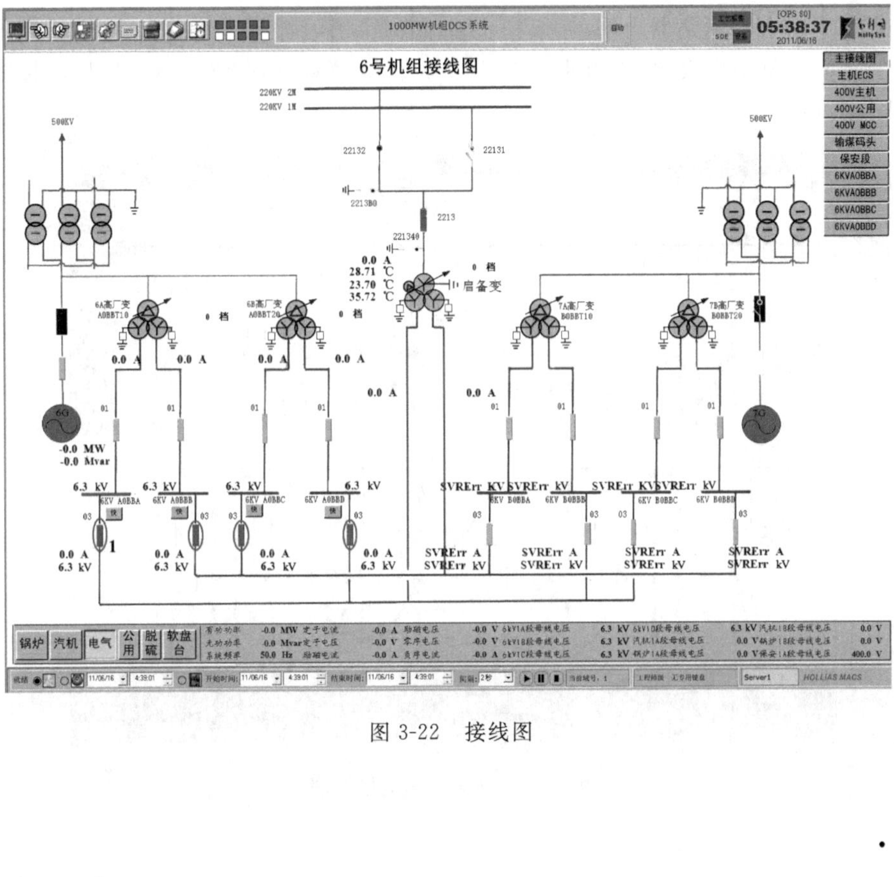

图 3-22　接线图

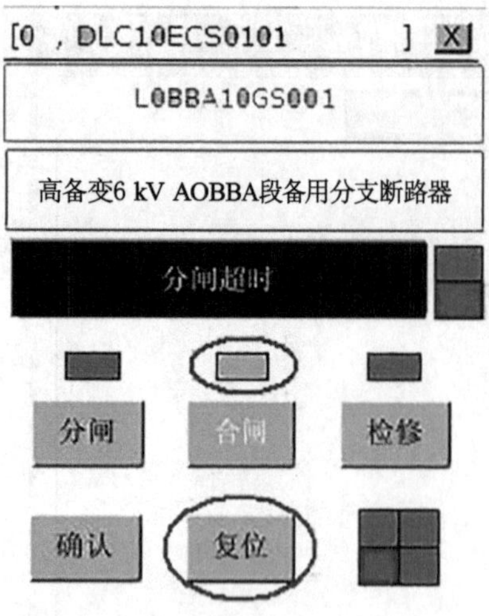

图 3-23　6 kV 断路器 2 合闸前

图 3-24　6 kV 断路器 2 合闸后

3.4　厂用电 380 V 侧送电

（1）在“电气就地主菜单”中点击＜6 kV 厂用电一次＞菜单项，打开“6 kV 厂用电一次接线图”界面，如图 3-18 所示。

将图 3-18 中全部断路器合闸。

（2）在“电气就地主菜单”中点击＜6 kV 厂用段＞菜单项，打开“6 kV 厂用电接线图”界面，如图 3-25 所示。

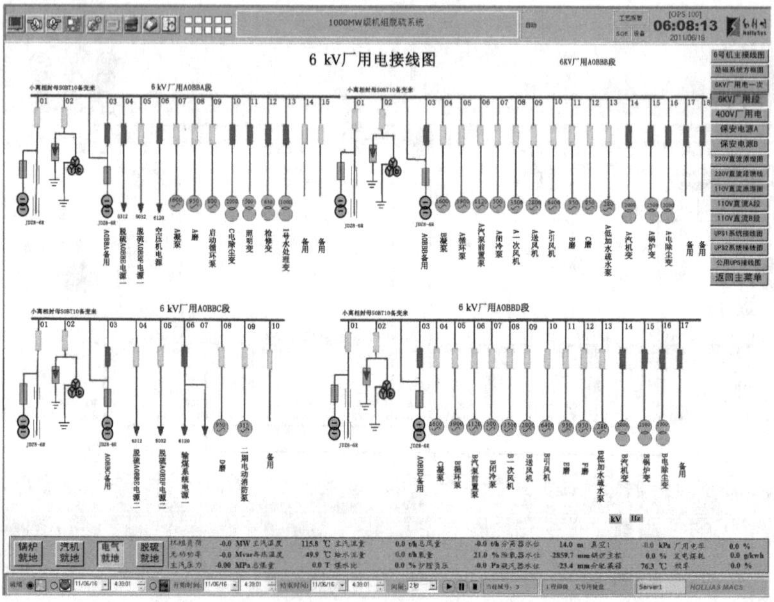

图 3-25　6 kV 厂用电接线图

将图 3-25 中全部断路器合闸。

(3) 在“电气就地主菜单”中点击<400 V 厂用电>菜单项，打开“380 V 厂用电一次接线图”界面，如图 3-26 所示。

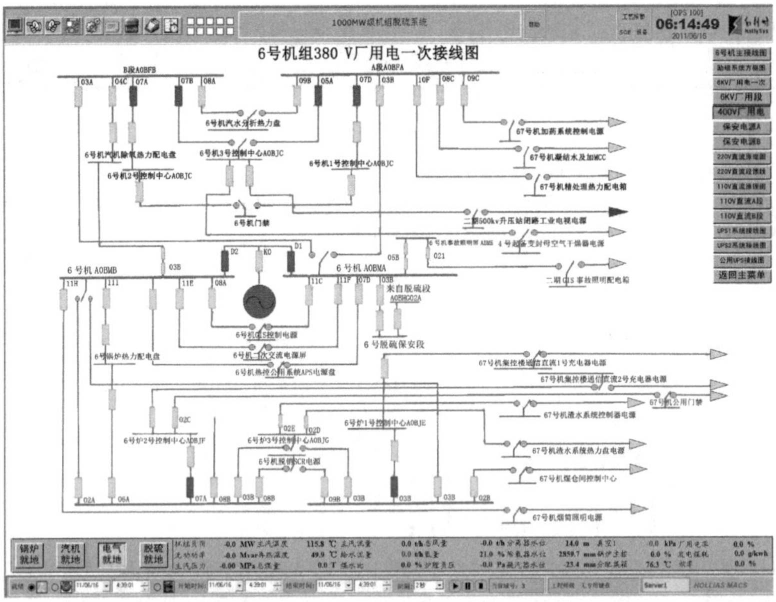

图 3-26　380 V 厂用电一次接线图

将图 3-26 中全部断路器合闸。

(4) 在“电气就地主菜单”中点击<保安电源 A>菜单项，打开“保安 A 段”界面，如图 3-27 所示。

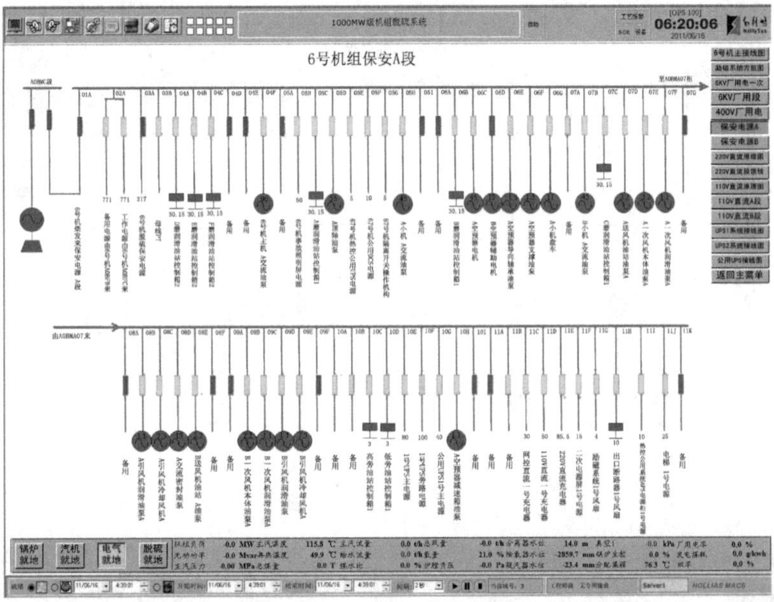

图 3-27　保安 A 段

将图 3-27 中全部断路器合闸。

(5) 在“电气就地主菜单”中点击＜保安电源 B＞菜单项，打开“保安 B 段”界面，如图 3-28 所示。

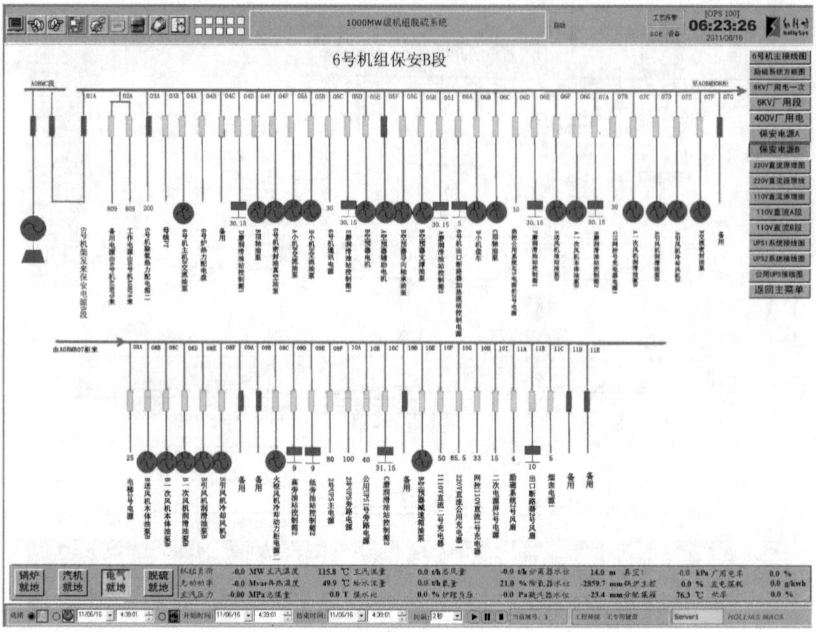

图 3-28　保安 B 段

将图 3-28 中全部断路器合闸。

(6) 在“电气主菜单”中点击＜400 V 主机＞菜单项，进入“400 V 系统”界面，如图 3-29 所示。

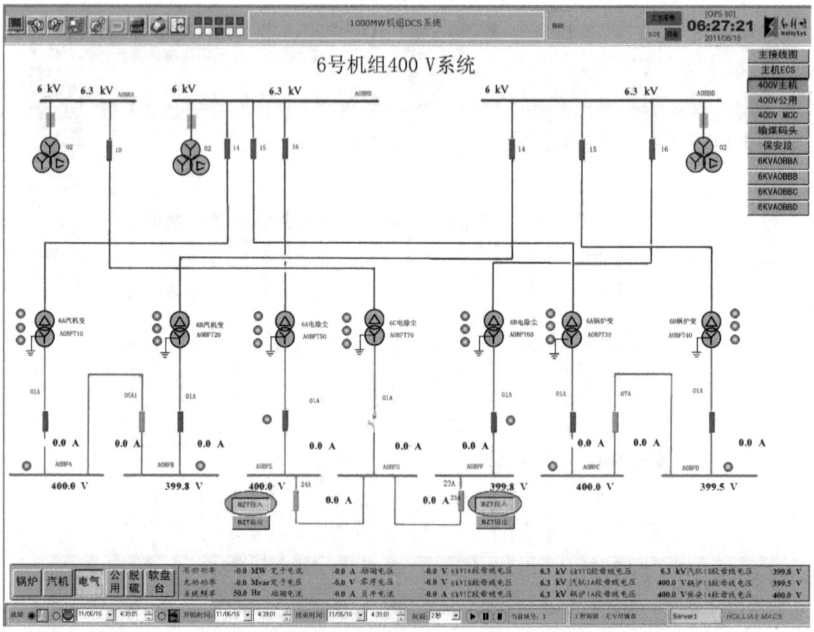

图 3-29　400 V 系统

将图 3-29 中全部断路器合闸。

点击图 3-29 下方椭圆形标记的 2 个【BZT 投入】按钮，使按钮显示为绿色，投入“400 V 主机”段备自投。

备自投的作用在于：当连接母线的当前电路断路器跳闸时，另一路备用电路断路器及时迅速自动合闸，保证母线维持带电。

(7) 在“电气主菜单”中点击＜400 V 公用＞菜单项，进入“400 V 公用系统”界面，如图 3-30 所示。

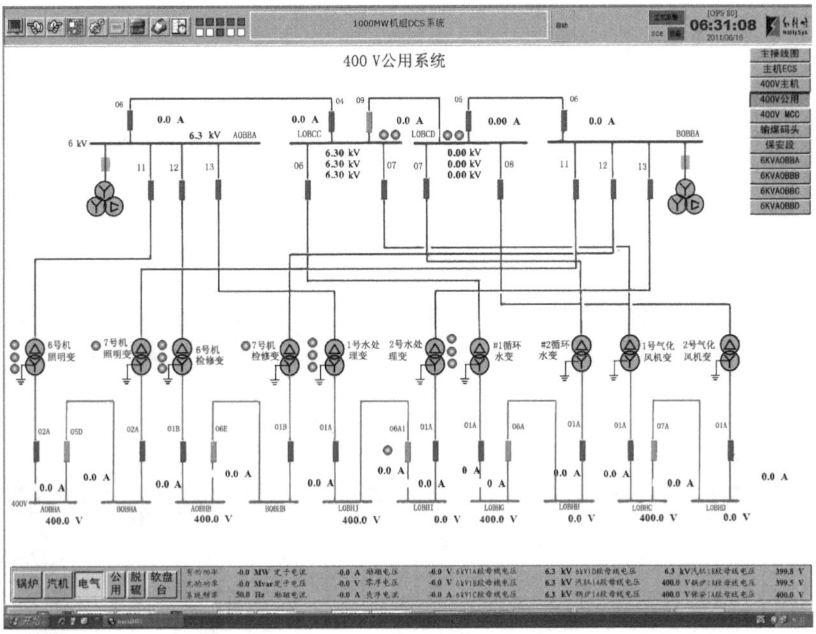

图 3-30　400 V 公用系统

将图 3-30 中全部断路器合闸。

(8) 在“电气主菜单”中点击＜400 V MCC＞菜单项，进入“400 V MCC”界面，如图 3-31 所示。

将图 3-31 中全部断路器合闸。

MCC(motor control center)即电机控制中心，又称马达控制中心、电动机控制中心。

电机控制中心统一管理配电和仪器设备，将各种电机控制单元、馈电线接头单元、配电变压器、照明配电盘、联锁继电器以及计量设备装入一个整体安装的机壳内，并且由一个公共的封闭母线供电，各 MCC 段通常均设置为双回路电源。

(9) 在“电气主菜单”中点击＜输煤码头＞菜单项，进入“输煤码头系统”界面，如图 3-32 所示。

将图 3-32 中全部断路器合闸。

(10) 在“电气主菜单”中点击＜保安段＞菜单项，进入“保安段”界面，如图 3-33 所示。

点击图 3-33 上方椭圆形标记的【保安 A 段恢复】和【保安 B 段恢复】按钮，使其对应的断路器合闸。

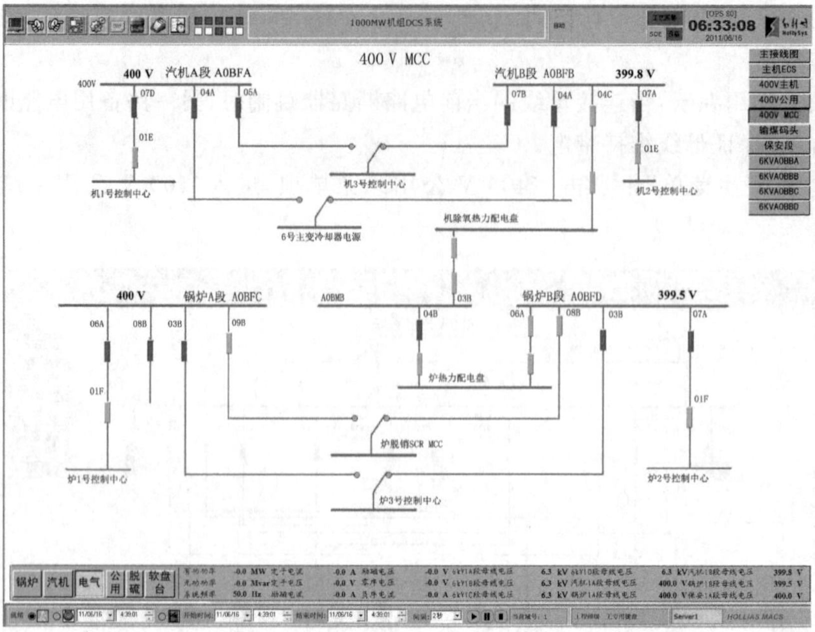

图 3-31　400 V MCC

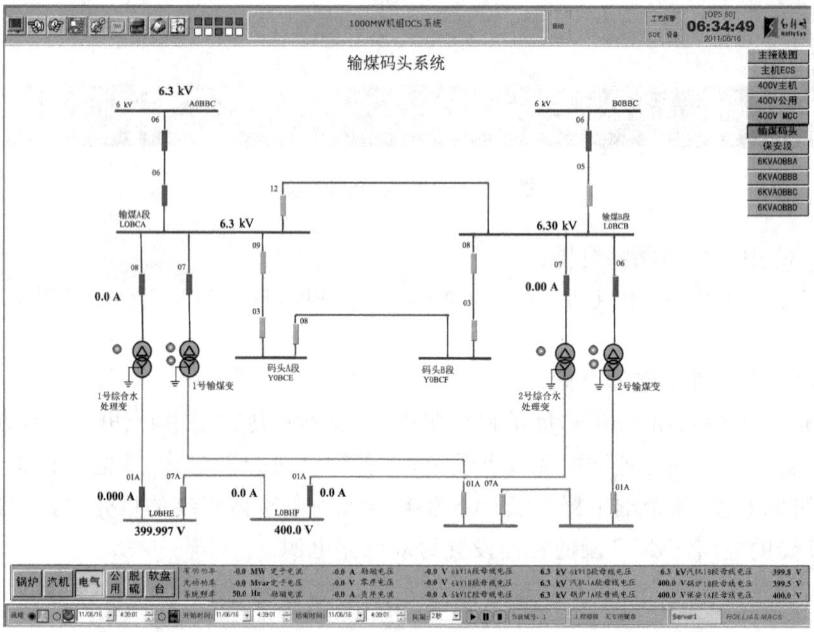

图 3-32　输煤码头系统

(11) 进入仿真系统 3 号域主菜单界面，如图 3-8 所示。

点击图 3-8 中＜公用主菜单＞菜单项，进入“公用主菜单”界面，如图 3-34 所示。

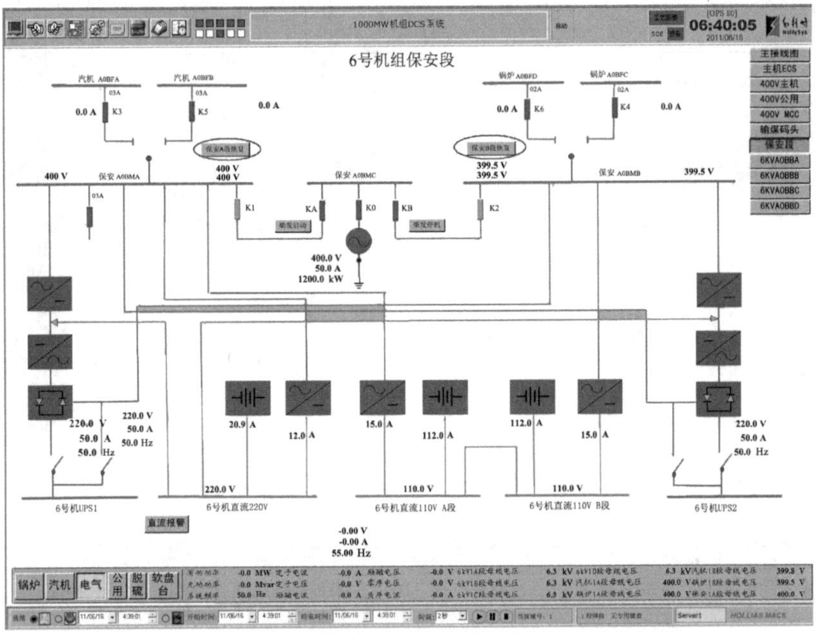

图 3-33　保安段

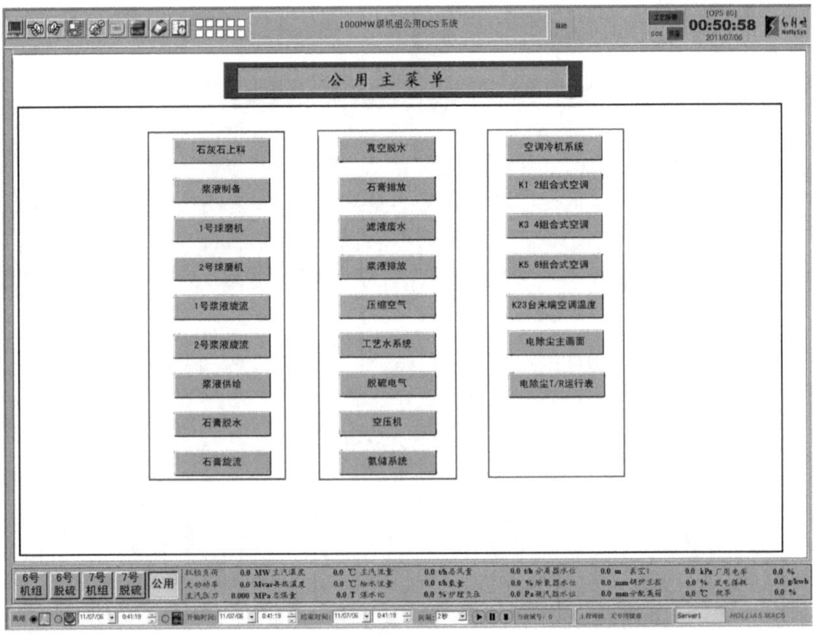

图 3-34　公用主菜单

点击图 3-34 中<脱硫电气>菜单项，进入“脱硫电气系统”界面，如图 3-35 所示。将图 3-35 左侧椭圆形标记的 6 个断路器合闸。

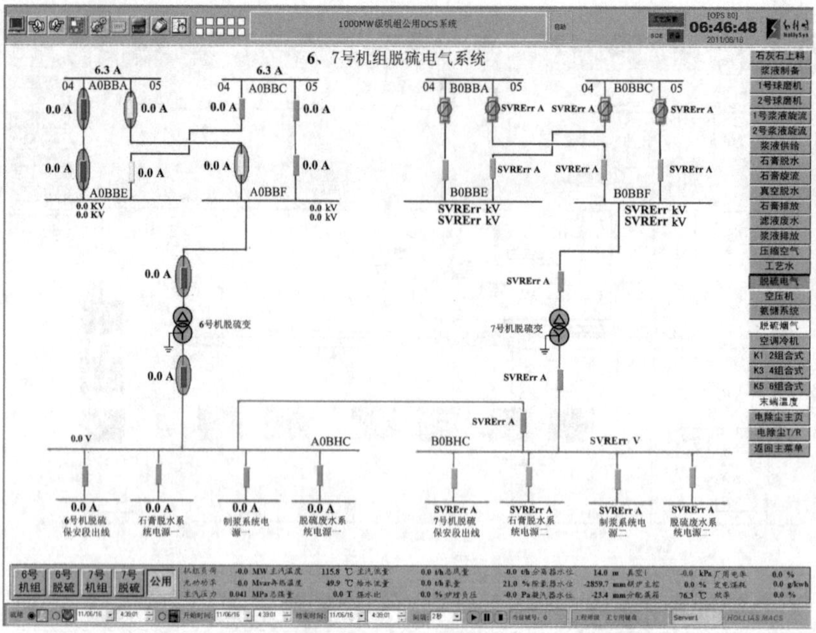
1000MW级机组公用DCS系统
06:46:48
6、7号机组脱硫电气系统
A0BBA
A0BBC
B0BBA
B0BBC
A0BBE
A0BBF
B0BBE
B0BBF
6号机脱硫变
7号机脱硫变
A0BHC
B0BHC
6号机脱硫
保安段出线
石膏脱水系
统电源一
制浆系统电
源一
脱硫废水系
统电源一
7号机脱硫
保安段出线
石膏脱水系
统电源二
制浆系统电
源二
脱硫废水系
统电源二
石灰石上料
浆液制备
1号球磨机
2号球磨机
1号浆液旋流
2号浆液旋流
浆液供给
石膏脱水
石膏旋流
真空脱水
石膏排放
滤液废水
浆液排放
压缩空气
工艺水
脱硫电气
空压机
氨储系统
脱硝烟气
空调冷机
K1 2组合式
K3 4组合式
K5 6组合式
末端温度
电除尘主页
电除尘T/R
返回主菜单
6号
机组
6号
脱硫
7号
机组
7号
脱硫
公用
图 3-35　脱硫电气系统

第 4 章　机组就地操作

机组就地操作一般指的是在被控设备安放原地进行的现场操作。在电厂实际运行过程中，机组就地操作是要到设备所在位置处手动进行操作调节的。

为更好地熟悉了解机组设备的实际操作流程，仿真系统专门开发设置了机组就地操作子系统，对电厂实际运行中执行的就地操作在操作员终端上实现仿真虚拟操作。

由于电气系统就地操作在第 3 章中已做相应介绍，本章主要介绍锅炉系统就地操作和汽机系统就地操作。

4.1　锅炉系统就地操作

(1) 进入仿真系统 3 号域主菜单界面，如图 3-8 所示。

点击图 3-8 中＜锅炉就地主菜单＞菜单项，进入“锅炉就地主菜单”界面，如图 4-1 所示。

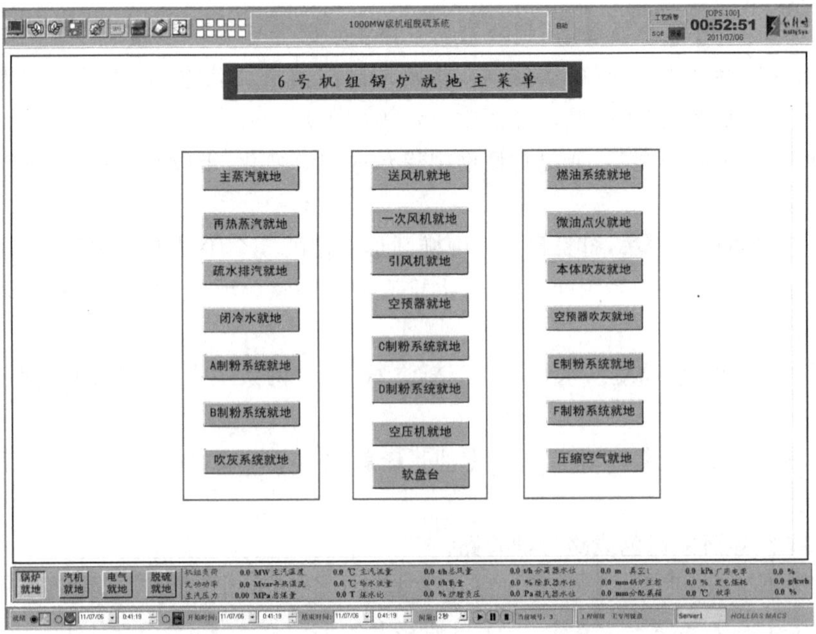

图 4-1　锅炉就地主菜单

点击图 4-1 中＜主蒸汽就地＞菜单项，进入“锅炉主蒸汽系统”界面，如图 4-2 所示。

在实际操作中，不同颜色线路表示不同管路：

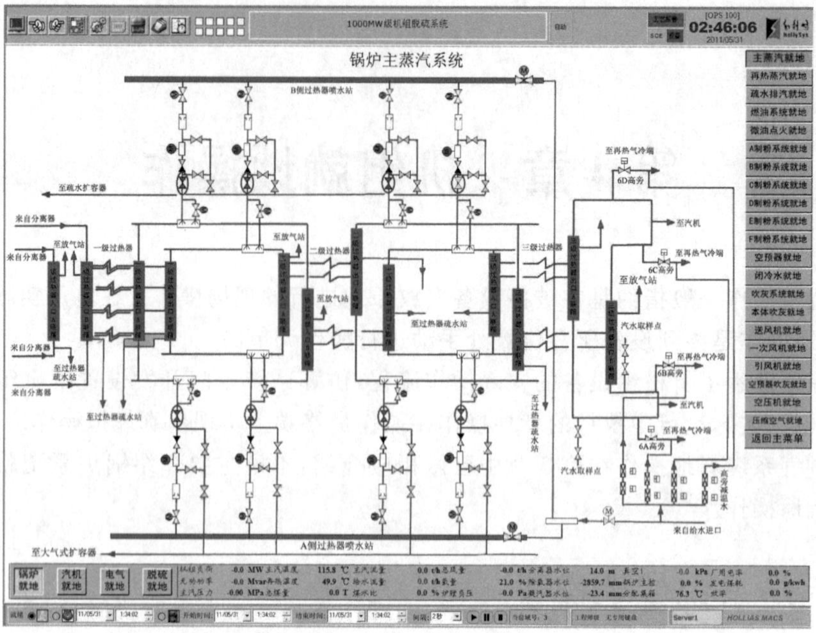

图 4-2 锅炉主蒸汽系统

红色线路为蒸汽管路。

绿色线路为水管路。

点击图 4-2 中"过热器喷水站"到减温喷水口主水路上任意一个椭圆形标记的手动就地阀门，在弹出的对话框中选择【确认】按钮，将手动阀门由全关状态(在实际操作界面中显示为绿色)调为全开状态(在实际操作界面中显示为红色)。

注意，再次点击同一阀门，弹出对话框中提示内容有变化，继续点击【确认】按钮，阀门将关闭。

采用与上述同样的方法，打开图 4-2 中椭圆形标记的 8 个手动就地阀门。

(2) 在"锅炉就地主菜单"中点击＜疏水排汽就地＞菜单项，进入"疏水就地系统"界面，如图 4-3 所示。

打开图 4-3 下部"启动凝结水箱"到"至凝汽器"A、B 两条主水路上椭圆形标记的 2 个手动就地阀门。

(3) 在"锅炉就地主菜单"中点击＜燃油系统就地＞菜单项，进入"燃油就地系统"界面，如图 4-4 所示。

在实际操作界面中黄色线路为油管路。

打开图 4-4 下部"供油来"和"回油"2 条主油路上全部手动就地阀门，旁路不开。

打开图 4-4 右上部 A～F 通往 1～4 角油路上的手动就地阀门，旁路不开。

打开图 4-4 右上部 A～F 与回油主油路连通的手动就地阀门，旁路不开。

(4) 在"锅炉就地主菜单"中点击＜微油点火就地＞菜单项，进入"微油点火系统"界面，如图 4-5 所示。

在实际操作界面中蓝色线路为气管路。

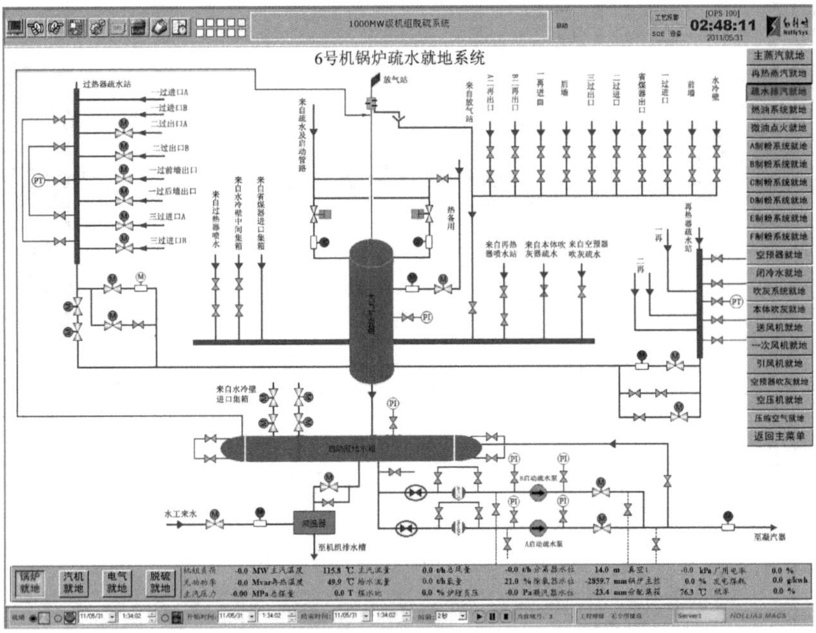

图 4-3　疏水就地系统 1

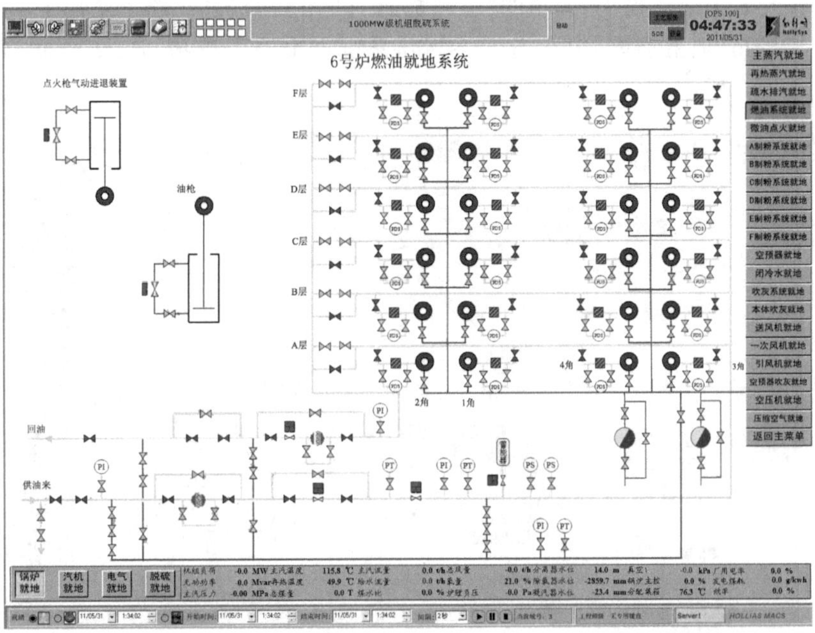

图 4-4　燃油就地系统

打开图 4-5 下部“燃油总管来”主油路上全部手动就地阀门，旁路不开。

打开图 4-5 右上部通往 1～4 角的“Ⅰ燃烧器”和“Ⅱ燃烧器”油路上全部手动就地阀门。

打开图 4-5 下部“压缩空气来”主气路上全部手动就地阀门，旁路不开。

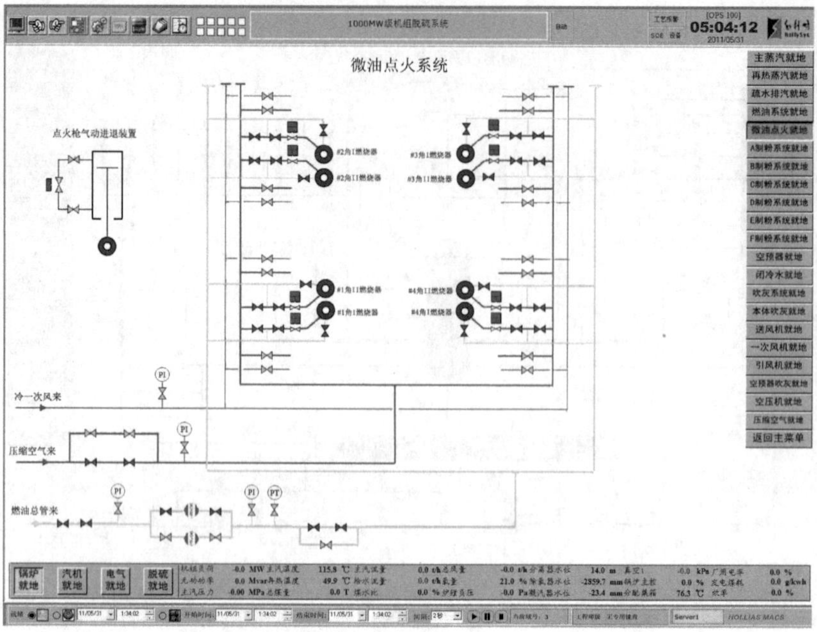

图 4-5　微油点火系统 1

打开图 4-5 右上部通往 1～4 角的“Ⅰ燃烧器”和“Ⅱ燃烧器”气路上全部手动就地阀门。

(5) 在“锅炉就地主菜单”中点击＜A 制粉系统就地＞菜单项，进入“A 磨煤机就地系统”界面，如图 4-6 所示。

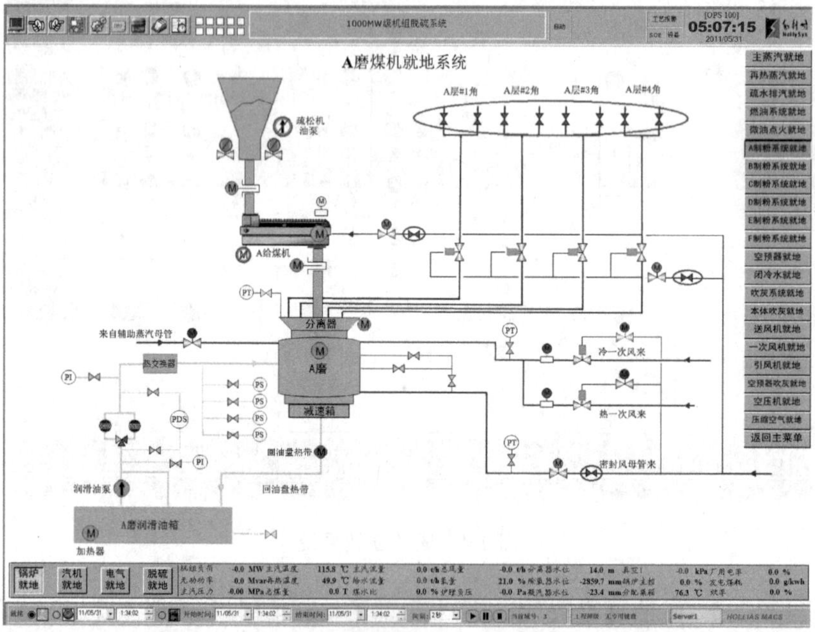

图 4-6　A 磨煤机就地系统

打开图 4-6 中“密封风母管来”主路及支路上小椭圆形标记的 3 个手动就地阀门。

打开图 4-6 右上部 A 层 1～4 角输煤粉风管路上大椭圆形标记的 8 个手动就地阀门。

(6) 参考(5)中的操作方法，依次进入 B、C、D、E 和 F 磨煤机就地系统界面，对相应设备进行同样操作。

操作完成后，上述各界面中设备所处状态与 A 磨煤机界面中同类设备相同，其显示可参考图 4-6。

(7) 在“锅炉就地主菜单”中点击＜空预器就地＞菜单项，进入“空预器本体”界面，如图 4-7 所示。

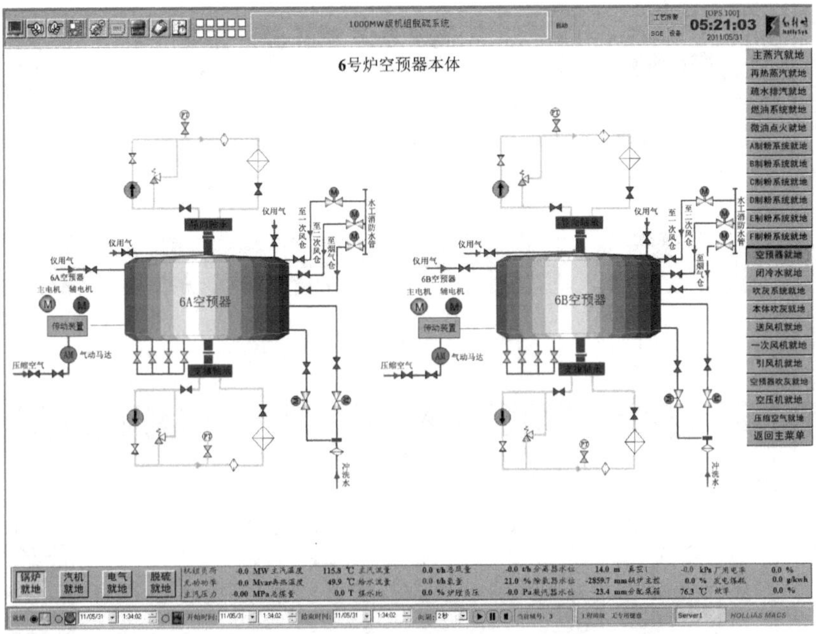

图 4-7　空预器本体

打开图 4-7 中“6A 空预器”上方和下方 2 条黄色油回路上 4 个手动就地阀门。

打开图 4-7 中“6A 空预器”左侧及右上侧 4 条蓝色气支路上 5 个手动就地阀门。

打开图 4-7 中“6A 空预器”右侧 5 条绿色水支路上 5 个手动就地阀门，内循环回路不开。

按照上述同样方法，对图 4-7 中右侧“6B 空预器”进行操作。

(8) 在“锅炉就地主菜单”中点击＜闭冷水就地＞菜单项，进入锅炉“闭冷水系统”界面，如图 4-8 所示。

打开图 4-8 中“进水”和“回水”两条水回路上全部手动就地阀门。

注意带箭头的和带对空小红旗的手动就地阀门不开，2 个“事故冷却水泵”进口手动就地阀门不开。

(9) 在“锅炉就地主菜单”中点击＜吹灰系统就地＞菜单项，进入“吹尘系统”界面，如图 4-9 所示。

打开图 4-9 中“一再入口集箱来”红色蒸汽吹灰管路上椭圆形标记的 5 个锅炉进、出口

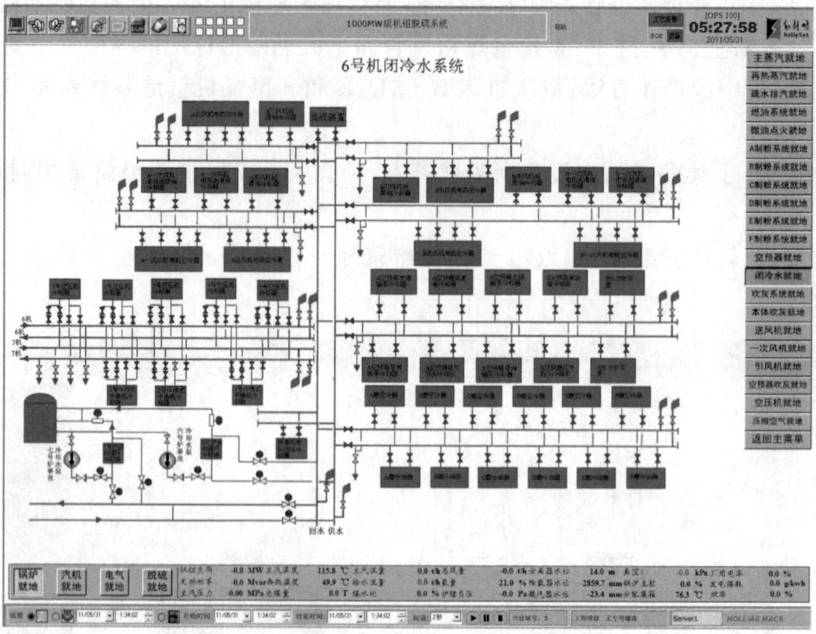

图 4-8　闭冷水系统 1

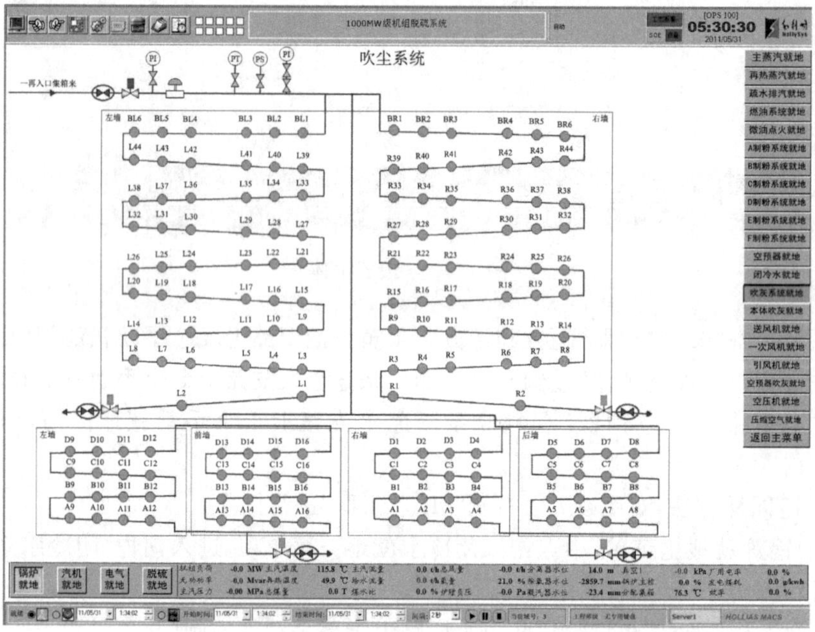

图 4-9　吹尘系统

手动就地阀门。

（10）在“锅炉就地主菜单”中点击＜本体吹灰就地＞菜单项，进入“锅炉本体蒸汽及水吹”界面，如图 4-10 所示。

打开图 4-10 右侧“工业水来”绿色水路上 2 个并列水泵进、出口处 4 个手动就地阀门。

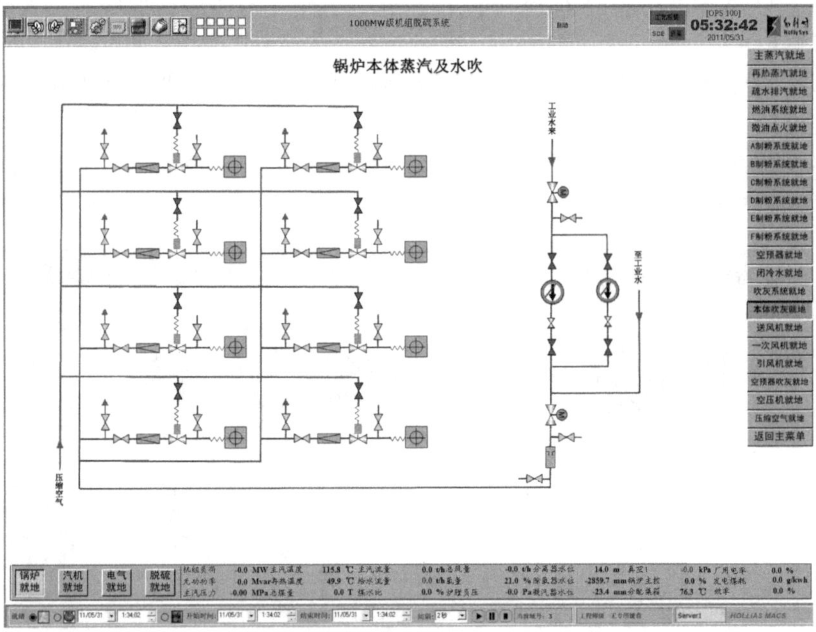

图 4-10　锅炉本体蒸汽及水吹

打开图 4-10 左侧“压缩空气”蓝色管路上 8 个手动就地阀门。

(11) 在“锅炉就地主菜单”中点击<送风机就地>菜单项，进入“送风机本体”界面，如图 4-11 所示。

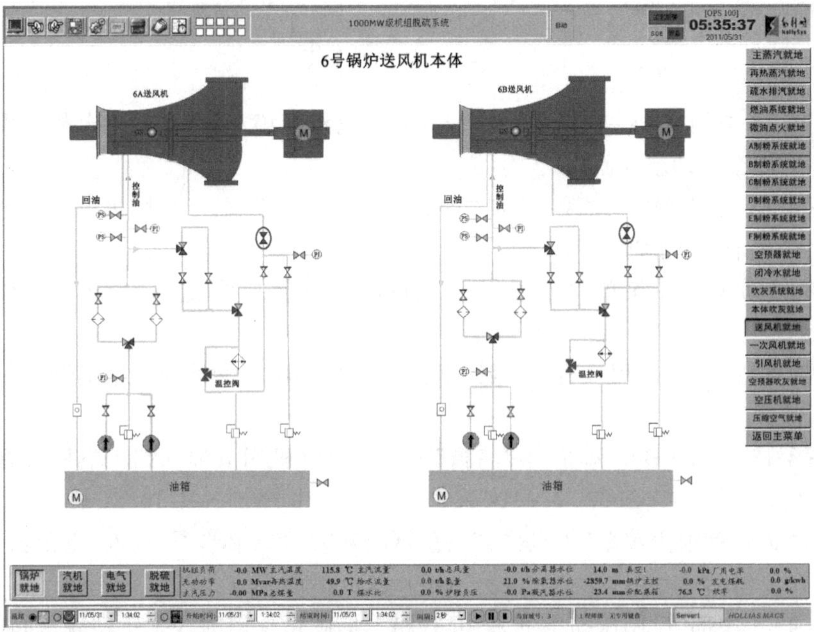

图 4-11　送风机本体 1

打开图 4-11 左侧“6A 送风机”中“油箱”至送风机本体的润滑油回路上椭圆形标记的 1 个手动就地阀门。

打开图 4-11 右侧“6B 送风机”中“油箱”至送风机本体的润滑油回路上椭圆形标记的 1 个手动就地阀门。

(12) 在“锅炉就地主菜单”中点击<一次风机就地>菜单项，进入“一次风机本体”界面，如图 4-12 所示。

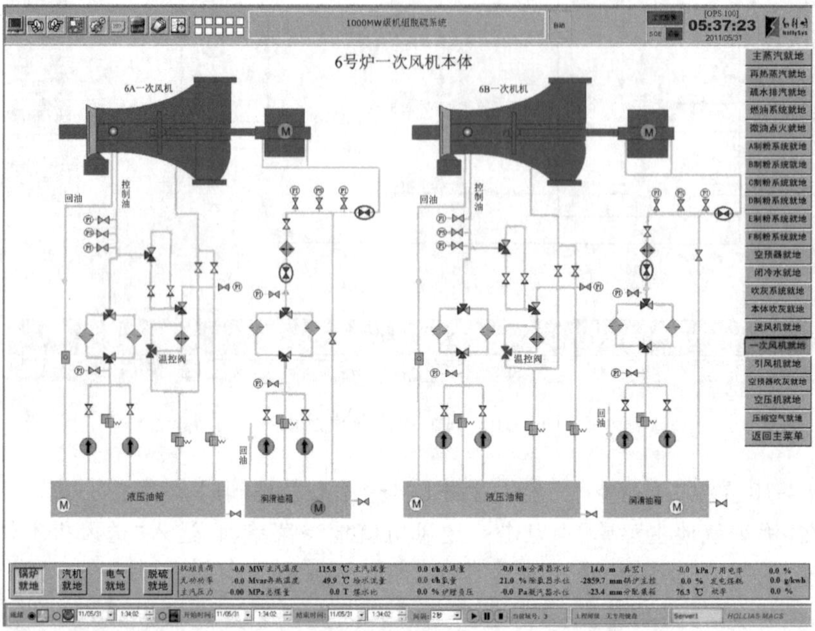

图 4-12　一次风机本体 1

打开图 4-12 左侧“6A 一次风机”的右半部分“润滑油箱”至一次风机电机润滑油回路上椭圆形标记的 2 个手动就地阀门。

打开图 4-12 右侧“6B 一次风机”的右半部分“润滑油箱”至一次风机电机润滑油回路上椭圆形标记的 2 个手动就地阀门。

(13) 在“锅炉就地主菜单”中点击<引风机就地>菜单项，进入“引风机本体”界面，如图 4-13 所示。

打开图 4-13 左侧“6A 引风机”中“油箱”至引风机电机润滑油回路上椭圆形标记的 2 个手动就地阀门。

打开图 4-13 右侧“6B 引风机”中“油箱”至引风机电机润滑油回路上椭圆形标记的 2 个手动就地阀门。

(14) 在“锅炉就地主菜单”中点击<空预器吹灰就地>菜单项，进入“空预器吹灰系统”界面，如图 4-14 所示。

打开图 4-14 中部“厂用压缩空气来”气管路上椭圆形标记的 3 个手动就地阀门。

打开图 4-14 左下部“工业水来”主水管路上椭圆形标记的 1 个手动就地阀门。

打开图 4-14 右下部“二再集箱来”、“辅助蒸汽来”和“疏水至大气式扩容器”三路蒸汽主

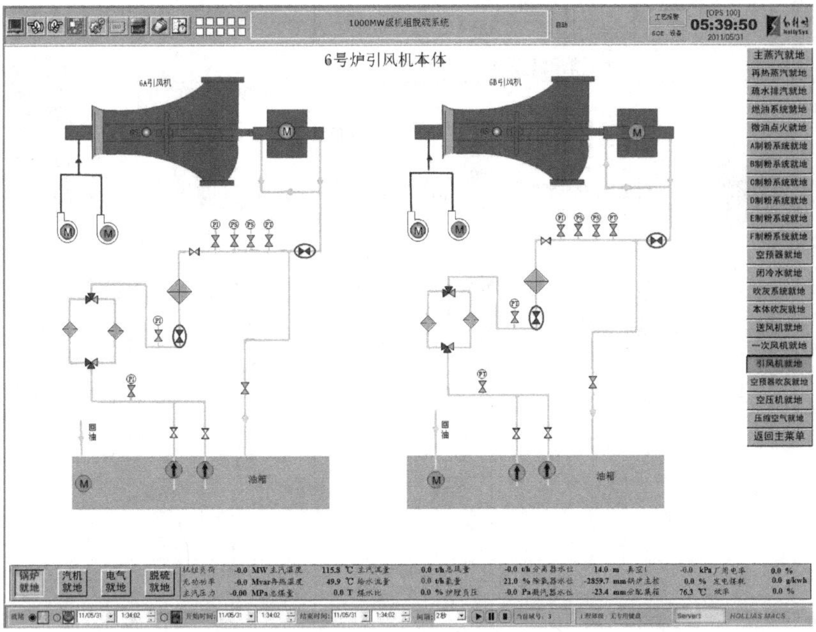

图 4-13　引风机本体 1

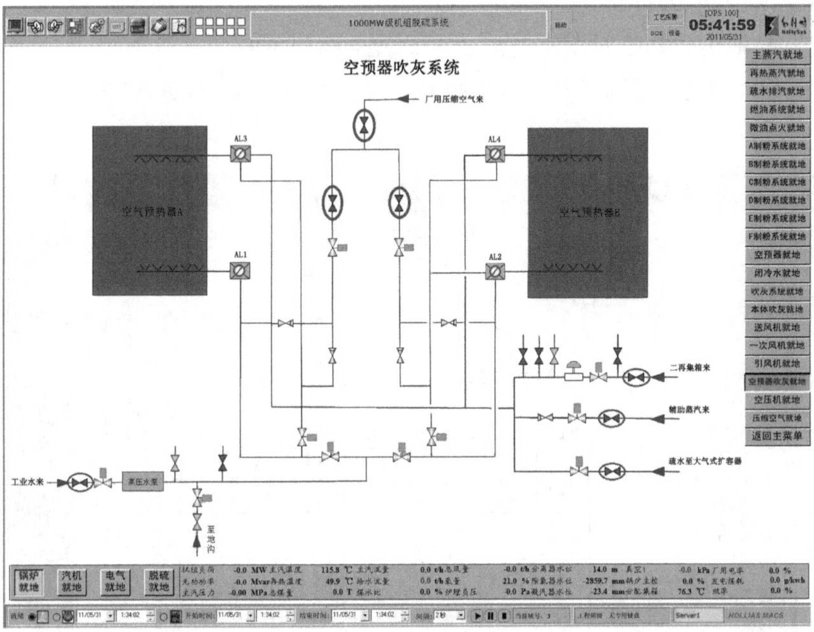

图 4-14　空预器吹灰系统

管道上椭圆形标记的 3 个手动就地阀门。

(15) 在“锅炉就地主菜单”中点击＜空压机就地＞菜单项，进入“空压机系统”界面，如图 4-15 所示。

打开图 4-15 中压缩空气主回路内空压机至集气罐、集气罐至储气罐、储气罐至用气单

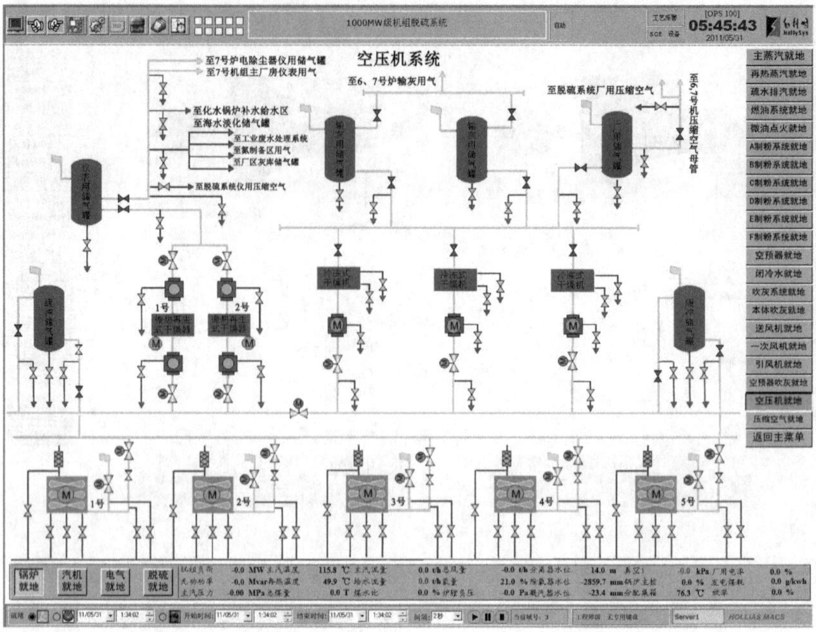

图 4-15　空压机系统

位管道上全部手动就地阀门。

注意所有带箭头的和带对空小蓝旗的手动就地阀门不开。

(16) 在“锅炉就地主菜单”中点击<压缩空气就地>菜单项，进入“锅炉压缩空气系统”界面，如图 4-16 所示。

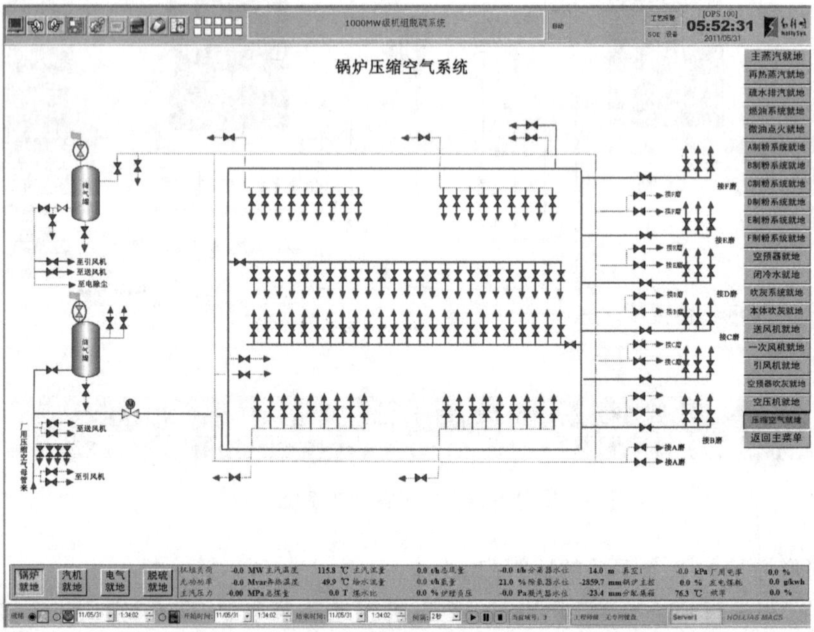

图 4-16　锅炉压缩空气系统

打开图 4-16 中全部手动就地阀门。

注意图 4-16 左侧椭圆形标记的 2 个手动就地阀门不开。

4.2　汽机系统就地操作

(1) 进入仿真系统 3 号域主菜单界面，如图 3-8 所示。

点击图 3-8 中<汽机就地主菜单>菜单项，进入“汽机就地主菜单”界面，如图 4-17 所示。

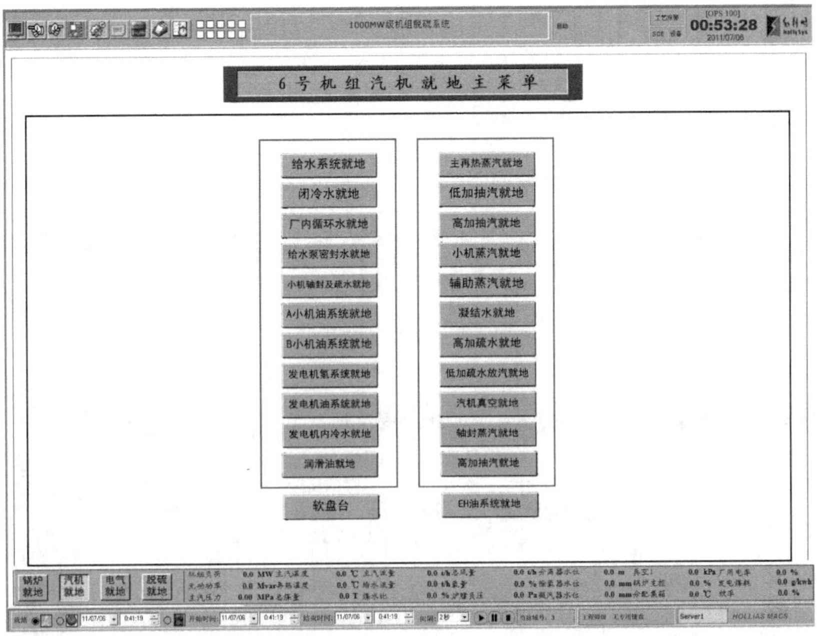

图 4-17　汽机就地主菜单

点击图 4-17 中<给水系统就地>菜单项，进入“给水系统就地”界面，如图 4-18 所示。

打开图 4-18 中部“A 汽泵”和“B 汽泵”出口给水旁路上椭圆形标记的 2 个手动就地阀门。

(2) 在“汽机就地主菜单”中点击<闭冷水就地>菜单项，进入“闭冷水就地系统”界面，如图 4-19 所示。

打开图 4-19 中整个闭冷水回路上全部手动就地阀门，旁路不开。

注意凡是未注明来处支路上的、未注明去处支路上的、带箭头的和带对空小蓝旗的手动就地阀门都不开。

(3) 在“汽机就地主菜单”中点击<厂内循环水就地>菜单项，进入“6 号汽机内循环水系统”界面，如图 4-20 所示。

打开图 4-20 左上部“真空泵冷却器”循环水管路上 8 个手动就地阀门。

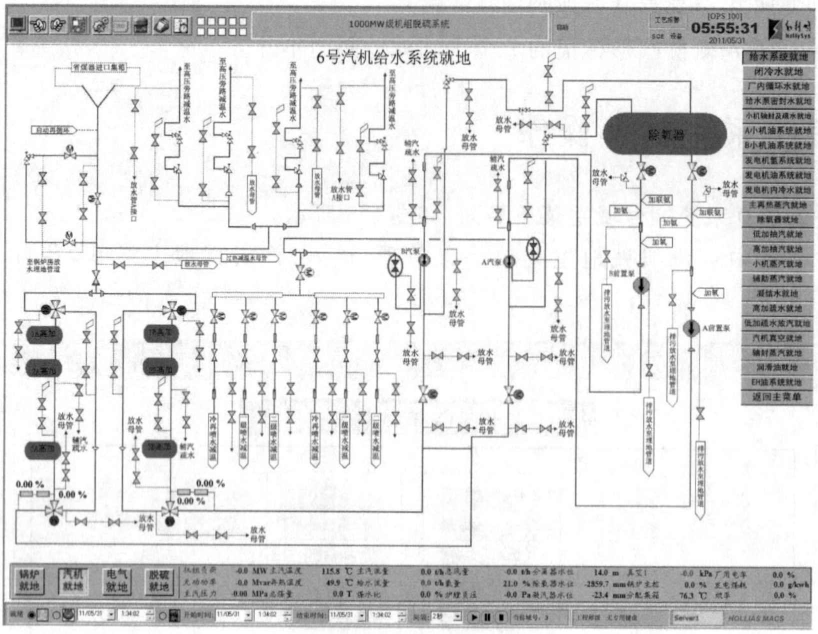

图 4-18　给水系统就地

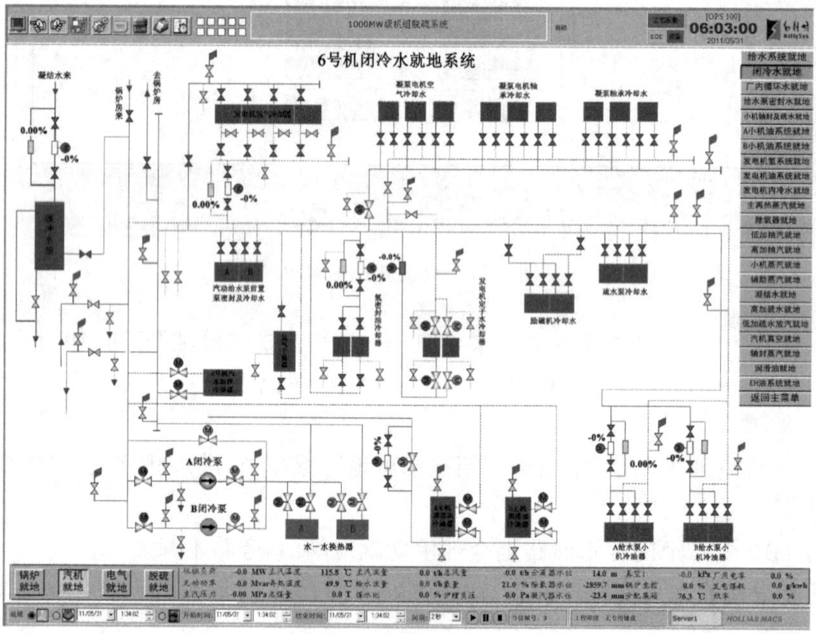

图 4-19　闭冷水就地系统

(4) 在“汽机就地主菜单”中点击＜给水泵密封水就地＞菜单项，进入“给水泵密封水系统”界面，如图 4-21 所示。

打开图 4-21 左侧 2 路给水泵密封水回路上椭圆形标记的 10 个手动就地阀门。

(5) 在“汽机就地主菜单”中点击＜小机轴封及疏水就地＞菜单项，进入“小机轴封及疏

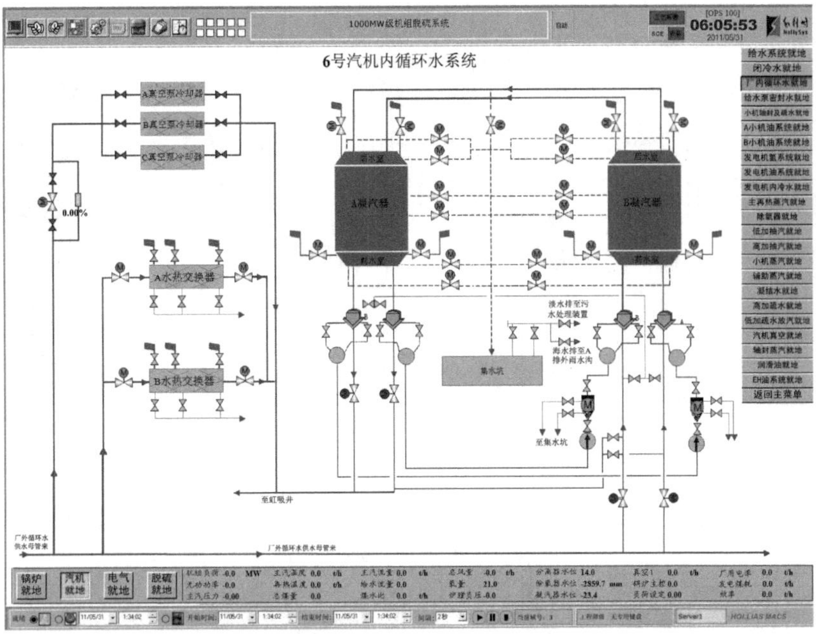

图 4-20　6 号汽机内循环水系统

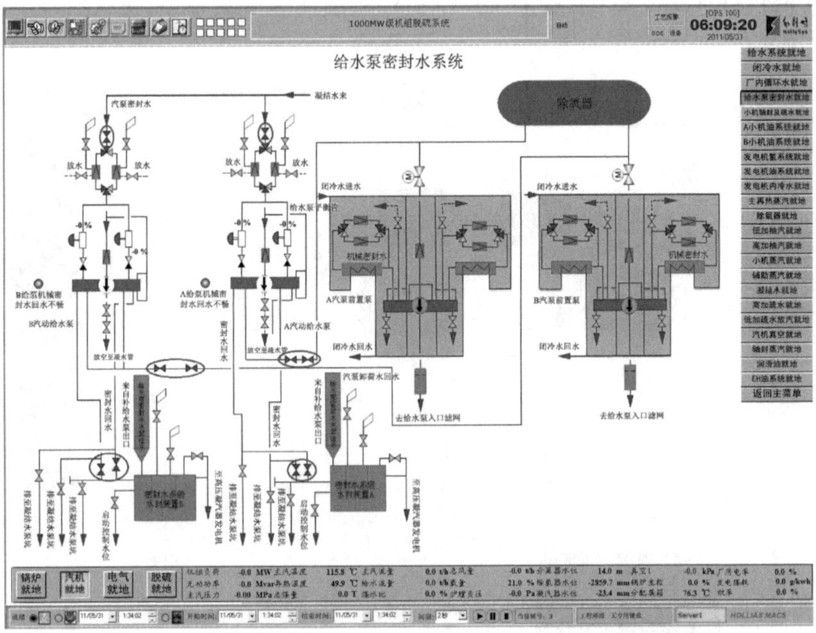

图 4-21　给水泵密封水系统

水系统”界面，如图 4-22 所示。

打开图 4-22 中“辅助蒸汽来”经“A 小机”和“B 小机”到“至轴加”蒸汽回路上椭圆形标记的 8 个手动就地阀门。

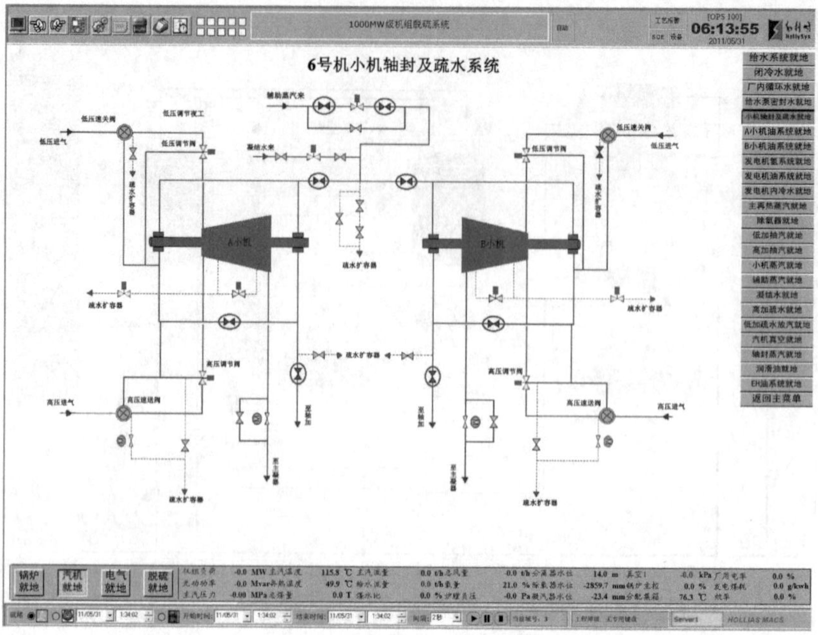

图 4-22　小机轴封及疏水系统

(6) 在“汽机就地主菜单”中点击<A 小机油系统就地>菜单项，进入“A 小机油系统就地”界面，如图 4-23 所示。

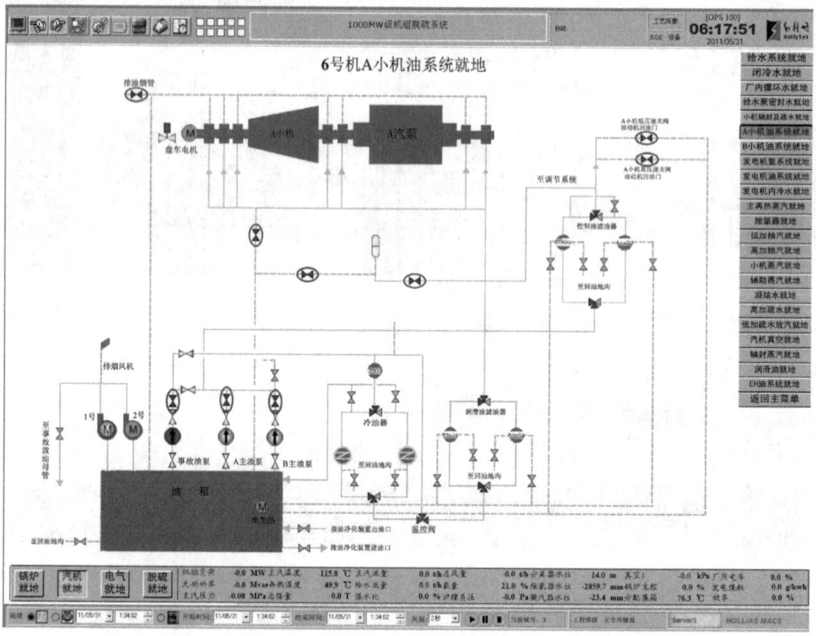

图 4-23　A 小机油系统就地

打开图 4-23 中 A 小机润滑油回路上椭圆形标记的 8 个手动就地阀门。

打开图 4-23 左上部“排油烟管”通路上椭圆形标记的手动就地阀门。

(7) 参考(6)中的操作方法,进入“B 小机油系统就地”界面,对相应手动就地阀门进行同样操作。

操作完成后,界面中阀门所处状态与“A 小机油系统就地”界面中的相同,其显示可参考图 4-23。

(8) 在“汽机就地主菜单”中点击<发电机氢系统就地>菜单项,进入“发电机氢系统”界面,如图 4-24 所示。

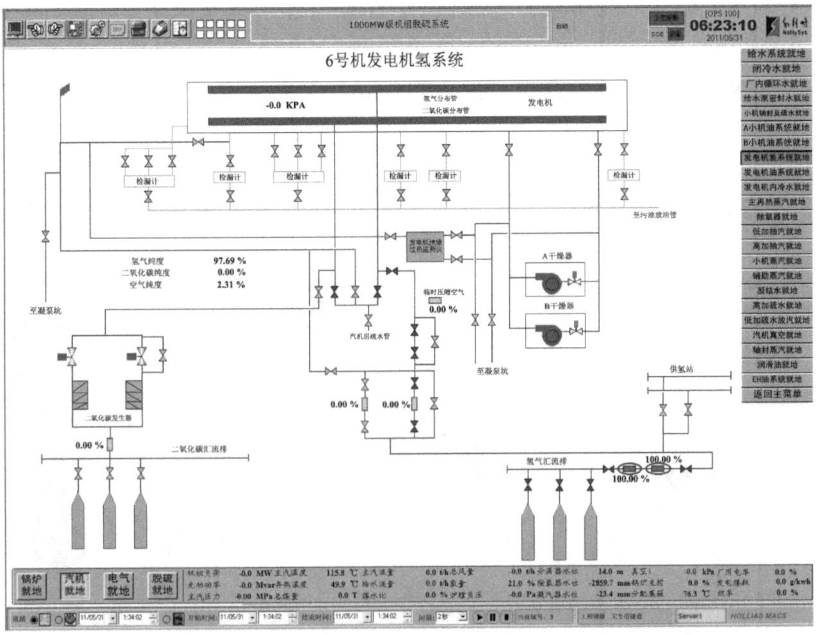

图 4-24　发电机氢系统

打开图 4-24 右下部氢气瓶出口经“氢气汇流排”到发电机内“氢气分布管”和“二氧化碳分布管”气体管道主路上 12 个手动就地阀门,旁路不开。

点击图 4-24 中“氢气汇流排”出口处椭圆形标记的 2 个氢气流量手动调节阀门中任意一个阀门,弹出如图 4-25 所示的操作界面。

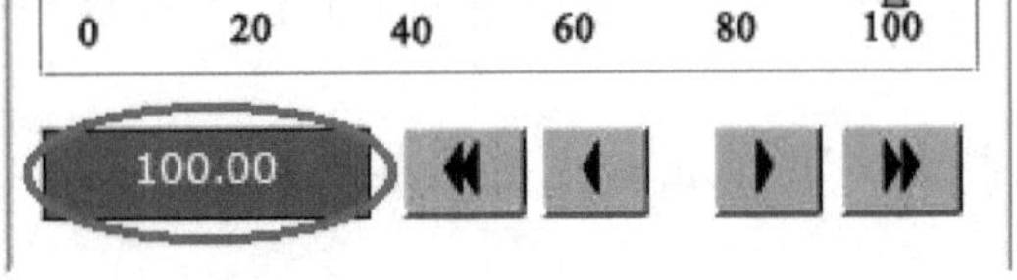

图 4-25　手动调节阀门操作界面

图 4-25 中：

【▶】按钮表示调节阀门开度增大 1%；

【◀】按钮表示调节阀门开度减小 1%；

【▶▶】按钮表示调节阀门开度增大 5%；

【◀◀】按钮表示调节阀门开度减小 5%。

双击图 4-24 中椭圆形标记的调节阀门开度参数设置框，可以直接设置调节阀门开度。

全开图 4-24 中“氢气汇流排”出口处椭圆形标记的 2 个氢气流量手动调节阀门，即阀门开度均设置为 100%。

(9) 在“汽机就地主菜单”中点击＜发电机油系统就地＞菜单项，进入“发电机密封油系统”界面，如图 4-26 所示。

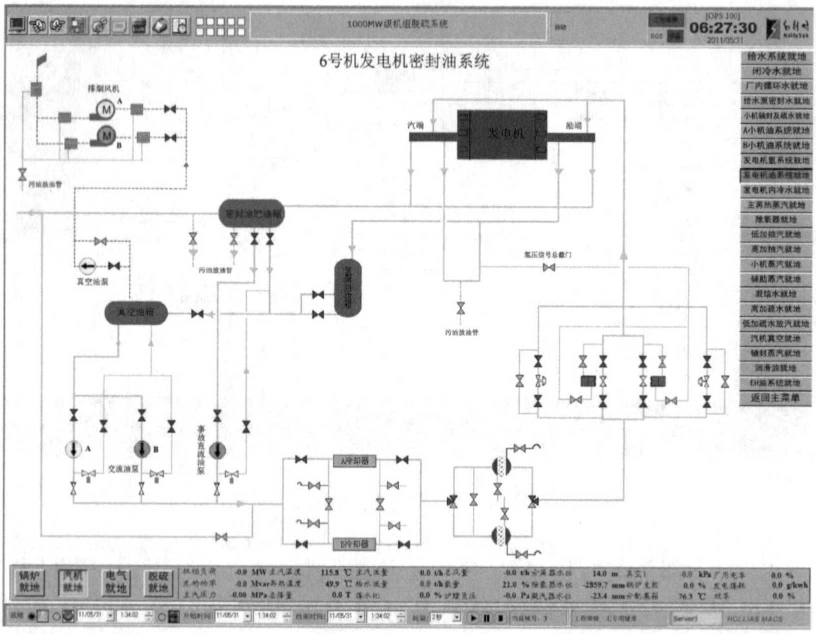

图 4-26　发电机密封油系统 1

打开图 4-26 左上部“真空油箱”排烟通路上 3 个手动就地阀门，旁路不开。

打开图 4-26 中发电机密封油主回路上全部手动就地阀门，旁路不开。

注意带箭头和带虚线的支路不开。

(10) 在“汽机就地主菜单”中点击＜发电机内冷水就地＞菜单项，进入“发电机内冷水系统”界面，如图 4-27 所示。

打开图 4-27 中发电机内冷水系统回路上椭圆形标记的 10 个手动就地阀门。

点击图 4-27 左侧长方形标记的内冷水流量调节阀门，手动调节阀门开度至全开，即开度达到 100%。

(11) 在“汽机就地主菜单”中点击＜主再热蒸汽就地＞菜单项，进入“主再热蒸汽系统”，如图 4-28 所示。

打开图 4-28 中除左侧椭圆形标记的阀门外全部手动就地阀门。

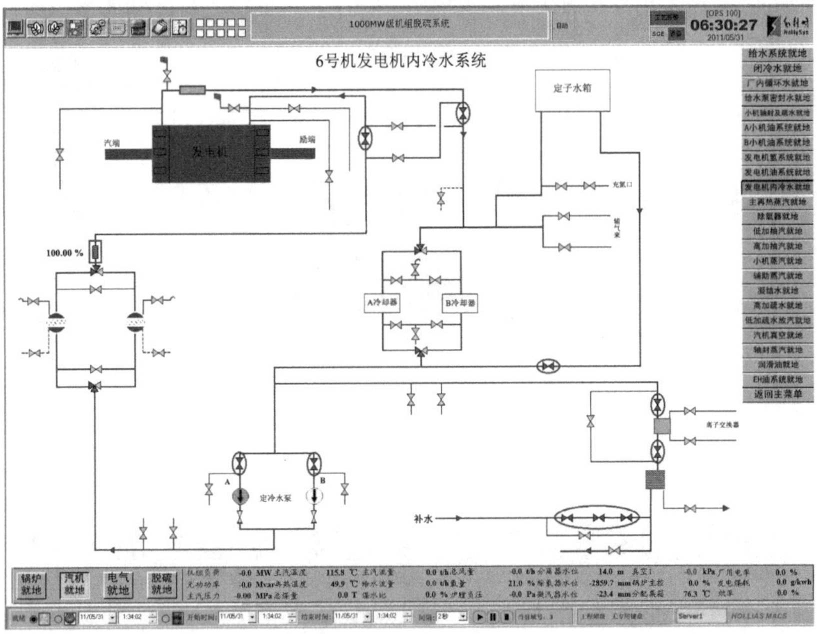

图 4-27　发电机内冷水系统

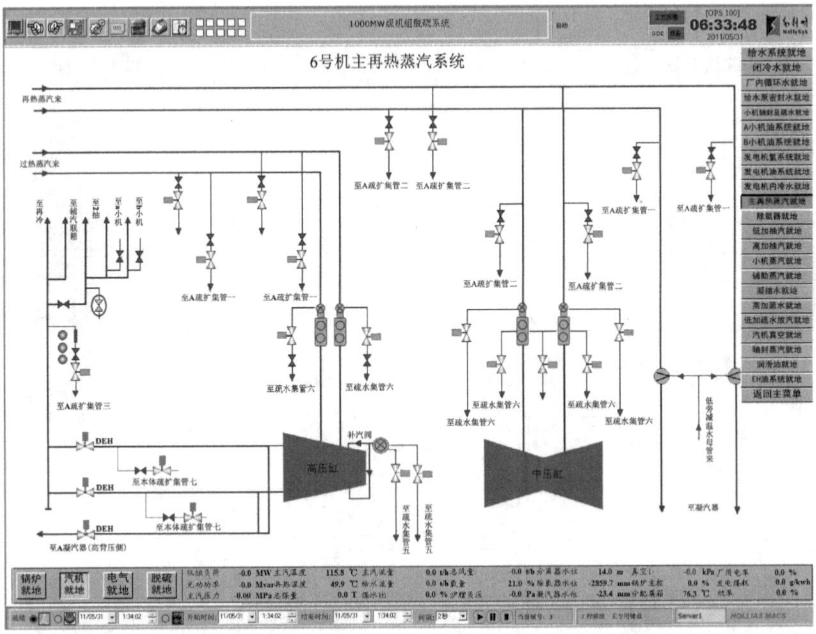

图 4-28　主再热蒸汽系统

(12) 在图 4-28 右侧快捷菜单中点击<除氧器就地>菜单，进入“除氧器系统”界面，如图 4-29 所示。

打开图 4-29 左侧“四抽”至“除氧器”蒸汽管道上分支出的“至疏扩集管”疏水管道内椭圆形标记的 3 个手动就地阀门。

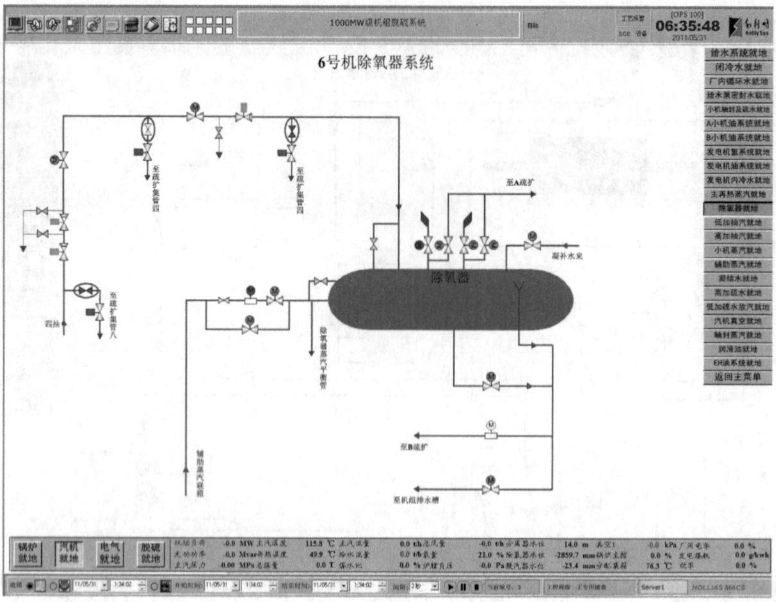

图 4-29　除氧器系统 1

(13) 在“汽机就地主菜单”中点击<低加抽汽就地>菜单项，进入“低加系统”界面，如图 4-30 所示。

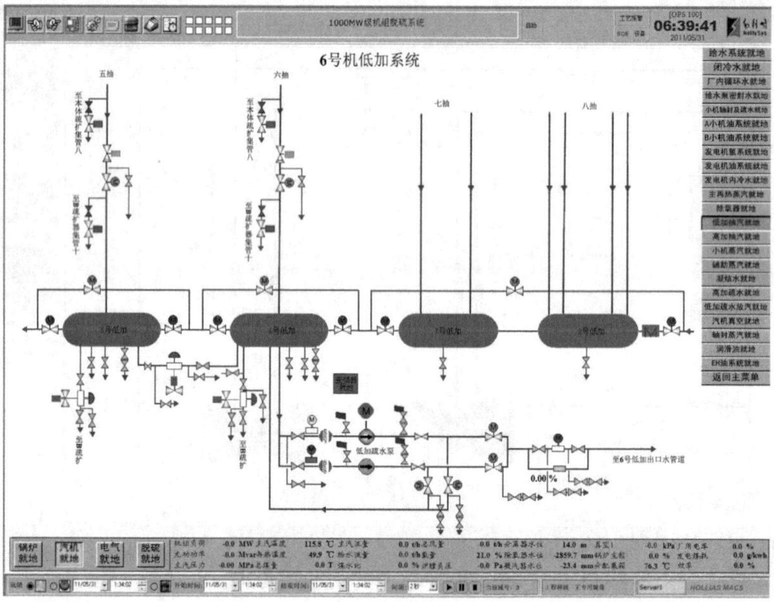

图 4-30　低加系统 1

打开图 4-30 左上部“五抽”至“5 号低加”抽蒸汽管道上分支出的“至本体疏扩集管八”和“至 B 疏扩器集管十”疏水支管道内 2 个手动就地阀门，其他支路不开。

打开图 4-30 左上部“六抽”至“6 号低加”抽蒸汽管道上分支出的“至本体疏扩集管八”和“至 B 疏扩器集管十”疏水支管道内 2 个手动就地阀门，其他支路不开。

(14) 在“汽机就地主菜单”中点击＜高加抽汽就地＞菜单项，进入“高加抽汽系统”界面，如图 4-31 所示。

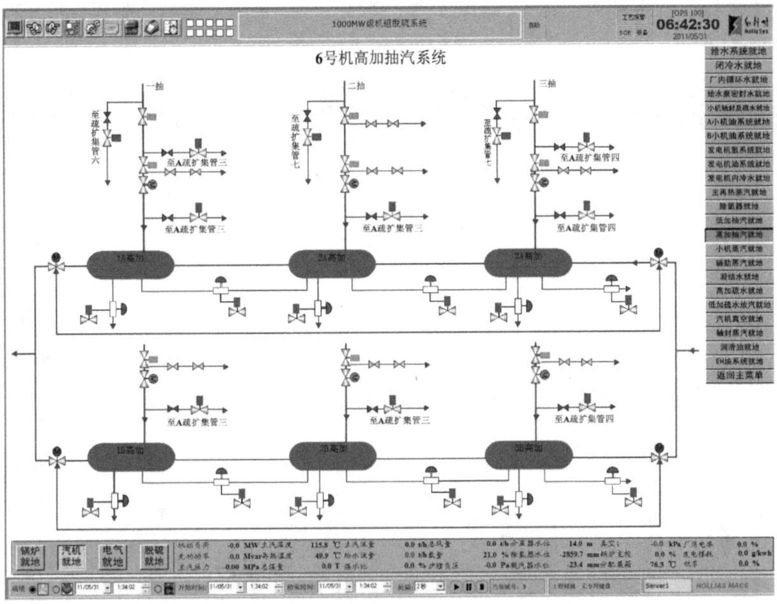

图 4-31　高加抽汽系统 1

打开图 4-31 中“一抽”、“二抽”和“三抽”抽蒸汽管道上分支出的“至疏扩集管”和“至 A 疏扩集管”等疏水支管道内共 11 个手动就地阀门，其他支路不开。

(15) 在“汽机就地主菜单”中点击＜小机蒸汽就地＞菜单项，进入“小机蒸汽系统”界面，如图 4-32 所示。

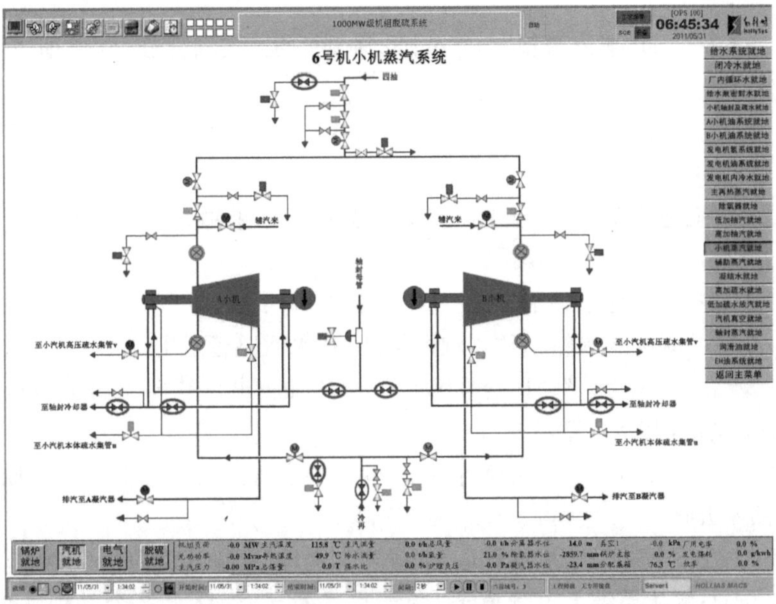

图 4-32　小机蒸汽系统 1

打开图 4-32 中从上方“四抽”、下方“冷再”以及中间“轴封母管”到“至轴封冷却器”等蒸汽管道或疏水管道上椭圆形标记的全部手动就地阀门。

(16) 在“汽机就地主菜单”选<辅助蒸汽就地>菜单项，进入“辅助蒸汽系统”界面，如图 4-33 所示。

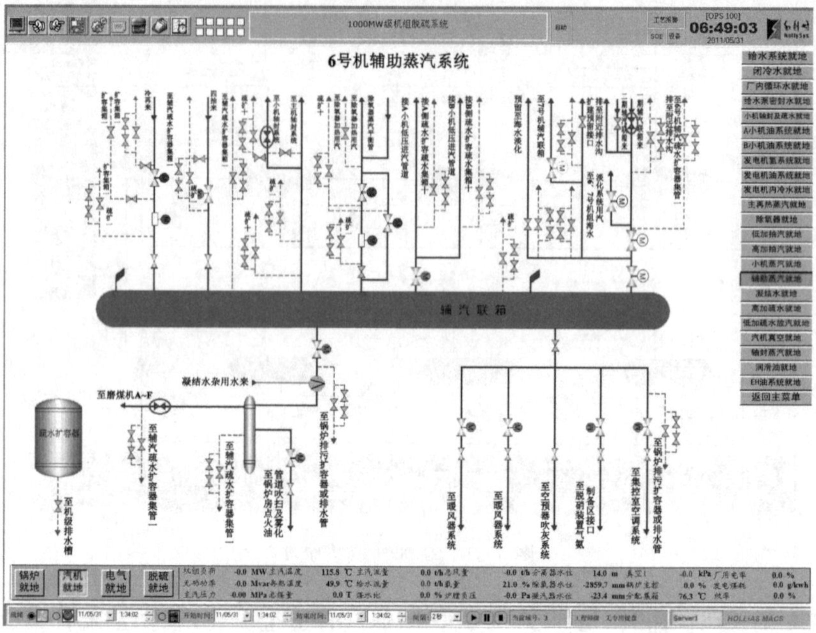

图 4-33 辅助蒸汽系统 1

打开图 4-33 右上部“一期辅汽联箱来”至“辅汽联箱”蒸汽管道上椭圆形标记的手动就地阀门。

打开图 4-33 左上部“辅汽联箱”至“至小机轴封系统”蒸汽管道上椭圆形标记的手动就地阀门。

打开图 4-33 左下部“辅汽联箱”至“至磨煤机 A～F”蒸汽管道上椭圆形标记的手动就地阀门。

(17) 在“汽机就地主菜单”中点击<凝结水就地>菜单项，进入“凝结水系统”界面，如图 4-34 所示。

打开图 4-34 左下角“化学补水”标注的手动就地阀门。

打开图 4-34 中“凝补水水箱”至“凝汽器热井”补水回路管道上 6 个手动就地阀门。

打开图 4-34 右侧“A 凝泵”、“B 凝泵”和“C 凝泵”进、出口斜向支路上多边形标记区域内全部手动就地阀门，其他支路不开。

打开图 4-34 中部凝结水主管道至各设备的喷、补水管路上长方形标记区域内全部手动就地阀门，旁路不开；

打开图 4-34 左下部从凝结水主管道至“凝补水水箱”再循环回路上 1 个手动就地阀门；

打开图 4-34 左侧从凝结水主管道至“凝结水再循环”管路上 2 个手动就地阀门，旁路不开。

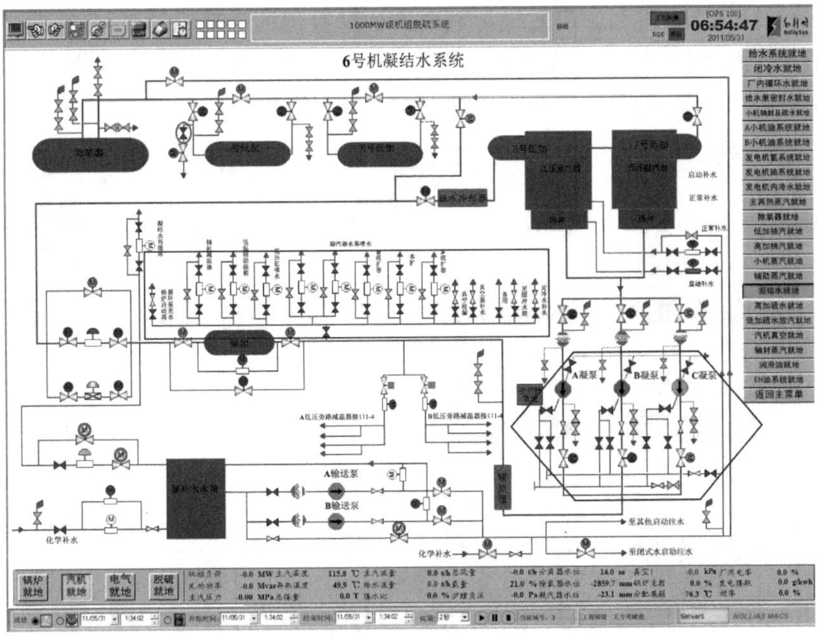

图 4-34　凝结水系统 1

打开图 4-34 左上部“5 号低加”出口处凝汽器放水支管路上椭圆形标记的手动就地阀门。

(18) 在“汽机就地主菜单”中点击＜低加疏水放汽就地＞菜单项，进入“低加系统”界面，如图 4-35 所示。

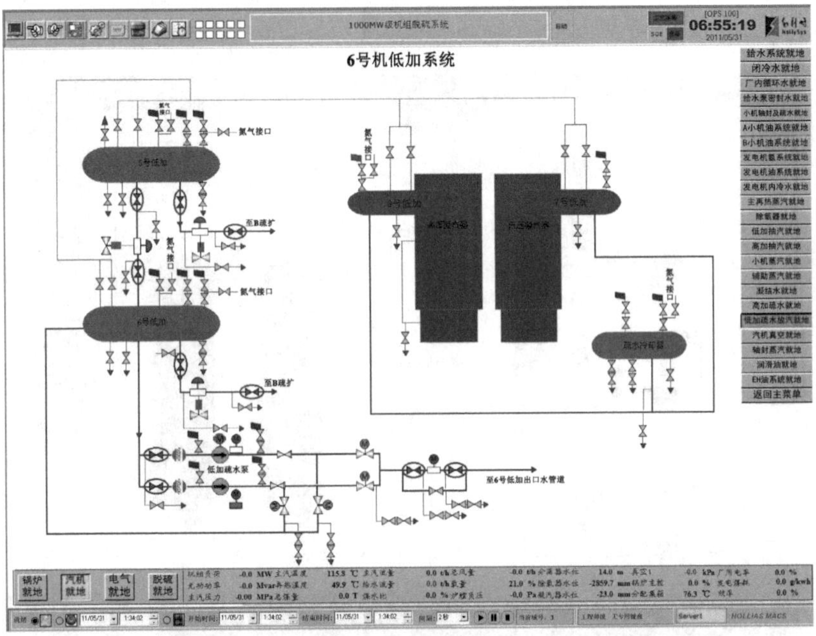

图 4-35　低加系统 2

打开图 4-35 中低加疏水放汽系统管道内椭圆形标记的全部手动就地阀门。

(19) 在“汽机就地主菜单”中点击<高加疏水放汽就地>菜单项,进入“高加疏水系统”,如图 4-36 所示。

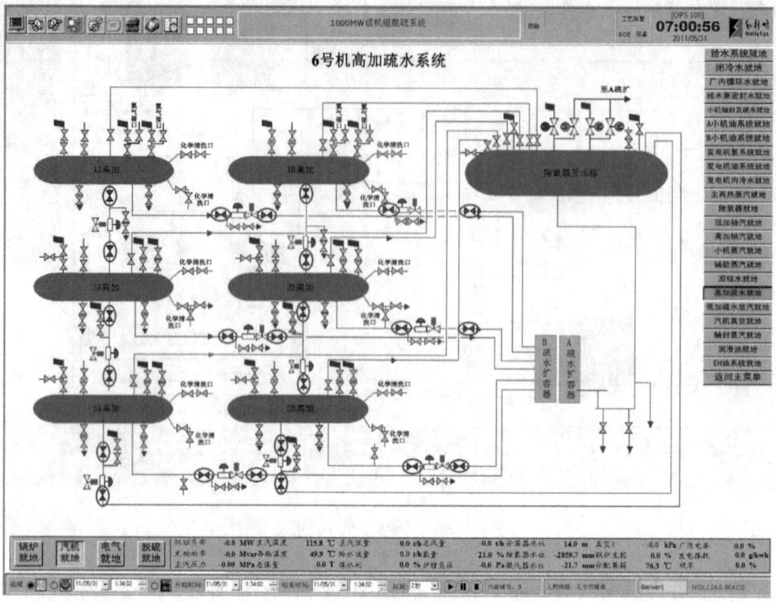

图 4-36　高加疏水系统

打开图 4-36 中高加疏水放汽系统管道内椭圆形标记的全部手动就地阀门。

(20) 在“汽机就地主菜单”中点击<汽机真空就地>菜单项,进入“真空系统”界面,如图 4-37 所示。

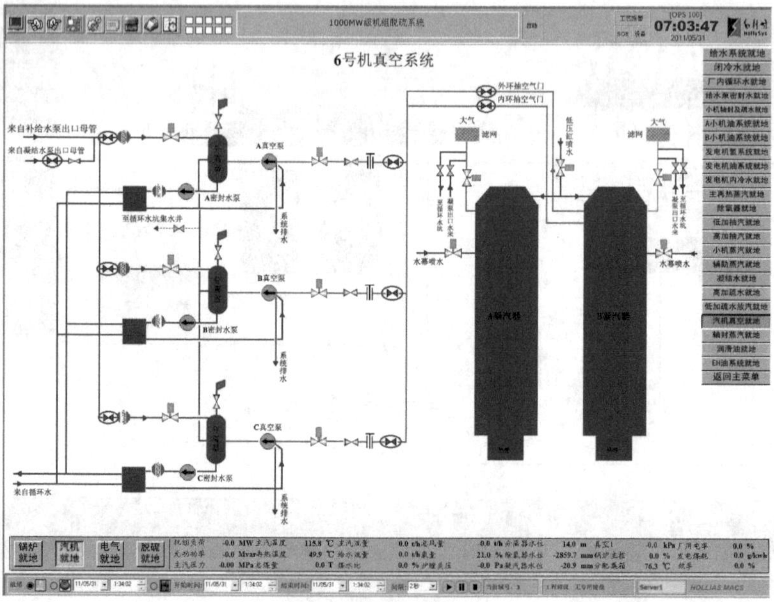

图 4-37　真空系统 1

打开图 4-37 中椭圆形标记的 9 个手动就地阀门。

(21) 在“汽机就地主菜单”中点击<轴封蒸汽就地>菜单项，进入“轴封蒸汽系统”界面，如图 4-38 所示。

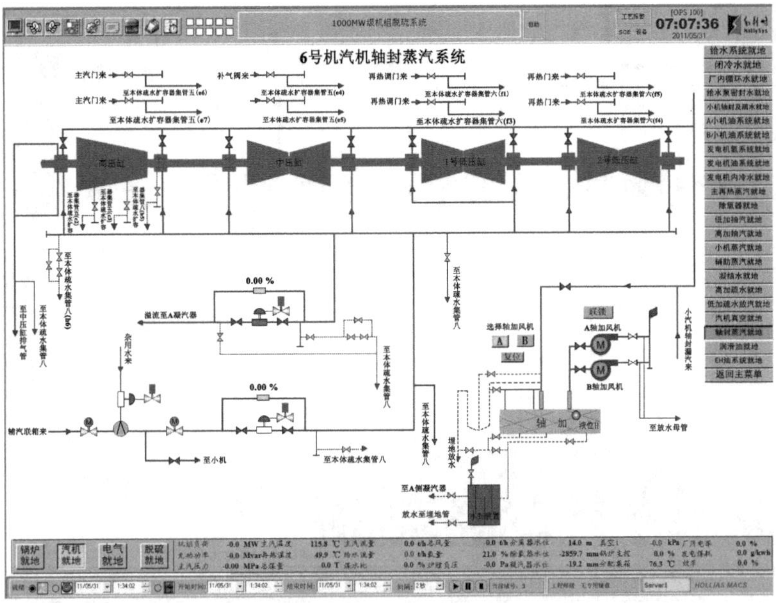

图 4-38　轴封蒸汽系统 1

打开图 4-38 中轴封蒸汽系统回路内所有手动就地阀门。

(22) 在“汽机就地主菜单”中点击<EH 油系统就地>菜单项，进入“EH 油系统”界面，如图 4-39 所示。

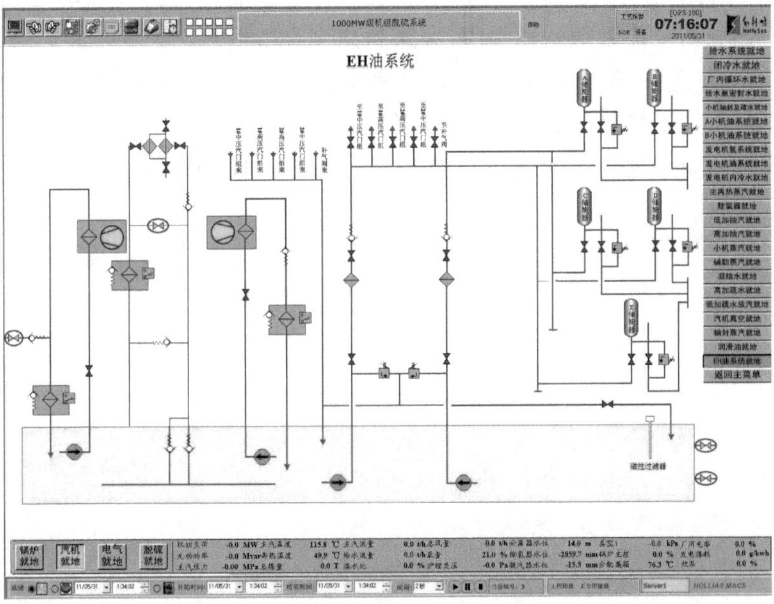

图 4-39　EH 油系统

打开图 4-39 中除椭圆形标记的 4 个阀门之外所有的手动就地阀门。

(23) 在“汽机就地主菜单”中点击<润滑油就地>菜单项，进入“润滑油系统”界面，如图 4-40 所示。

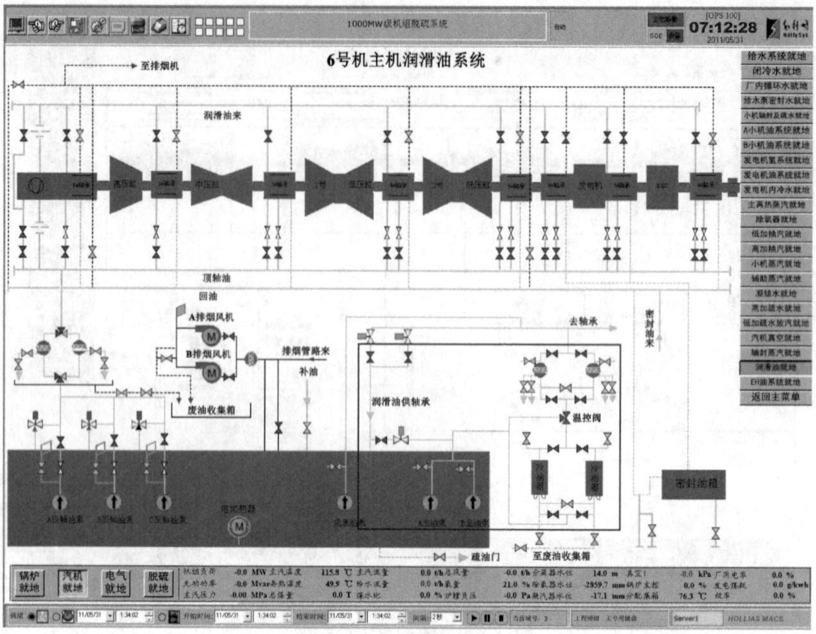

图 4-40　主机润滑油系统 1

打开图 4-40 左中部主油箱至“A 排烟风机”和“B 排烟风机”排烟管路上 3 个手动就地阀门。

打开图 4-40 右下部“A 主油泵”、“B 主油泵”和“危急油泵”到“去轴承”主润滑、回油路上长方形标记区域内全部手动就地阀门，旁路和其他支路不开。

打开图 4-40 左下部“A 顶轴油泵”、“B 顶轴油泵”和“C 顶轴油泵”至“顶轴油”总油管路上 3 个油泵出口手动就地阀门，旁路和其他支路不开。

打开图 4-40 上方“顶轴油”总油管到汽轮机各轴承顶轴润滑油路上全部手动就地阀门。

第 5 章　机组附属系统和设备投运

机组附属系统投运主要指的是凝补水系统、闭冷水系统、循环水系统、定冷水系统、辅助蒸汽系统、轴封系统、主机润滑油系统、EH 油系统、密封油系统、风烟系统等系统投入运行。

机组附属设备投运主要指的是发电机充氢、汽轮机盘车、凝汽器上水、除氧器上水、锅炉上水、机组抽真空、给水泵投入、除氧器加压等设备投入操作过程。

5.1　凝补水投入

(1) 进入仿真系统 1 号域主菜单界面，如图 3-7 所示。

点击图 3-7 中＜汽机主菜单＞菜单项，进入“汽机主菜单”界面，如图 5-1 所示。

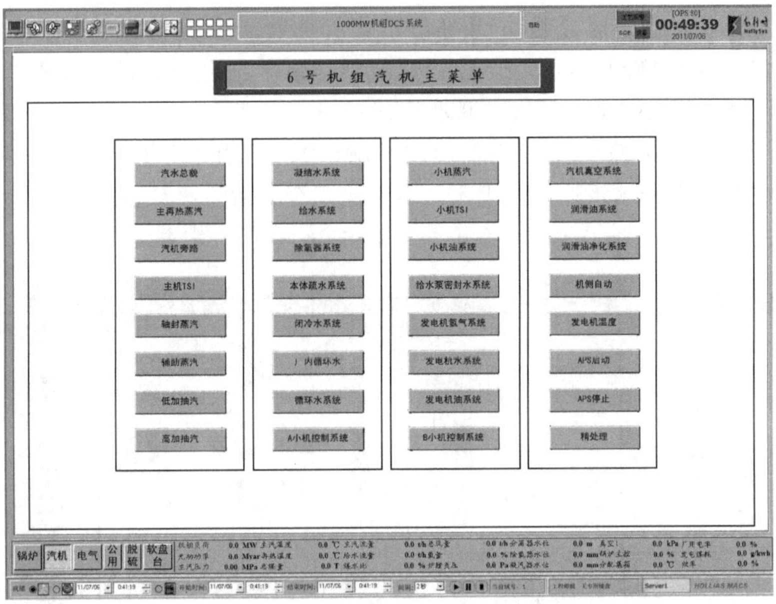

图 5-1　汽机主菜单

点击图 5-1 中＜凝结水系统＞菜单项，进入“凝结水系统”界面，如图 5-2 所示。

点击图 5-2 左下部“化学补水”至“凝补水水箱”补水管路中椭圆形数字 1 标注的电动调节手操器，弹出二级操作对话框界面，参见图 5-2 左侧方框。

点击电动调节手操器操作对话框界面中【自动】按钮，将手操器投入自动状态。点击右侧自动目标参数设定框，设定参数值为 6 000(水箱水位，mm)。

当手操器处于自动状态时，【自动】按钮显示颜色变为红色，电动调节手操器显示紫红

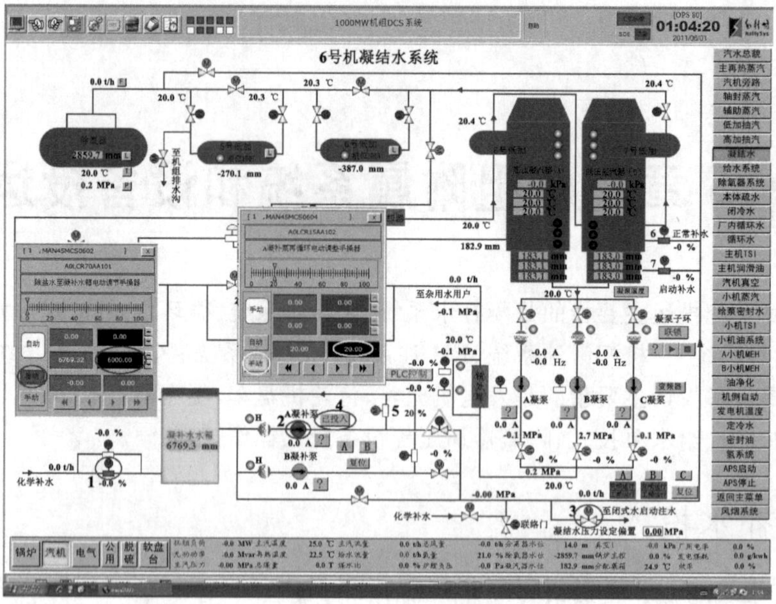

图 5-2　凝结水系统 2

色；当手操器处于手动状态时，【手动】按钮显示颜色变为绿色，电动调节手操器显示白色。

（2）启动图 5-2 中椭圆形数字 2 标注的“A 凝补泵”，泵启动后显示红色。同时图中三角形标记的 A 凝补泵出口电动门自动联动打开。

（3）打开图 5-2 右下部“凝补泵”到“至闭式循环水启动注水”管路中椭圆形数字 3 标注的注水电动阀门，向闭冷水缓冲水箱上水。电动阀门全开后显示红色。

在“汽机主菜单”中点击<闭冷水系统>菜单项，进入“闭冷水系统”界面，如图 5-3 所示。

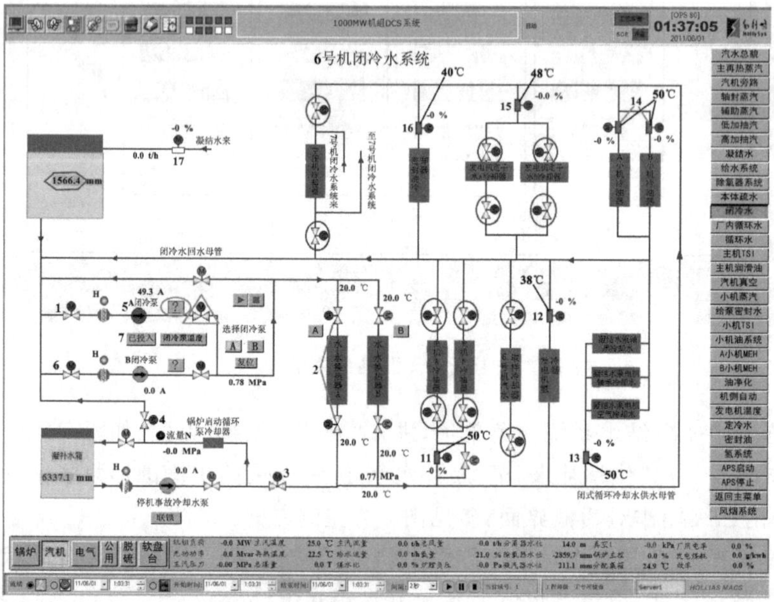

图 5-3　闭冷水系统 2

观察图 5-3 左上部六边形标记的缓冲水箱水位。

当缓冲水箱水位逐渐升高至 1 500 mm 以上时，停止上水。即返回“凝结水”界面(图 5-2)，关闭图 4-2 中椭圆形数字 3 标注的注水电动阀门，电动阀门全关后显示绿色。

(4) 点击图 5-2 中椭圆形数字 4 标注的【联锁】按钮，投入“A 凝补泵”和“B 凝补泵”联锁。

联锁状态下，按钮显示红色字【已投入】，此后若“A 凝补泵”跳闸停泵，“B 凝补泵”将自动联锁启动。

(5) 点击图 5-2 下部数字 5 标注的 A 凝补泵再循环电动调整手操器，弹出二级操作对话框界面，参见图 5-2 中部方框。

点击电动调整手操器操作对话框界面中【手动】按钮，将手操器投入手动状态。点击右侧手动目标参数设定框，设定参数值为 20(手操器开度，%)。

注意观察比对“自动”与“手动”不同状态下【自动】按钮和【手动】按钮位置；两者对应目标参数设定框位置，参见手操器操作对话框中椭圆形标注。

5.2　闭冷水投入

(1) 在“汽机主菜单”中点击＜闭冷水系统＞菜单项，进入“闭冷水系统”界面，如图 5-3 所示。

依次打开图 5-3 中数字 1 标注的“A 闭冷泵”入口电动阀门；数字 2 标注的 A 路“水水热交换器”进、出口电动阀门；数字 3 标注的“锅炉启动循环泵冷却器”进口电动阀门；数字 4 标注的“锅炉启动循环泵冷却器”出口电动阀门。

(2) 点击图 5-3 中椭圆形标记的【?】查询按钮，打开辅助二级面板，如图 5-4 所示。

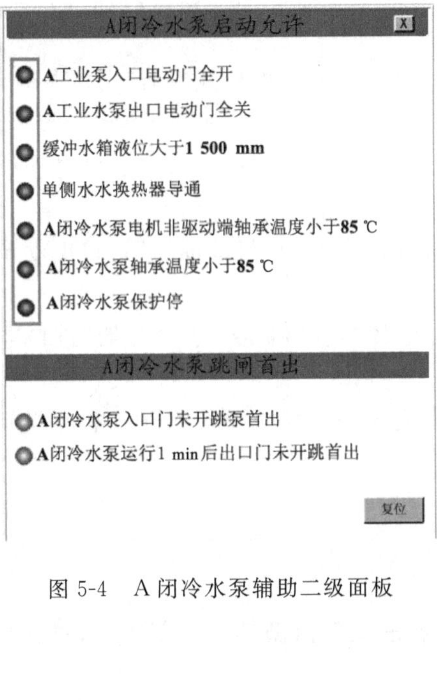

图 5-4　A 闭冷水泵辅助二级面板

图 5-4 左上部长方框标注的泵启动允许条件指示灯全部变绿时表示“A 闭冷水泵”启动条件满足，可以启动泵；否则，表示启动条件不满足，无法启动泵。

可以根据图 5-4 左上部长方框内的指示灯显示，对未达标条件进行相关操作，以使条件达标。

泵启动条件满足时，启动图 5-3 中数字 5 标注的“A 闭冷泵”。

(3) 打开图 5-3 中数字 6 标注的“B 闭冷泵”入口电动阀门。

点击图 5-3 中数字 7 标注的【联锁】按钮，投入“A 闭冷泵”和“B 闭冷泵”联锁。

(4) 打开图 5-3 中所有椭圆形标记的各个“冷却器”进、出口电动阀门。

点击图 5-3 中数字 11 标注的“主机冷油器”进口电动调节手操器，打开操作二级面板，如图 5-5 所示。将手操器投入自动，温度设为 50 ℃。

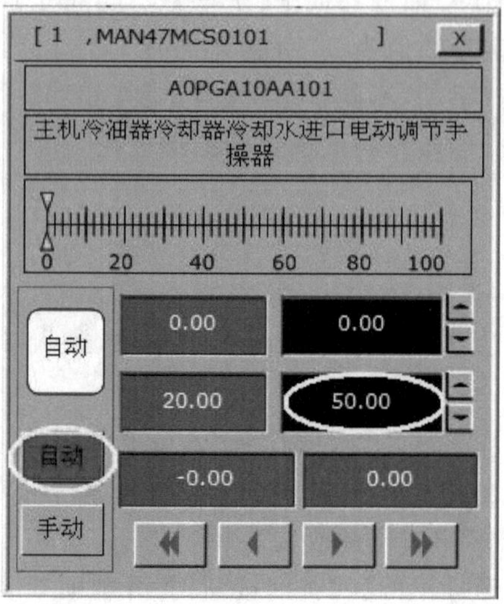

图 5-5 冷却水进口电动调节手操器操作界面

(5) 点击图 5-3 中数字 12 标注的“发电机氢冷器”出口电动调节手操器，投入自动，温度设为 38 ℃。

点击图 5-3 中数字 13 标注的“凝结水泵”冷却水进口电动调节手操器，投入自动，温度设为 50 ℃。

点击图 5-3 中数字 14 标注的 2 个“小机冷油器”进口电动调节手操器，投入自动，温度设为 50 ℃。

点击图 5-3 中数字 15 标注的“发电机定子水冷却器”进口电动调节手操器，投入自动，温度设为 48 ℃。

点击图 5-3 中数字 16 标注的“密封油冷却器”进口电动调节手操器，投入自动，温度设为 40 ℃。

5.3 循环水投入

(1) 在“汽机主菜单”中点击＜厂内循环水＞菜单项，进入“厂内循环水系统”界面，如图 5-6 所示。

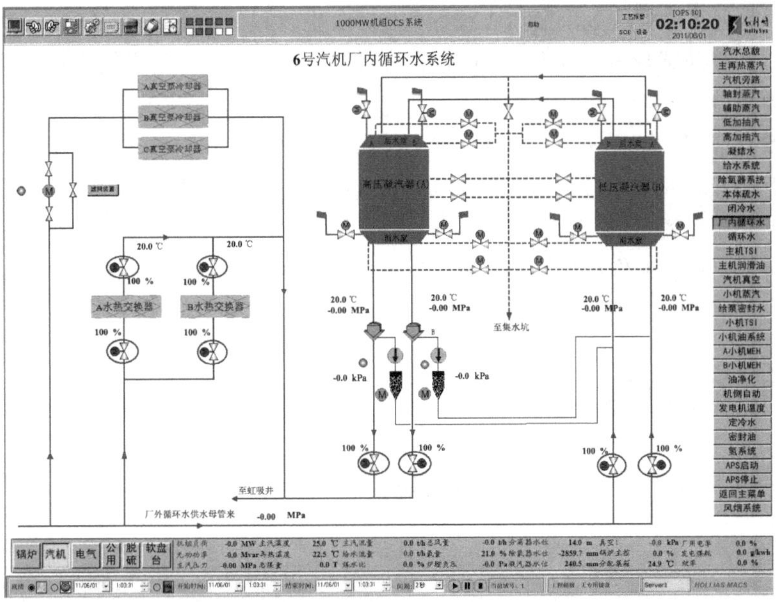

图 5-6　厂内循环水系统

打开图 5-6 左侧“A 水热交换器”和“B 水热交换器”进、出口处椭圆形标记的 4 个电动门。

打开图 5-6 下方“凝汽器”进、出口处椭圆形标记的 4 个电动门。

(2) 在“汽机主菜单”中点击＜循环水系统＞菜单项，进入“循环水系统”界面，如图 5-7 所示。

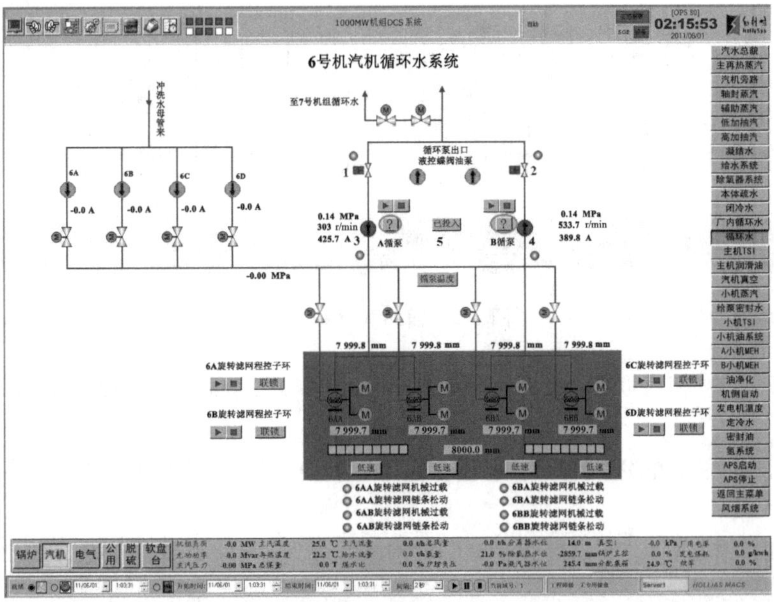

图 5-7　循环水系统

打开图 5-7 上方数字 1 标注的“A 循泵”出口液控蝶阀。

点击图 5-7 中椭圆形标记的【?】“A 循泵”查询按钮，打开 A 循泵辅助二级面板，查看 A 循环水泵启动条件。

若启动条件满足，启动图 5-7 中数字 3 标注的“A 循泵”。

采用与上述相同的操作方法，打开图 5-7 中数字 2 标注的“B 循泵”出口液控蝶阀；启动图 5-7 中数字 4 标注的“B 循泵”。

待 A 循泵、B 循泵工作稳定，点击图 5-7 中两循泵之间数字 5 标注的【联锁】按钮，投入循泵联锁。

5.4 辅助蒸汽投入

（1）在“汽机就地主菜单”中点击＜辅助蒸汽就地＞菜单项，进入“辅助蒸汽系统”界面，如图 5-8 所示。

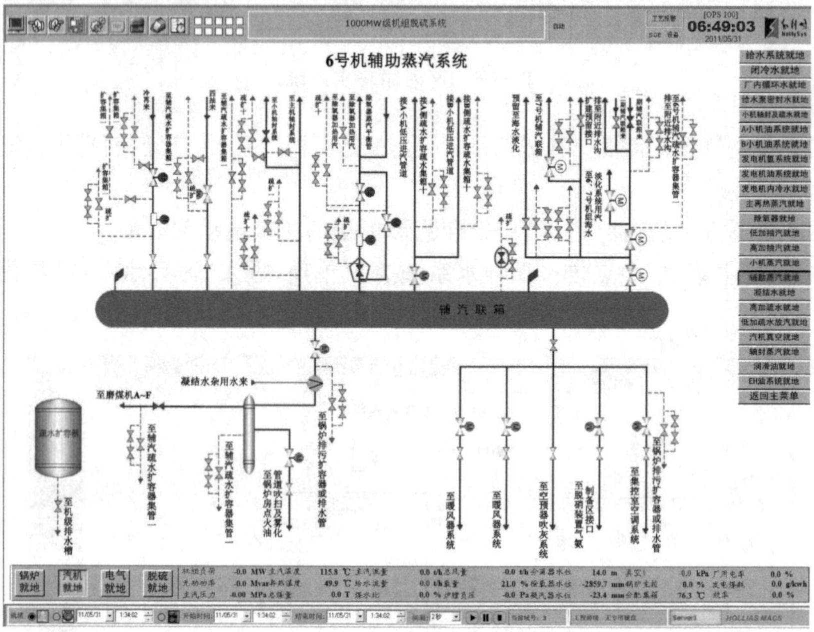

图 5-8　辅助蒸汽系统 2

打开图 5-8 中“辅汽联箱”上方至“疏扩一”疏水回路上椭圆形标记的手动就地阀门，旁路不开。

（2）在“汽机主菜单”中点击＜辅助蒸汽＞菜单项，进入“辅助蒸汽系统”界面，如图 5-9 所示。

打开图 5-9 中右侧“一期辅汽联箱来”至“辅汽联箱”蒸汽联络管路上数字 1、2 标注的 2 个供汽电动阀门。

此时，一期辅汽联箱蒸汽通过联络管路进入辅汽联箱，联箱内温度（图 5-9 中方框形标记）、压力（图 5-9 中椭圆形标记）将逐渐上升。

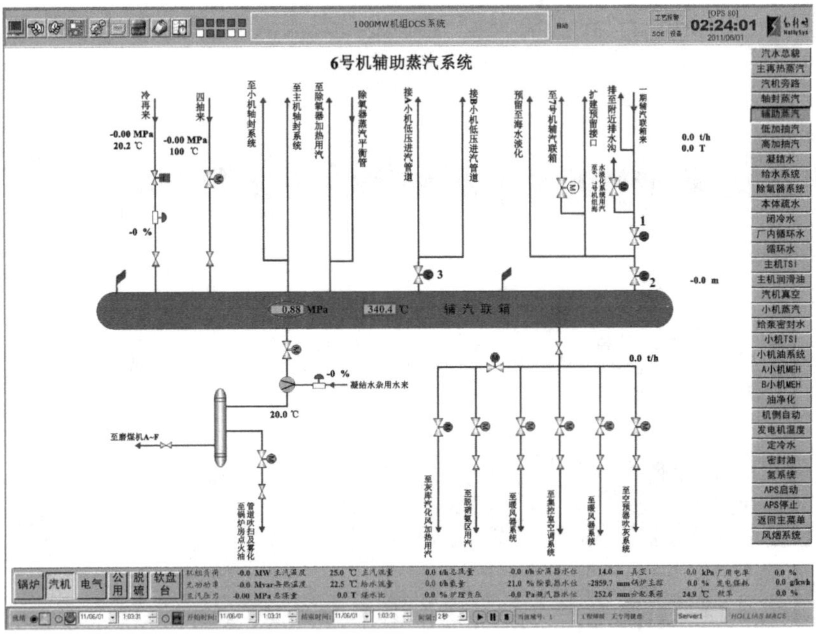

图 5-9　辅助蒸汽系统 3

待辅汽联箱内压力达到 0.88 MPa、温度达到 285 ℃左右时，关闭汽机就地系统的“辅助蒸汽系统”界面(图 5-8)中椭圆形标记的手动就地阀门，停止疏水暖管。

5.5　主机润滑油投入

(1) 在“汽机主菜单”中点击＜润滑油系统＞菜单项，进入“主机润滑油系统”界面，如图 5-10 所示。

启动图 5-10 下方主润滑油箱内数字 1 标注的“电加热器”。

点击图 5-10 中数字 2 标注的【联锁】按钮，投入油箱电加热联锁。

(2) 启动图 5-10 中主润滑油箱上方数字 3 标注的“A 排烟风机”。

待排烟风机电流稳定，点击图 5-10 中数字 4 标注的【联锁】按钮，投入“排烟风机子环”联锁。

(3) 观察图 5-10 下方椭圆形标记的润滑油箱油温，待其达到 25 ℃以上时：

① 启动图 5-10 下方主润滑油箱内，数字 5 标注的“A 主机交流润滑油泵”。

② 后续操作中，注意图 5-10 右下部方框形标记的润滑油箱油位，其正常范围为 2 200～2 300 mm。若油位低，进入“主机润滑油系统”界面(图 4-40)，打开图 4-40 中润滑油箱上部的补油就地手动阀门，待油位达到要求后，再关闭该手动阀门。

检查图 5-10 右中部三角形标记的“润滑油母管压力”，待其达到 0.4～0.5 MPa 后：

① 点击图 5-10 中数字 6 标注的【联锁】按钮，投入“交流油泵子环”联锁。

② 点击图 5-10 中数字 7 标注的【联锁】按钮，投入“直流油泵子环”联锁。

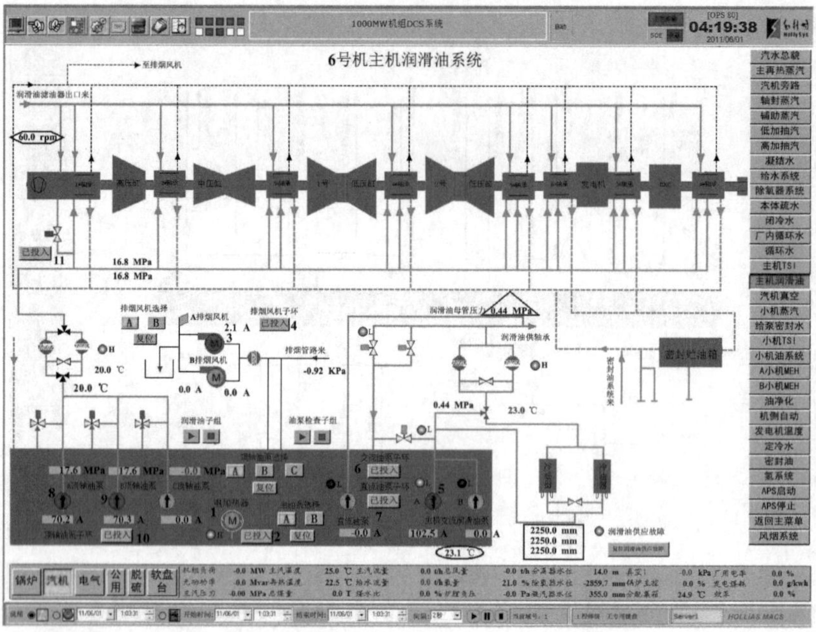

图 5-10　主机润滑油系统 2

(4) 依次启动图 5-10 下方主润滑油箱内数字 8 标注的“A 顶轴油泵”和数字 9 标注的“B 顶轴油泵”。

检查图 5-10 左侧顶轴油母管压力，待其达到 16.8 MPa 后；点击图 5-10 中数字 10 标注的【联锁】按钮，投入“顶轴油泵子环”联锁。

5.6 EH 油投入

(1) 进入仿真系统 3 号域主菜单界面，如图 3-8 所示。

在主菜单中点击<DEH 主画面>菜单项，进入 DEH 主画面界面(即“ST CONTROLLER”界面)。

在 DEH 主画面界面上方点击<ST CONTROL FLUID>菜单项，进入“CONTROL FLUID”界面，如图 5-11 所示。

(2) 点击图 5-11 下方数字 1 标注的 EH 油泵，打开 EH 油泵操作面板，如图 5-12 所示。

点击图 5-12 中数字 1 标注的【1】闭合按钮；待数字 2 标注的【↵】确认按钮背景变白色后，点击【↵】按钮，启动 EH 油泵。

采用与上述同样的操作方法，启动图 5-11 中数字 2 标注的 EH 油泵。

(3) 类比(2)操作，投入图 5-11 中数字 3、数字 4 标注的 2 个 EH 油泵联锁。

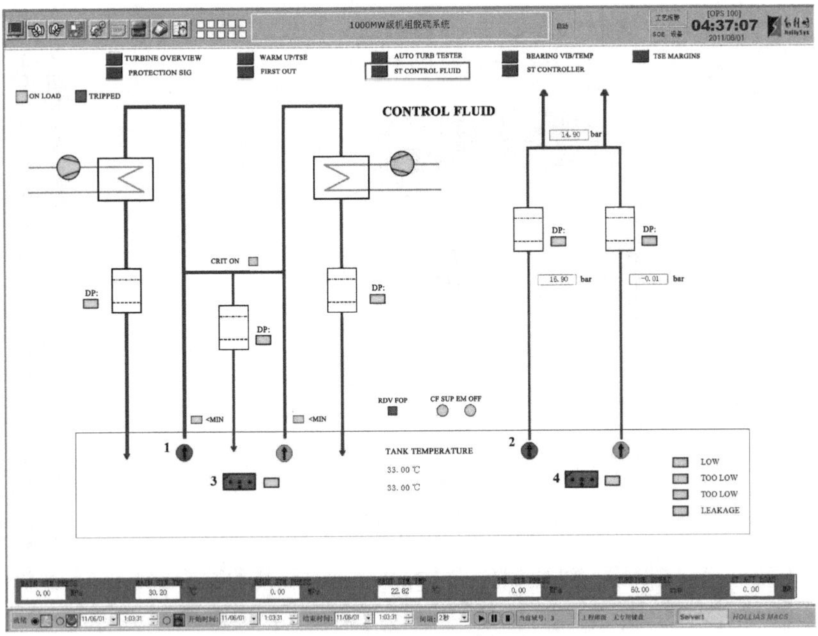

图 5-11　CONTROL FLUID

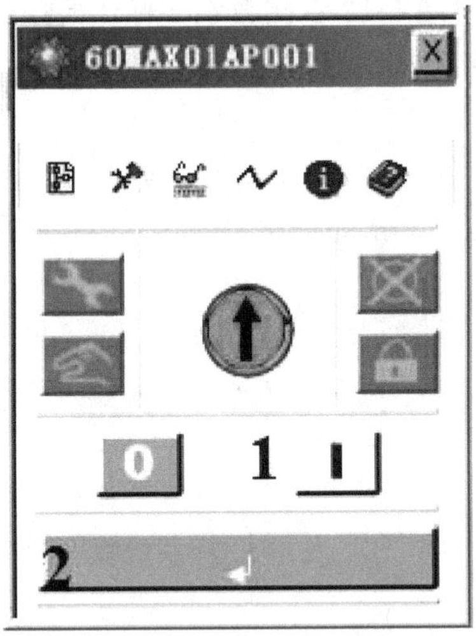

图 5-12　EH 油泵操作二级面板

5.7　密封油投入

(1) 进入仿真系统 1 号域主菜单界面，如图 3-7 所示。

点击图 3-7 中<汽机主菜单>菜单项，进入“汽机主菜单”界面，如图 5-1 所示。

点击图 5-1 中<发电机油系统>菜单项，进入“发电机密封油系统”界面，如图 5-13 所示。

启动图 5-13 中部数字 1 标注的“A 排烟风机”。

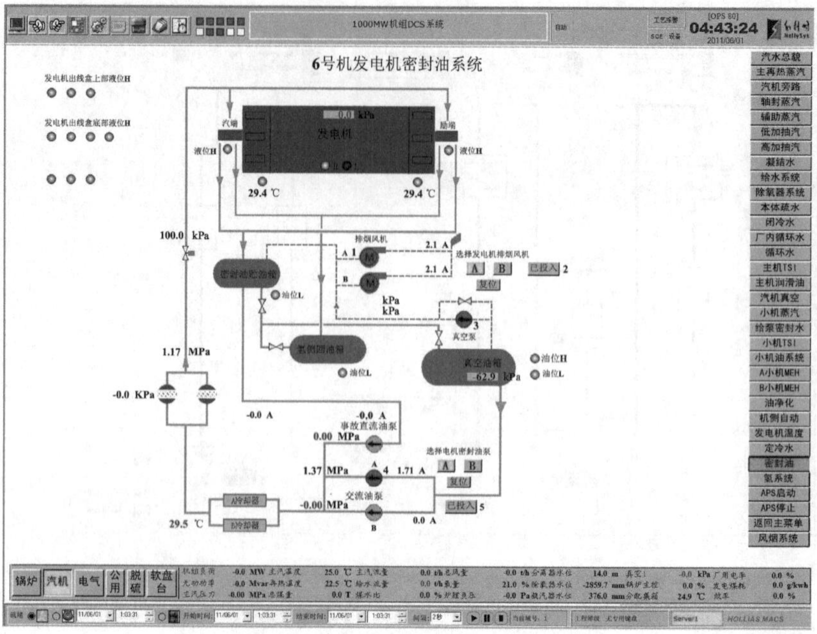

图 5-13　发电机密封油系统 2

待排烟风机工作稳定，点击图 5-13 右侧数字 2 标注的【联锁】按钮，投入排烟风机联锁。

(2) 启动图 5-13 中部数字 3 标注的“真空泵”。

等待密封油真空油箱内负压稳定在−60 kPa 左右。

(3) 启动图 5-13 下方数字 4 标注的“A 交流油泵”。

待交流油泵出口压力稳定，点击图 5-13 中数字 5 标注的【联锁】按钮，投入交流油泵联锁。

5.8　发电机充氢

(1) 在“汽机就地主菜单”中点击<发电机氢系统就地>菜单项，进入“发电机氢系统”界面，如图 5-14 所示。

图 5-14 左中部六边形标记的是发电机内“氢气纯度”、“CO_2 纯度”和“空气纯度”。

打开图 5-14 左下部 CO_2 气瓶出口处椭圆形标记的 3 个手动就地阀门。

打开图 5-14 中间椭圆形标记的 2 个手动就地阀门。

关闭图 5-14 中间长方形标记的 2 个手动就地阀门。

打开图 5-14 左下部数字 2 标注的手动调阀，阀门开度 100%，向发电机内充入 CO_2 气体。

CO_2 气体由“二氧化碳汇流排”经过发电机内“二氧化碳分布管”充入发电机；

发电机内的空气经过“氢气分布管”被置换排空至大气。

(2) 待发电机内 CO_2 纯度达到 95%以上后，开始氢气置换 CO_2 操作，如图 5-15 所示。

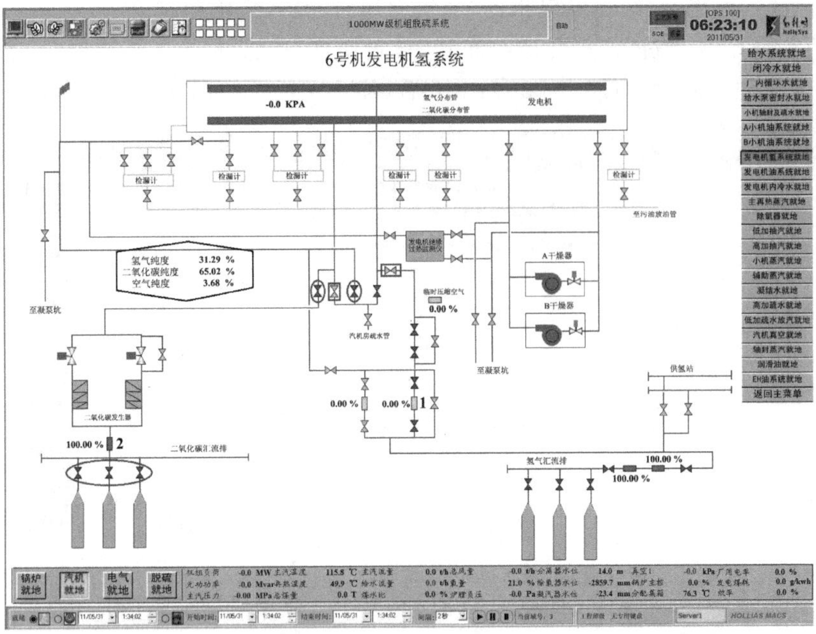

图 5-14　发电机氢系统(充 CO_2)

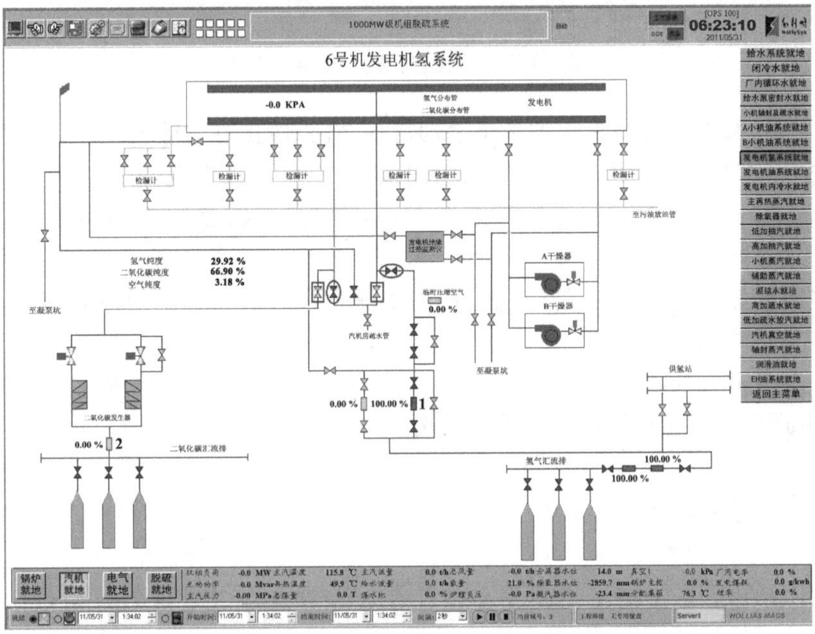

图 5-15　发电机氢系统(充氢)

关闭图 5-15 左下部数字 2 标注的就地手动调阀,手动阀门开度 0%。

关闭图中长方形标记的 2 个手动就地阀门。

打开图 5-15 中椭圆形标记的 2 个手动就地阀门。

打开图 5-15 中下部数字 1 标注的手动调阀,阀门开度 100%,开始向发电机内充氢气。

氢气由“氢气汇流排”经过发电机内“氢气分布管”充入发电机。

发电机内的CO_2经过“二氧化碳分布管”被置换排空至大气。

(3) 待发电机内氢气纯度达到98%以上后，停止充氢操作，如图5-16所示。

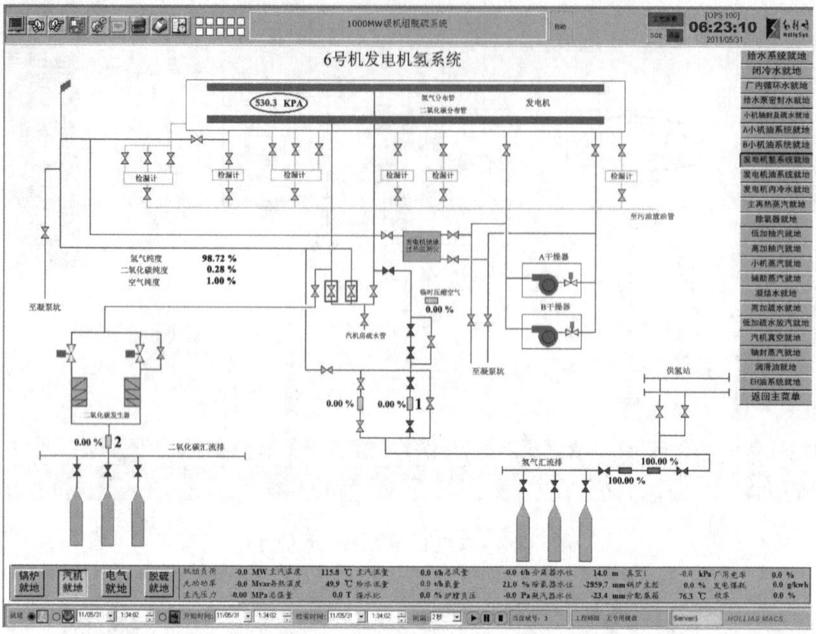

图 5-16　发电机氢系统(充氢结束)

关闭图5-16中间长方形标记的2个手动就地阀门，停止对空排气。

观察图5-16上方椭圆形标记的发电机内氢气压力，其正常范围为470～520 kPa。在实际操作界面中，若参数值在正常范围内，显示黑色数值；参数值超出范围，显示红色数值。

待发电机内氢气压力达到正常范围后，关闭图5-16下部数字1标注的手动调阀，阀门开度0%，结束发电机充氢。

注意随着机组运行，发电机内氢气压力会逐渐降低，应随时观察并及时向发电机内补充氢气(即打开图中数字1标注的就地手动调阀)。

5.9　定冷水投入

在“汽机主菜单”中点击<发电机水系统>菜单项，进入“定子冷却水系统”界面，如图5-17所示。

启动图5-17右下部数字1标注的“A定冷水泵”。

待水泵出口压力稳定后，点击图5-17中数字2标注的【联锁】按钮，投入定冷水泵联锁。

注意观察图5-17中“定子水箱”内的“水位L”指示灯：指示灯红灯亮，表示定子水箱水位低；指示灯灭，表示水位正常。

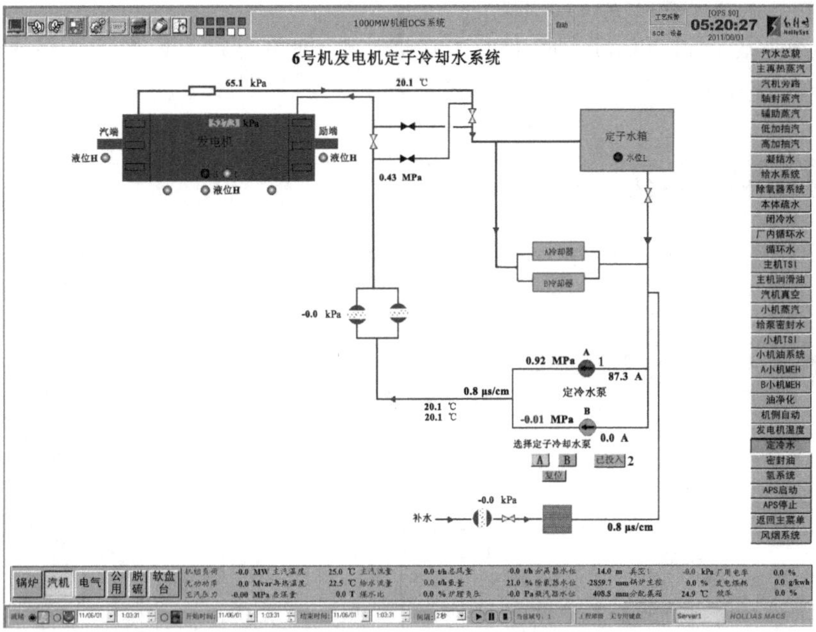

图 5-17　定子冷却水系统

5.10　盘车投入

在“汽机主菜单”中点击＜润滑油系统＞菜单项，进入“主机润滑油系统”界面，如图 5-10 所示。

点击图 5-10 左侧数字 11 标注的盘车电磁阀【联锁】按钮，投入盘车电磁阀联锁。

联锁投入后汽轮机开始盘车，此时，图 5-10 左上部六边形标记的汽机转速应为 60 r/min。

5.11　凝汽器上水

在“汽机主菜单”中点击＜凝结水系统＞菜单项，进入“凝结水系统”界面，如图 5-2 所示。

点击图 5-2 右侧数字 6 标注的“正常补水”气动调节手操器，手动缓慢打开阀门至一定开度。

点击图 5-2 右侧数字 7 标注的“启动补水”气动调节手操器，手动缓慢打开阀门至一定开度。

此时，由“A 凝补泵”从“凝补水水箱”中抽水，经“正常补水”和“启动补水”气动调节手操器控制调节，给“凝汽器”上水。

注意在凝汽器上水过程中，数字 6、数字 7 标注的气动调节手操器阀门开度大小的设定与调节，以能够同时满足凝汽器上水流量不超限量、凝补水水箱水位保持变动不大这两个条件为准，调节时注意控制流量波动幅度。

当凝汽器水位达到 100 mm 时，停止凝汽器上水，即关闭数字 6、数字 7 标注的手操器，手动阀门开度调为 0%。

5.12 除氧器上水

(1) 在“汽机主菜单”中点击＜低加抽汽＞菜单项，进入“低加抽汽系统”界面，如图 5-18 所示。

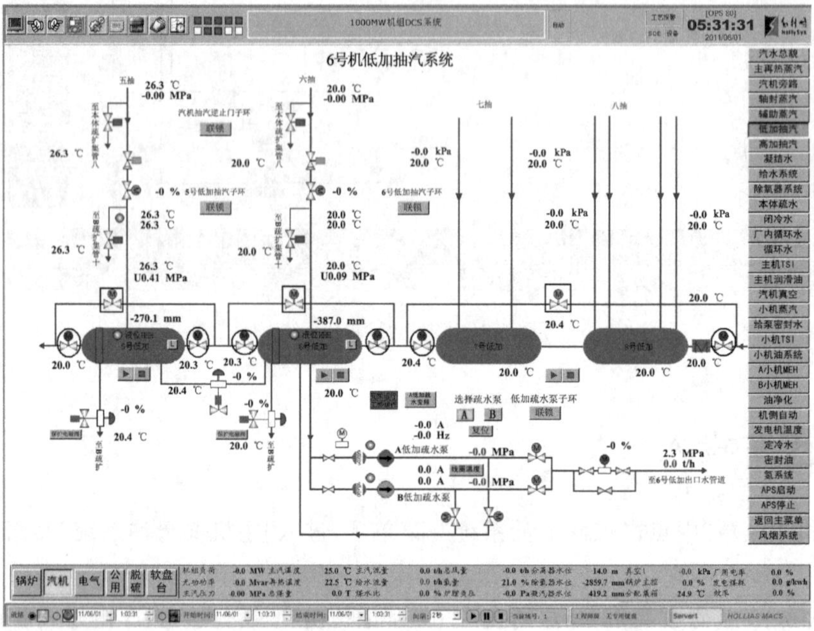

图 5-18　低加抽汽系统

打开图 5-18 中“5 号低加”、“6 号低加”、“7 号低加”和“8 号低加”进、出口处 6 个椭圆形标记的电动门。

关闭图 5-18 中“5 号低加”、“6 号低加”、“7 号低加”和“8 号低加”旁路上 3 个方框形标记的低加旁路电动门。

至此，低压加热器水侧投入运行。

(2) 在“汽机主菜单”中点击＜闭冷水系统＞菜单项，进入“闭冷水系统”界面，如图 5-3 所示。

点击图 5-3 左上部数字 17 标注的闭冷水箱补水调节手操器，将手操器投入自动状态，其目标缓冲水箱水位设置为 1 650 mm。

(3) 在“汽机就地主菜单”中点击＜凝结水就地＞菜单项，进入“凝结水系统”界面，如图 5-19 所示。

点击图 5-19 中椭圆形标记的【变频器就地】按钮，打开操作二级面板，如图 5-20 所示。

点击图 5-20 中各断路器元件，切换设置断路器断开/闭合状态，要求：

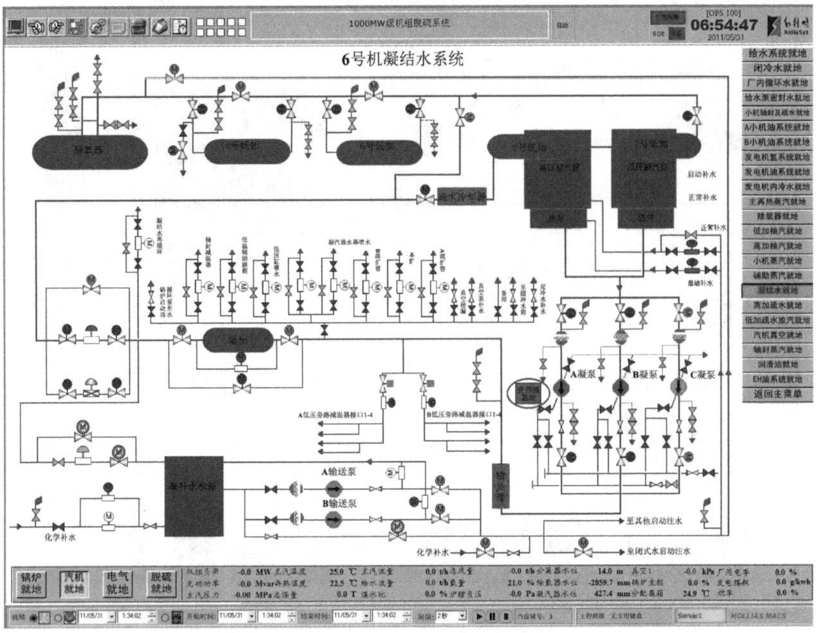

图 5-19　凝结水系统 3

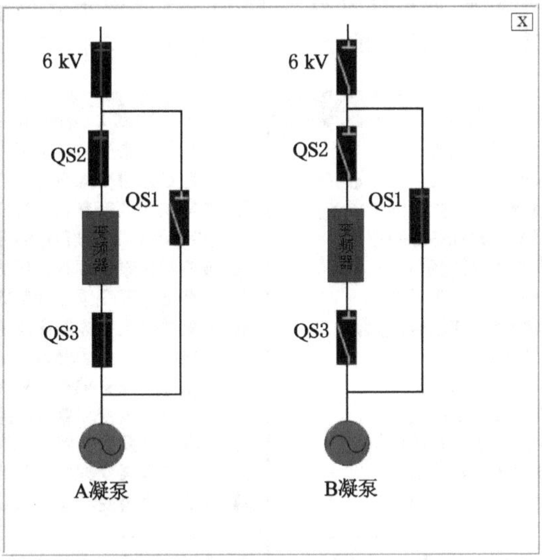

图 5-20　凝泵变频器就地操作二级面板

① 图 5-20 中“A 凝泵”回路闭合“6 kV”、“QS2”和“QS3”断路器，断开“QS1”断路器。

② 图 5-20 中“B 凝泵”回路断开“6 kV”、“QS2”和“QS3”断路器，闭合“QS1”断路器。

(4) 在“汽机主菜单”中点击＜凝结水系统＞菜单项，进入“凝结水系统”界面，如图 5-21 所示。

打开图 5-21 左中部数字 3 标注的凝结水再循环调节手操器，手动阀门开度 25%。

将图 5-21 右侧数字 4 标注的“正常补水”和“启动补水”电动调节手操器投入自动状态，

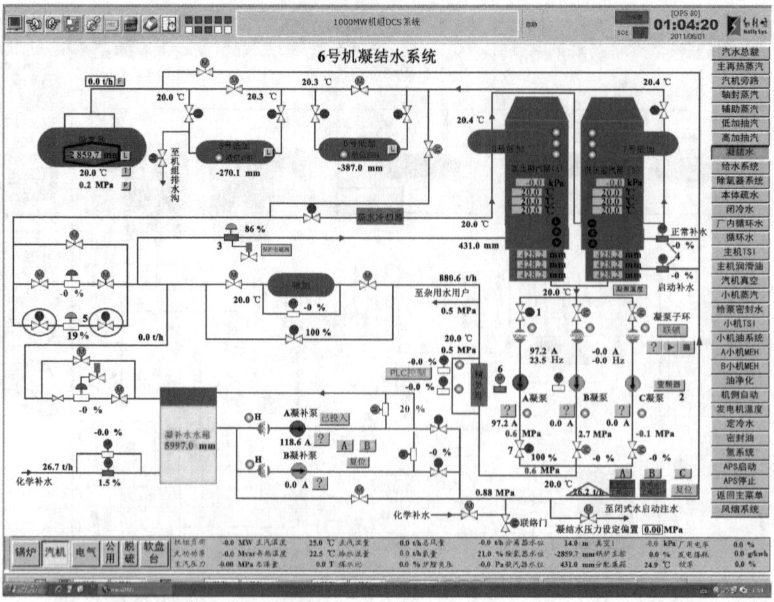

图 5-21　凝结水系统 4

其目标参数凝汽器水位设置为 0 mm。

打开图 5-21 右侧“高压凝汽器”下方数字 1 标注的 A 凝泵进口电动门。

点击图 5-21 右下部数字 2 标注的【变频器】按钮，打开操作二级面板，如图 5-22 所示。

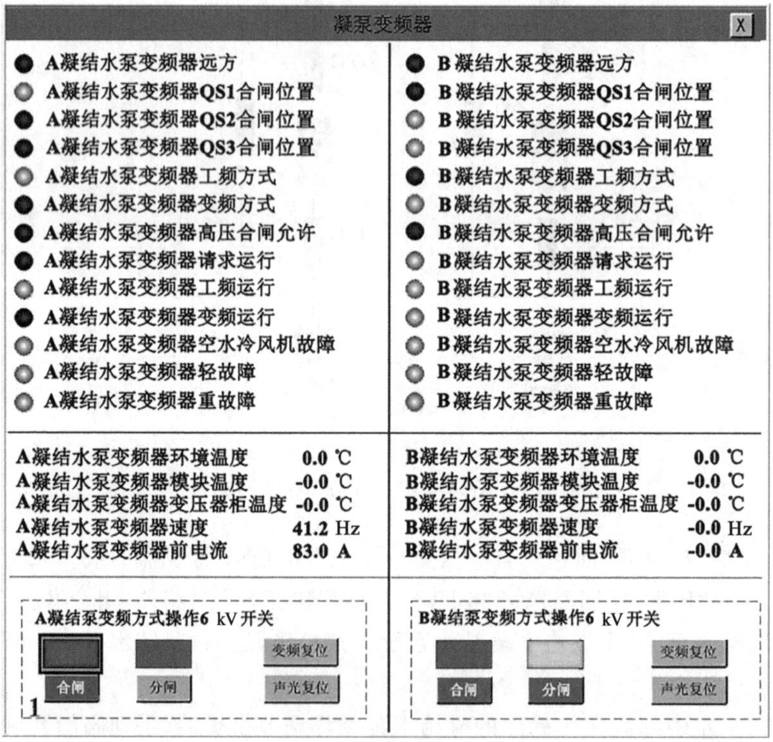

图 5-22　凝泵变频器操作二级面板

点击图 5-22 左下部数字 1 标注的【合闸】按钮，将“A 凝结泵变频方式操作 6 kV 开关”合闸。合闸后，图 5-22 中方框标注的合闸指示灯变红。

(5) 返回汽机“凝结水系统”界面，如图 5-21 所示。

点击图 5-21 右下部数字 6 标注的 A 凝结水泵变频器控制手操器，投入自动状态。

打开图 5-21 左侧除氧水位气动副调节手操器进出口处 2 个椭圆形标记的电动门。

缓慢增大图 5-21 中左侧数字 5 标注的除氧器水位气动副调节手操器开度，向除氧器上水。

图 5-21 右下部三角形标记的凝补水流量大小由图 5-21 中数字 4 标注的凝汽器“正常补水”和“启动补水”气动调节手操器调节控制。

图 5-21 左上部长方形标记的凝结水流量大小由图 5-21 中数字 5 标注的除氧水位气动副调节手操器调节控制。

注意在除氧器上水过程中，图 5-21 中长方形标记的凝结水流量大小是以同时满足三角形标注的凝汽器上水流量不超限量(即不要让凝补水流量显示变为红色)以及凝补水水箱水位保持变动不大这两个条件来进行调节确定的，目的是防止凝汽器水位过低造成凝结水泵跳闸。

(6) 等图 5-21 左上部六边形标记的“除氧器”水位升至 0 mm 左右时，关闭图 5-21 中数字 5 标注的除氧器水位气动副调节手操器，停止上水。

待除氧器水位气动副调节手操器的开度逐步关闭到 0%后，将其投入自动状态，控制目标除氧器水位设置为 0 mm。

将图 5-21 中数字 3 标注的凝结水再循环调节手操器投入自动状态，其控制目标凝结水最低流量设置为 100 t/h。

(7) 注意维持“除氧器”水位。当自动调节无法跟上时，应及时将除氧器水位气动副调节手操器改投手动，进行人工调节，待除氧器水位重新稳定后，可以再次投入自动。

5.13　轴封投入

(1) 在“汽机主菜单”中点击＜轴封蒸汽＞菜单项，进入“轴封蒸汽系统”界面，如图 5-23 所示。

打开图 5-23 右下部“辅汽联箱来”蒸汽管道上数字 1～4 标注的 4 个电动阀门。

(2) 点击图 5-23 左下部数字 5 标注的轴封减温水气动调节手操器，投入自动状态，其控制目标，辅汽至轴封蒸汽减温器后温度设置为 300 ℃。

打开图 5-23 中数字 6 标注的辅汽至轴封蒸汽减温器调节门手操器，手动阀门开度 100%。

点击图 5-23 下方数字 7 标注的【紧急模式】按钮，投入轴封供汽阀紧急模式，并将其上方长方形标记的“紧急模式阀门指令”设置为 100%。

(3) 启动图 5-23 右侧数字 8 标注的“A 轴加风机”。

点击图 5-23 中数字 9 标注的【联锁】按钮，投入轴加风机联锁。

打开图 5-23 中下部“至本体疏水集管八”疏水管路上数字 10 标注的疏水气动门。

点击图 5-23 左中部数字 11 标注的“轴封控制器”手操器，投入自动状态。

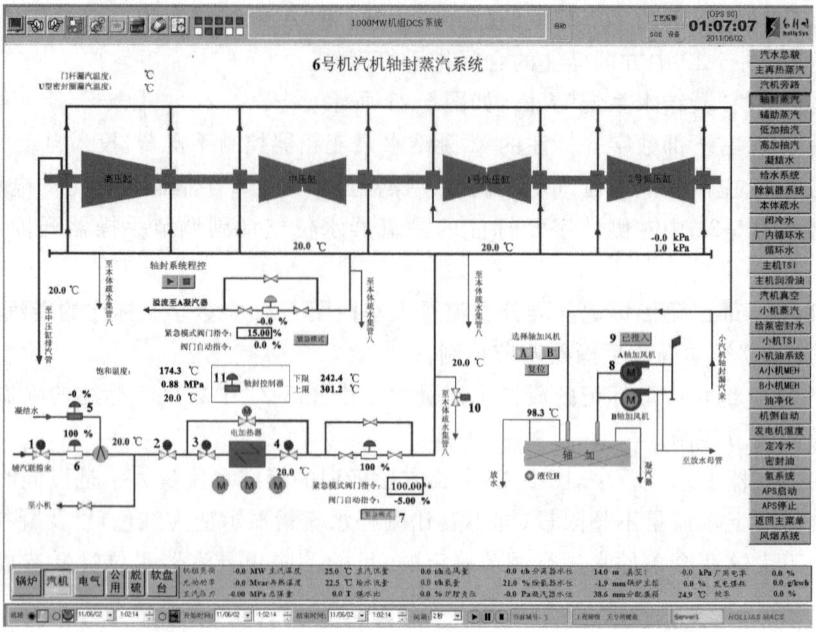

图 5-23　轴封蒸汽系统 2

5.14　抽真空

(1) 在“汽机主菜单”中点击＜小机蒸汽＞菜单项，进入“小机蒸汽系统”界面，如图 5-24 所示。

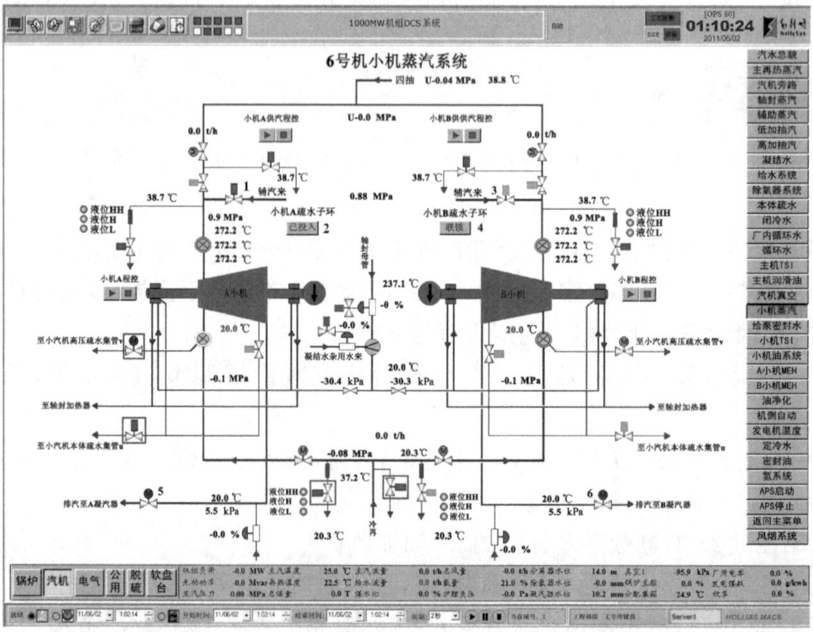

图 5-24　小机蒸汽系统 2

打开图 5-24 左下部“排汽至 A 凝汽器”管道上数字 5 标注的 A 排汽管电动门。

打开图 5-24 右下部“排汽至 B 凝汽器”管道上数字 6 标注的 B 排汽管电动门。

(2) 在“汽机主菜单”中点击＜汽机真空系统＞菜单项，进入“真空系统”界面，如图 5-25 所示。

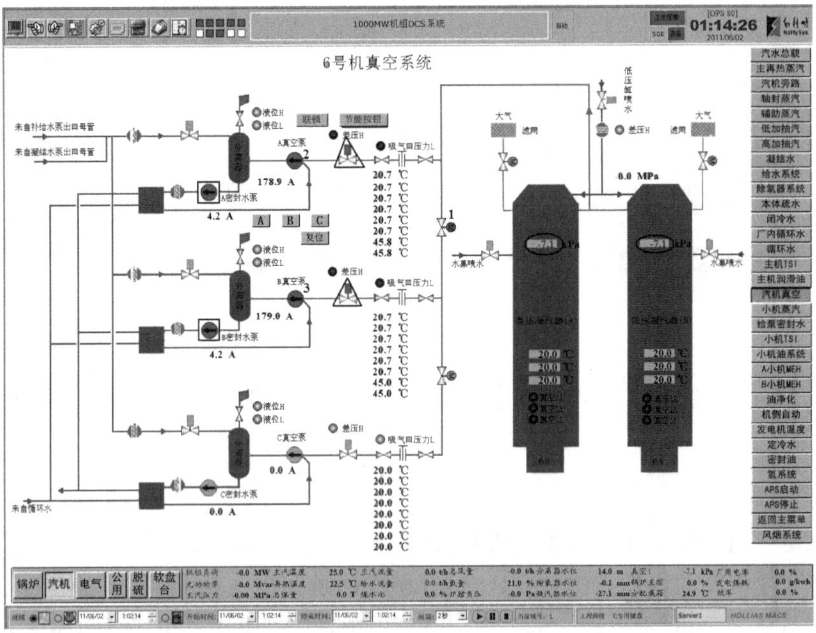

图 5-25　真空系统 2

图 5-25 右侧“凝汽器”内 2 个椭圆形标记的参数是凝汽器真空度。

打开图 5-25 中数字 1 标注的真空泵组抽汽联络管电动门 1。

启动图 5-25 中数字 2、数字 3 标注的“A 真空泵”及“B 真空泵”。

A、B 真空泵启动后，图 5-25 中方框标注的 2 个“密封水泵”自动联启，图 5-25 中三角形标记的 2 个进口气动蝶阀自动联开，由此开始凝汽器抽真空过程。

观察图 5-23“轴封蒸汽”中数字 10 标注的疏水气动门随真空度升高自动关闭。

5.15　A 给水泵投入

(1) 在“汽机主菜单”选＜小机油系统＞菜单项，进入“小机油系统”界面，如图 5-26 所示。

启动图 5-26 左下部 A 汽泵“油箱”中数字 1 标注的“电加热器”。

点击图 5-26 中数字 2 标注的【联锁】按钮，投入油箱电加热器联锁。

启动图 5-26 中数字 3 标注的油箱 A“排烟风机”。

点击图 5-26 中数字 4 标注的【联锁】按钮，投入油箱排烟风机联锁。

启动图 5-26 中数字 5 标注的“A 主油泵”。

待润滑油压稳定后，点击图中数字 6 标注的【联锁】按钮，投入油箱主油泵联锁。

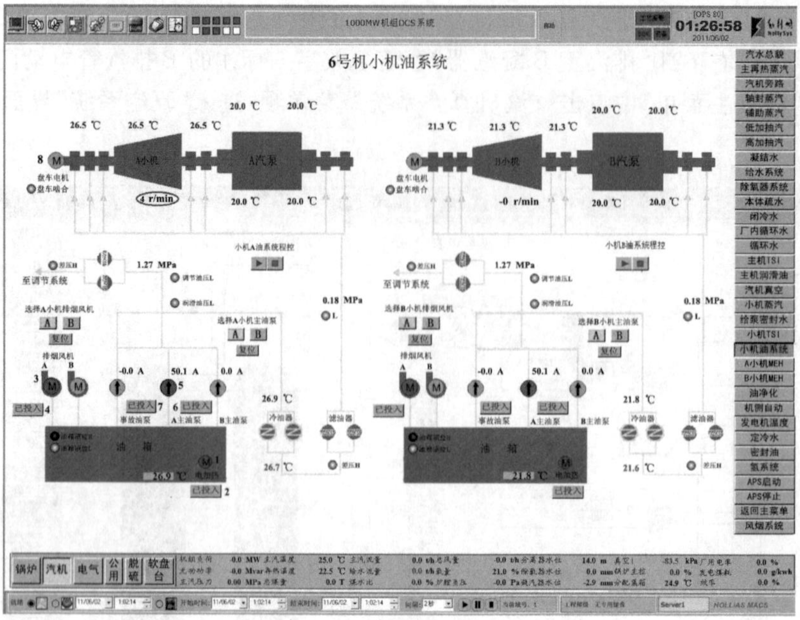

图 5-26　小机油系统

点击图 5-26 中数字 7 标注的【联锁】按钮，投入油箱事故油泵联锁。

采用与上述相同的操作方法，将“B 汽泵”小机油系统投入。

(2) 在“汽机主菜单”中点击＜给水系统＞菜单项，进入“给水系统”界面，如图 5-27 所示。

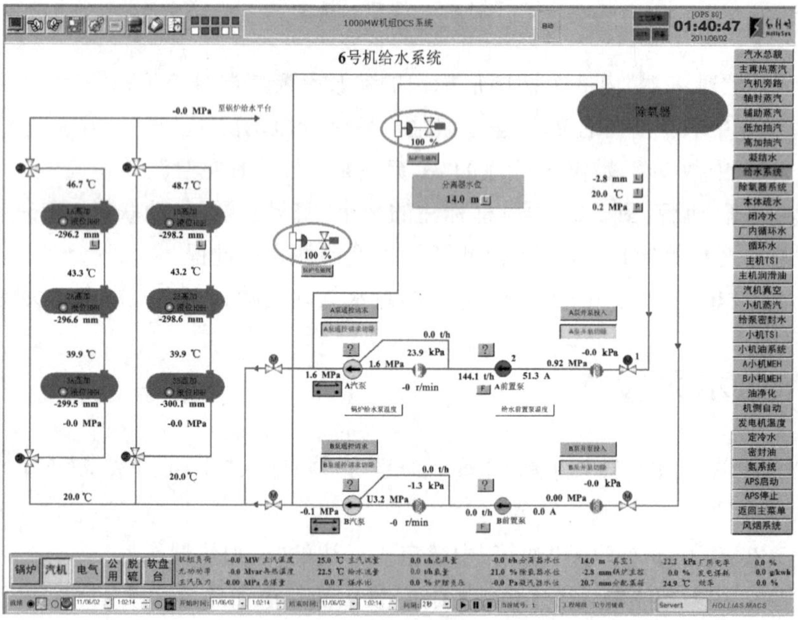

图 5-27　给水系统

确认图 5-27 上中部椭圆形标记的 A、B 汽泵再循环调节手操器处于全开状态。

打开图 5-27 中数字 1 标注的“A 汽泵前置泵”进口电动门。

启动图 5-27 中数字 2 标注的“A 前置泵”。

若“A 前置泵”不能启动，可以到电气就地系统中的“6 kV 厂用电接线图”界面(图 3-25)，检查 A 前置泵是否已通电。

(3) 在“汽机主菜单”中点击＜小机油系统＞菜单项，进入“小机油系统”界面，如图 5-26 所示。

点击图 5-26 左上部数字 8 标注的“盘车电机”，启动“A 小机”盘车。

检查并确认图 5-26 中椭圆形标记的 A 小机转速为 4 r/min。

(4) 在“汽机主菜单”中点击＜辅助蒸汽＞菜单项，进入“辅助蒸汽系统”界面，如图 5-9 所示。

打开图 5-9 中间“辅汽联箱”至“接 A 小机低压进汽管道”和“接 B 小机低压进汽管道”管道上数字 3 标注的辅汽至小机用汽电动门。

(5) 在“汽机主菜单”中点击＜小机蒸汽＞菜单项，进入“小机蒸汽系统”界面，如图 5-24 所示。

打开图 5-24 左上部“辅汽来”蒸汽管道上数字 1 标注的 A 小机辅助蒸汽气动门。

点击图 5-24 中数字 2 标注的【联锁】按钮，投入“小机 A 疏水子环”联锁。

联锁投入后，图 5-24 中方框标注的 4 个疏水电动门自动打开。

(6) 在“汽机主菜单”中点击＜A 小机控制系统＞菜单项，进入“A 小机控制系统”界面，如图 5-28 所示。

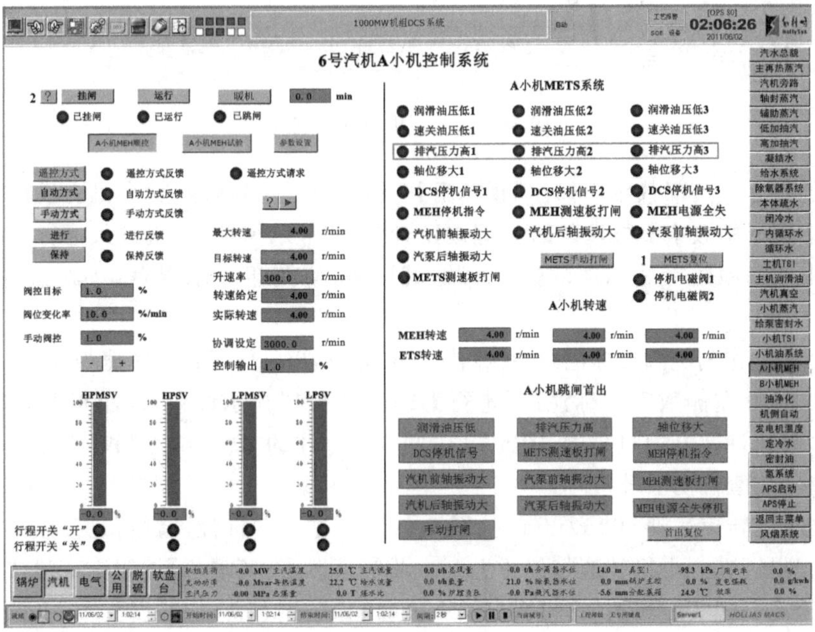

图 5-28　A 小机控制系统 1

在实际操作界面中，当凝汽器内真空达到一定真空度后，图 5-28 右上部“A 小机 METS 系统”下方长方框标注的“排汽压力高”指示灯颜色显示绿色，其报警消除。

在正常情况下，“A 小机 METS 系统”内除“速关油压低”以外的报警均应消除。

点击图 5-28 右侧数字 1 标注的【METS 复位】按钮，对“A 小机 MEH 系统”进行复位。

(7) 点击图 5-28 左上部数字 2 标注的【?】查询按钮，打开 A 小机挂闸条件二级面板，查看 A 小机是否允许挂闸。

若 A 小机允许挂闸，返回汽机“A 小机控制系统”界面，如图 5-29 所示。

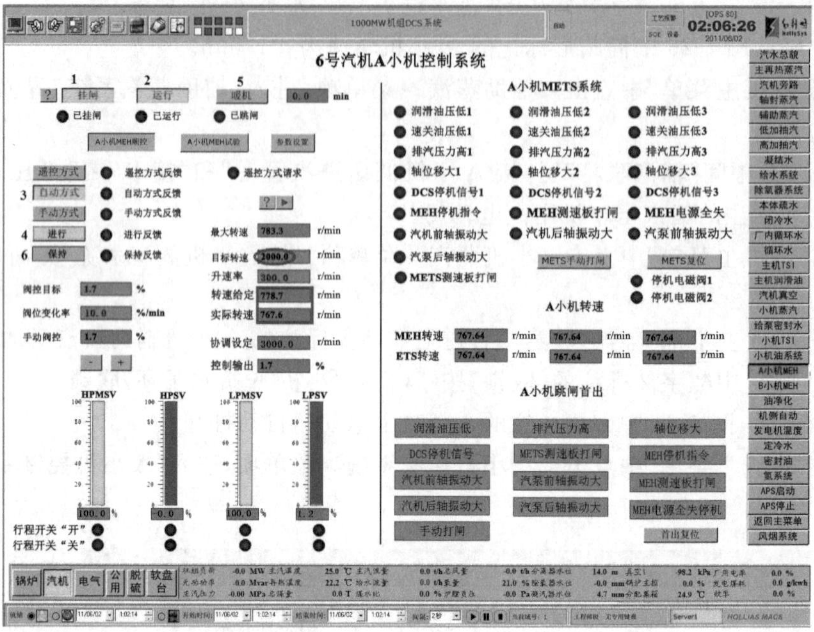

图 5-29　A 小机控制系统 2

点击图 5-29 左上部数字 1 标注的【挂闸】按钮，使按钮显示绿色，小机完成挂闸。

点击图 5-29 中数字 2 标注的【运行】按钮，使按钮显示绿色，小机进入运行状态。

点击图 5-29 中数字 3 标注的【自动方式】按钮，使按钮显示绿色，小机进入自动控制方式。

点击图 5-29 中间椭圆形标记的“目标转速”参数设置框，设置目标转速为 2 000 r/min。

点击图 5-29 左侧数字 4 标注的【进行】按钮，使按钮显示绿色，A 小机开始冲转升速。

(8) 在 A 机冲转升速过程中，图 5-29 中间方框标注的“转速给定”和“实际转速”参数显示框内相应转数值自动上升。

注意当小机转速达到 800 r/min 时，图 5-29 上方数字 5 标注的【暖机】按钮显示绿色，表示小机进入暖机状态，小机转速将停止上升。此时可以点击【暖机】按钮结束暖机状态，随后小机“转速给定”和“实际转速”将再次自动上升。

当小机转速达到目标转速，并自动维持在 2 000 r/min 左右时，A 小机冲转完成。

小机冲转完成后，图 5-29 左侧数字 6 标注的【保持】按钮将会显示绿色，表示小机进入转速保持状态，维持当前转速不变。

5.16　除氧器加压至 0.2 MPa

（1）在“汽机就地主菜单”中点击<辅助蒸汽就地>菜单项，进入“辅助蒸汽系统”界面，如图 5-8 所示。

打开图 5-8 中间“辅汽联箱”到“至除氧器加热用汽”蒸汽管道上五边形标记的“辅汽至除氧器气动调节手操器”前手动门。

（2）在“汽机主菜单”中点击<除氧器系统>菜单项，进入“除氧器系统”界面，如图 5-30 所示。

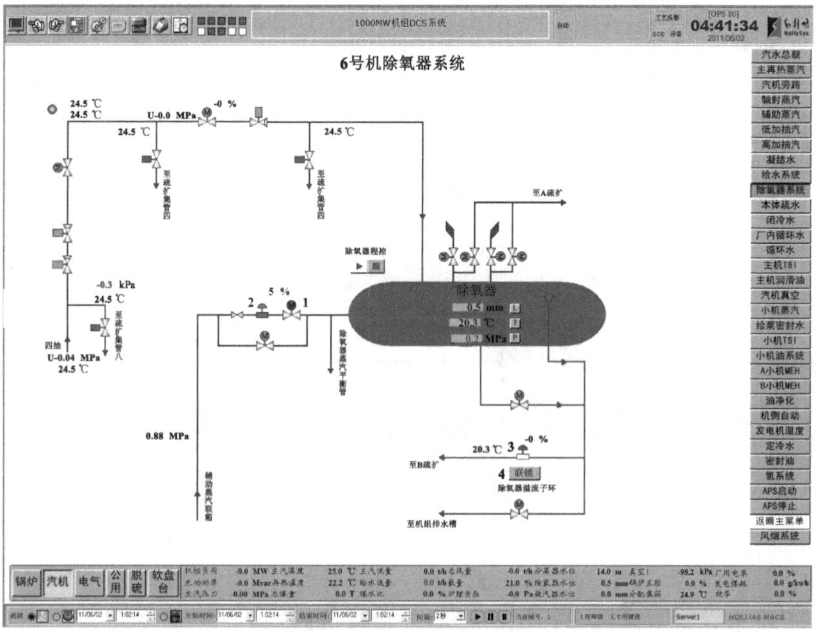

图 5-30　除氧器系统 2

打开图 5-30 中间“辅助蒸汽联箱”至“除氧器”管道上数字 1 标注的辅汽至除氧器调节阀后电动门。

点击图 5-39 中数字 2 标注的辅汽至除氧器气动调节手操器，手动逐渐开大阀门开度，向除氧器提供辅助蒸汽，开始加热加压。

当图 5-39 中“除氧器”内椭圆形标记的除氧器压力参数值达到 0.2 MPa 时，将图 5-39 中数字 2 标注的手操器投入自动状态，其控制目标除氧器压力值设置为 0.2 MPa。

（3）在除氧器升温加压过程中，其水位将逐渐升高。

点击图 5-30 下方“除氧器”到“至 B 疏扩”疏水管道上数字 3 标注的除氧器溢放水调节阀调节手操器，投入自动状态。

点击图 5-39 中数字 4 标注的【联锁】按钮，投入除氧器溢流子环联锁。

此后，若除氧器水位过高，能够通过此管路自动放水，调节除氧器水位。

5.17 锅炉上水

(1) 在“锅炉就地主菜单”中点击<疏水排汽就地>菜单项，进入“疏水就地系统”界面，如图 5-31 所示。

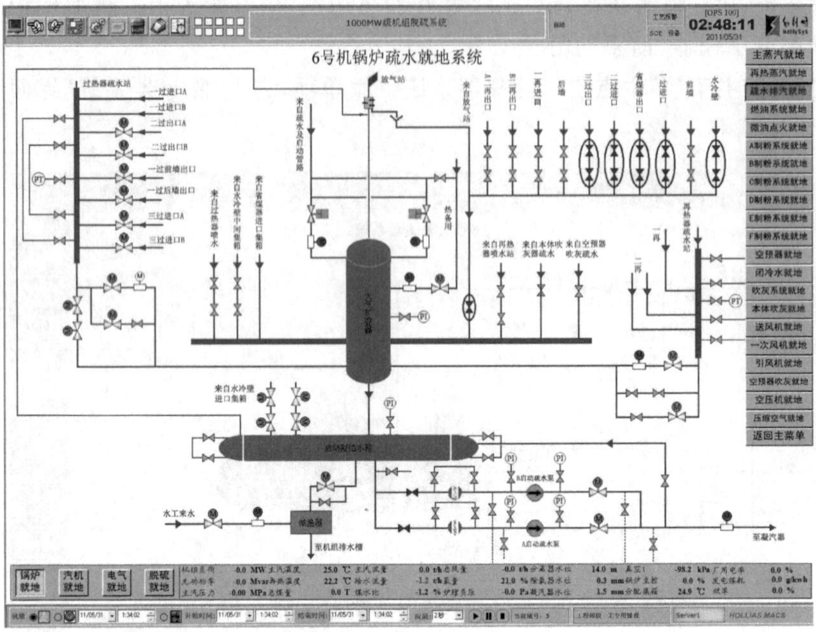

图 5-31 疏水就地系统 2

打开图 5-31 中锅炉“水冷壁”、“一过进口”、“二过进口”、“三过进口”和“省煤器出口”至“大气扩容器”疏水管路上椭圆形标记的全部手动就地阀门。

(2) 在“汽机主菜单”中点击<凝结水系统>菜单项，进入“凝结水系统”界面，如图 5-21 所示。

点击图 5-21 中间数字 3 标注的凝结水再循环调节手操器，投入自动状态，其控制目标凝结水最低流量设置为 100 t/h。

点击图 5-21 左中部数字 5 标注的除氧器水位气动副调节手操器，投入自动状态，其控制目标除氧器水位设置为 0。

检查图 5-21 右侧“凝汽器”旁边数字 4 标注的“正常补水”和“启动补水”电动调节手操器，应该使其处于自动状态。

(3) 在“汽机主菜单”中点击<汽水总貌>菜单项，进入“汽水总貌”界面，如图 5-32 所示。

打开图 5-32 中“除氧器”至“省煤器”的锅炉给水管道上，右下部数字 1 标注的 A 给水泵出口电动门。

打开图 5-32 下方给水管道控制旁路上“给水旁路电动调节手操器”进、出口处数字 3 和数字 4 标注的 2 个电动门。

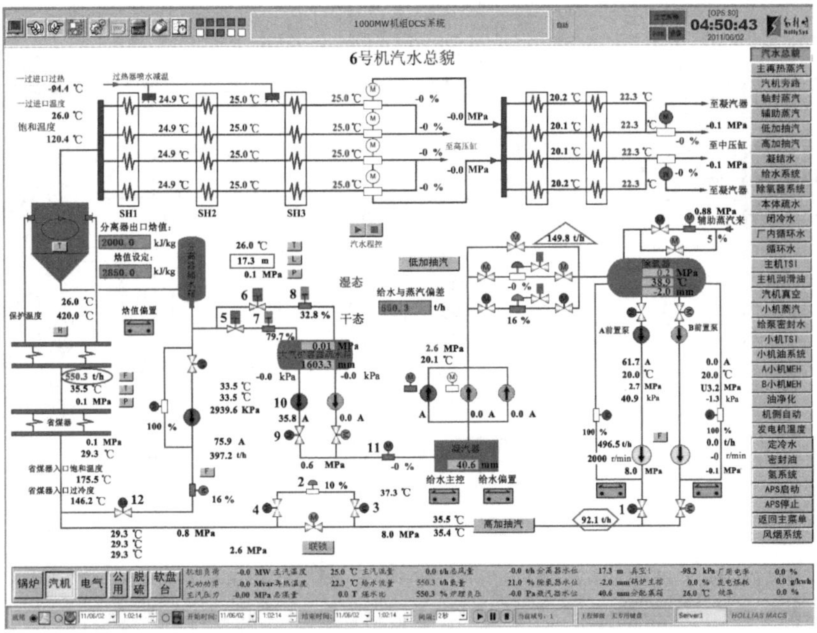

图 5-32　汽水总貌 1

点击图 5-32 中数字 2 标注的给水旁路电动调节手操器，手动缓慢加大手操器阀门开度，缓慢增加给水流量，给锅炉上水。

要求图 5-32 右下部六边形标记的锅炉给水流量调整至 90 t/h 左右。

观察图 5-32 中间三角形标记的除氧器凝结水上水流量，尽量使锅炉给水流量与除氧器上水流量保持相对一致，以便维持除氧器水位。

同时观察凝汽器水位及其补水流量变化情况，维持凝汽器水位。操作方法参见 5.12 节中相关说明。

注意在以后的机组操作过程中，凡是涉及改变锅炉给水流量的操作时，既要维持除氧器和凝汽器各自水位的相对稳定，又要保持除氧器和凝汽器各自上水流量不超出其正常范围。

(4) 进行锅炉清洗。

在锅炉上水过程中，点击图 5-32 中数字 2 标注的给水旁路电动调节手操器，手动缓慢加大手操器阀门开度，增大锅炉给水流量至 310 t/h 以上并维持稳定。

在“锅炉就地主菜单”中点击＜疏水排汽就地＞菜单项，进入“疏水就地系统”界面，如图 5-33 所示。

关闭图 5-33 中“水冷壁”和“省煤器出口”至“大气扩容器”锅炉疏水管路上长方形标记的 2 路手动就地阀门。

在“汽机主菜单”中点击＜汽水总貌＞菜单项，再返回“汽水总貌”界面，如图 5-32 所示。

观察图 5-32 中间长方形标记的分离器储水箱水位。

等待分离器储水箱出现水位后，点击图 5-32 下方数字 2 标注的给水旁路电动调节手操器，手动逐渐减小手操器阀门开度，将图 5-32 右下部六边形标记的锅炉给水流量缓慢减小

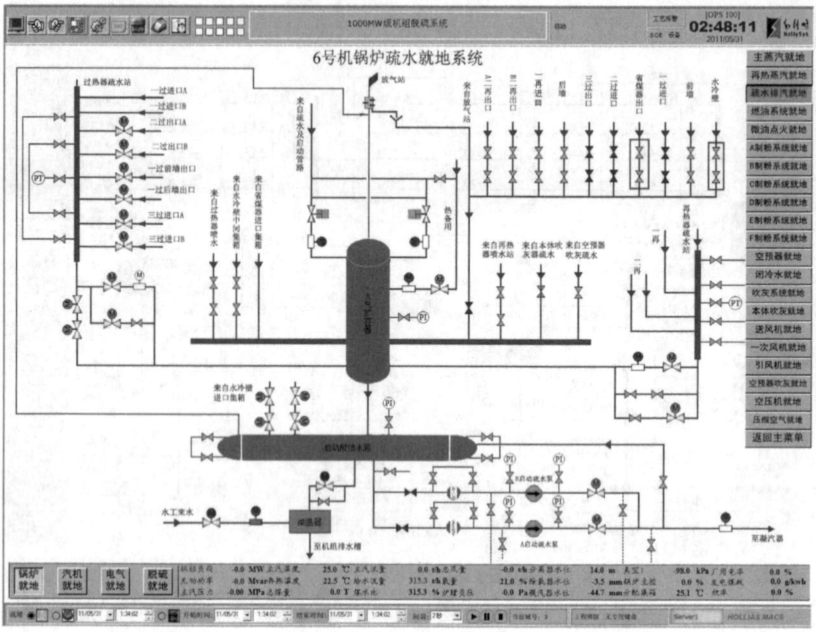

图 5-33　疏水就地系统 3

到 90 t/h 左右。

至此，完成锅炉清洗工作。

(5) 开通分离器储水箱至冷凝器的溢流通道。

进入“汽水总貌”界面(图 5-32)，依次进行如下操作。

① 打开中间“分离器储水箱”至“大气扩容器疏水箱”管道上数字 5 标注的“分疏箱液位调节阀 1”阀前液动一次门。

② 打开数字 6 标注的分疏箱液位调节阀 2 阀前液动一次门。

③ 点击数字 7 标注的分疏箱液位调节阀 1 手操器，投入自动状态。

④ 点击数字 8 标注的分疏箱液位调节阀 2 手操器，投入自动状态。

⑤ 打开，中下部“大气扩容器疏水箱”至“凝汽器”管道上数字 9 标注的 A 疏水泵出口电动门。

⑥ 启动数字 10 标注的 A 疏水泵。

⑦ 点击数字 11 标注的疏水泵出口至凝汽器电动调节手操器，投入自动状态，其控制目标大气扩容器疏水箱液位设置为 1 600 mm。

(6) 进入仿真系统 1 号域主菜单界面，如图 3-7 所示。

点击图 3-7 中<锅炉主菜单>菜单项，进入“锅炉主菜单”界面，如图 5-34 所示。

点击图 5-34 中<炉水循环系统>菜单项，进入“炉水循环系统”界面，如图 5-35 所示。

打开图 5-35 下部“分离器储水箱”至“省煤器”炉水再循环管道上数字 1 标注的“循环泵”进口电动门。

点击图 5-35 中数字 2 标注的循环泵最小流量调节阀，手动阀门开度 100%。

点击图 5-35 中数字 3 标注的循环泵出口电动调节手操器，先手动阀门开度 10%，待阀

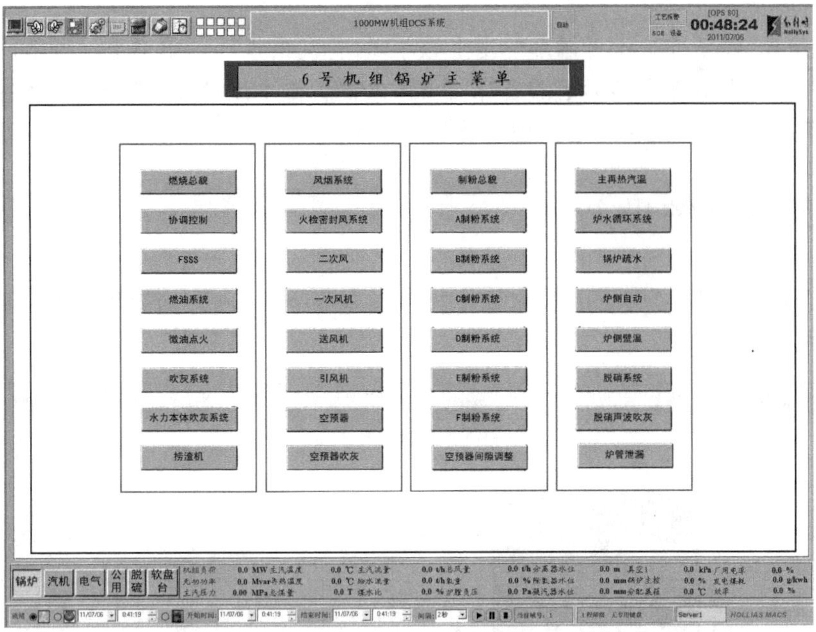

图 5-34 锅炉主菜单

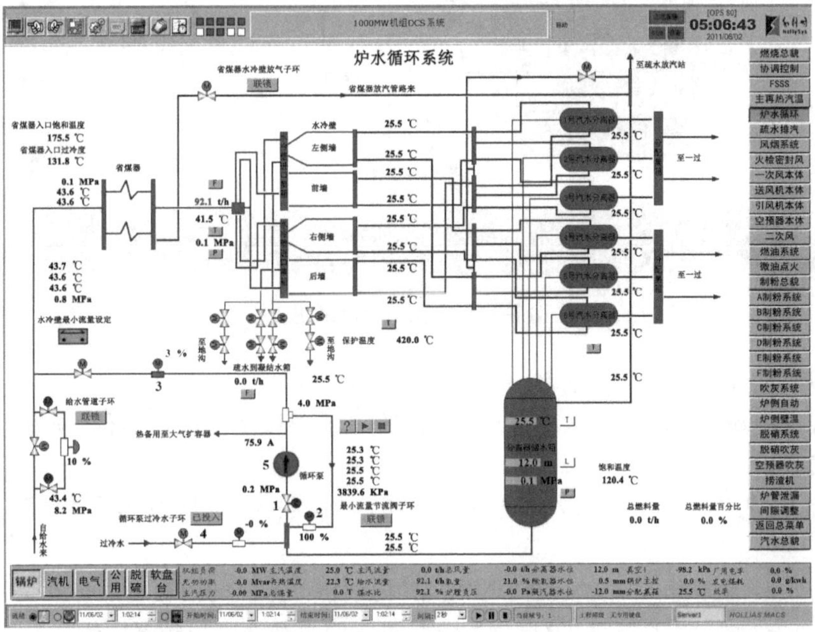

图 5-35 炉水循环系统

门实际开度达到 10%后，再将其投入自动状态。

点击图 5-35 中数字 4 标注的【联锁】按钮，投入循环泵过冷水子环联锁。

启动图 5-35 中数字 5 标注的“循环泵”。

(7) 在“汽机主菜单”中点击＜汽水总貌＞菜单项，进入“汽水总貌”界面，如图 5-32

所示。

打开图 5-32 左下部炉水再循环管道上数字 12 标注的循环泵出口电动调节门。

观察图 3-32 左侧椭圆形标记的省煤器出口处锅炉给水流量，随着锅炉炉水再循环的进行，其参数值逐渐增大，达到一定数值后将趋于稳定。

5.18 风烟系统投入

(1) 在“锅炉主菜单”中点击＜火检密封风＞菜单项，进入“火检密封风系统”界面，如图 5-36 所示。

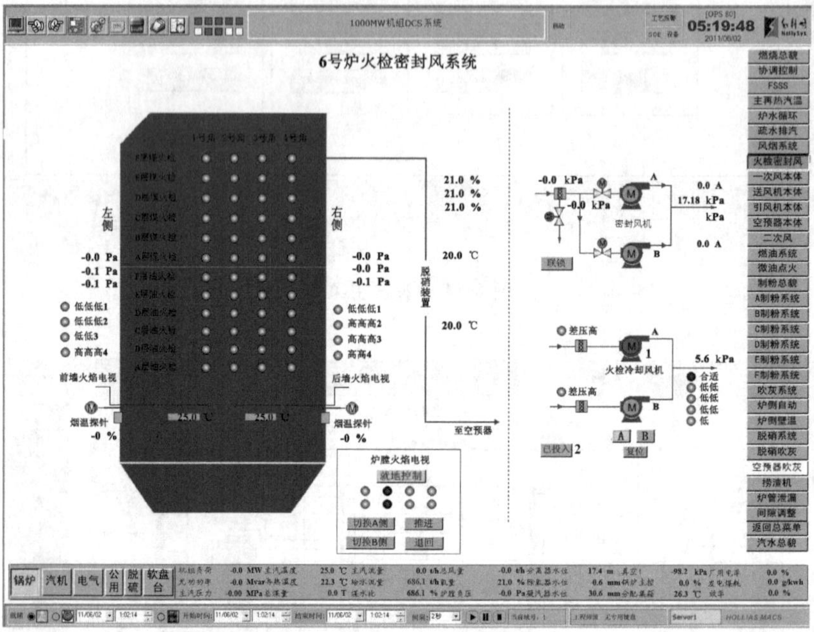

图 5-36　火检密封风系统 1

启动图 5-36 右下部数字 1 标注的“A 火检冷却风机”。

等待火检冷却风机出口风压稳定后，点击图 5-36 中数字 2 标注的【联锁】按钮，投入火检冷却风机联锁。

(2) 在“锅炉主菜单”中点击＜送风机＞菜单项，进入“送风机本体”界面，如图 5-37 所示。

启动图 5-37 左下部 6A 送风机润滑“油箱”内数字 1 标注的油箱电加热器。

点击图 5-37 中数字 2 标注的【联锁】按钮，投入润滑油箱电加热器联锁。

等待润滑油箱中油温达到正常工作范围后，启动图 5-37 中数字 3 标注的“A 送风机 A 油泵”。

等待润滑油路油压稳定后，点击图 5-37 中数字 4 标注的【联锁】按钮，投入润滑油泵联锁。

采用与上述相同的操作方法，将 6B 送风机润滑油系统投入。

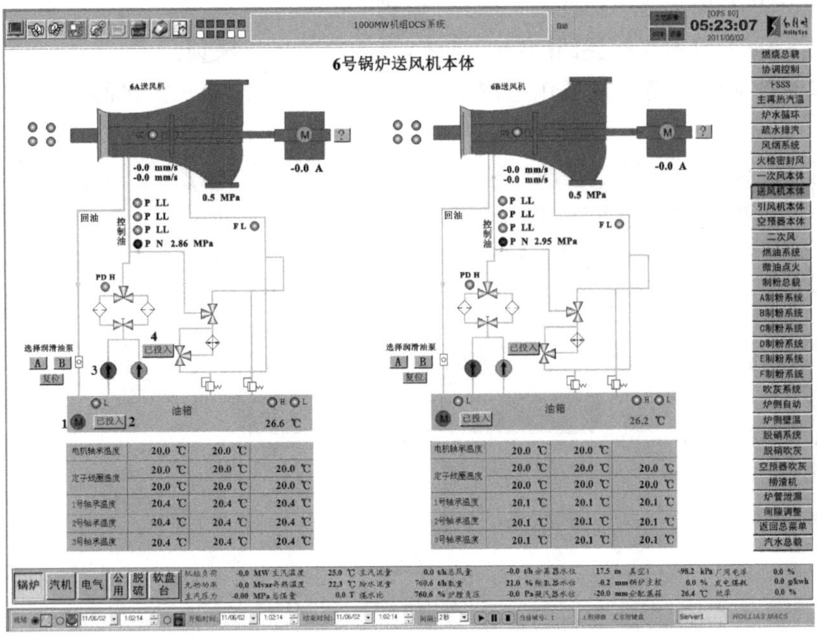

图 5-37　送风机本体 2

(3) 在“锅炉主菜单”中点击<引风机>菜单项，进入“引风机本体”界面，如图 5-38 所示。

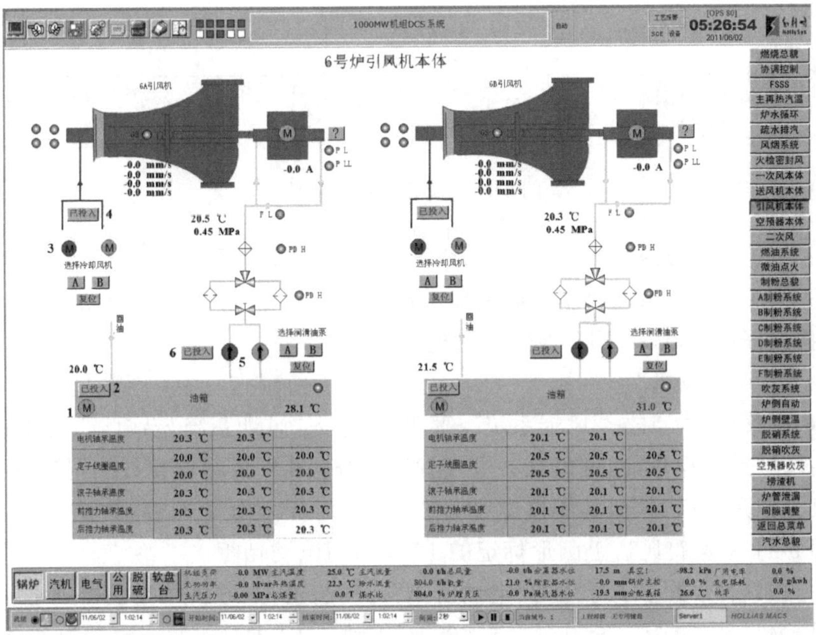

图 5-38　引风机本体 2

启动图 5-38 左下部 6A 引风机润滑“油箱”内数字 1 标注的润滑油箱电加热器。

点击图 5-38 中数字 2 标注的【联锁】按钮，投入润滑油箱电加热器联锁。

启动图 5-38 左侧数字 3 标注的“A 冷却风机”。

点击图 5-38 中数字 4 标注的【联锁】按钮，投入冷却风机联锁。

待润滑油箱油温达到正常工作范围后，启动图 5-38 中数字 5 标注的“A 引风机润滑油泵”。

待润滑油路油压稳定后，点击图 5-38 中数字 6 标注的【联锁】按钮，投入润滑油泵联锁。

采用与上述相的同操作方法，将 6B 引风机润滑油系统投入。

(4) 进入仿真系统 3 号域主菜单界面，如图 3-8 所示。点击图 3-8 中＜脱硫主菜单＞菜单项，进入“脱硫本体主菜单”界面，如图 5-39 所示。

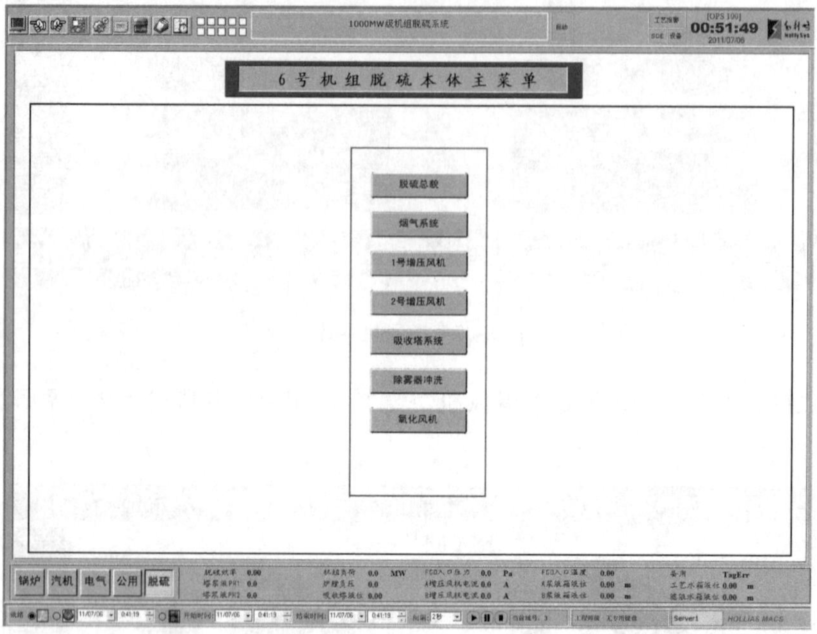

图 5-39　脱硫本体主菜单

点击图 5-39 中＜脱硫总貌＞菜单项，进入“脱硫总貌图”界面，如图 5-40 所示。

点击图 5-40 左上部引风机至吸收塔风道内椭圆形标记的 6 号 FGD 增压风机旁路挡板门 A，手动挡板开度 100％(FGD 即烟气脱硫)。

(5) 启动“6A 引风机”。

在“锅炉主菜单”中点击＜风烟系统＞菜单项，进入“风烟系统”界面，如图 5-41 所示。

注意在风烟系统操作前，可以先去电气就地系统“6 kV 厂用电接线图”界面(图 3-25)检查各个风机设备是否已通电，具体操作参考第 3 章 3.4 节中相关内容。

打开图 5-41 中各路风道上圆形标记的 10 个风门电动挡板。

启动图 5-41 上方数字 1 标注的“空预器 A”传动装置“主电机”，空预器 A 投入使用。

启动图 5-41 下方数字 2 标注的“空预器 B”传动装置“主电机”，空预器 B 投入使用。

点击图 5-41 左上部数字 3 标注的“6A 送风机”动叶调节手操器，手动阀门开度 100％。

点击图 5-41 左中部数字 4 标注的“6B 引风机”入口静叶手操器，手动阀门开度 100％。

点击图 5-41 左下部数字 5 标注的“6B 送风机”动叶调节手操器，手动阀门开度 100％。

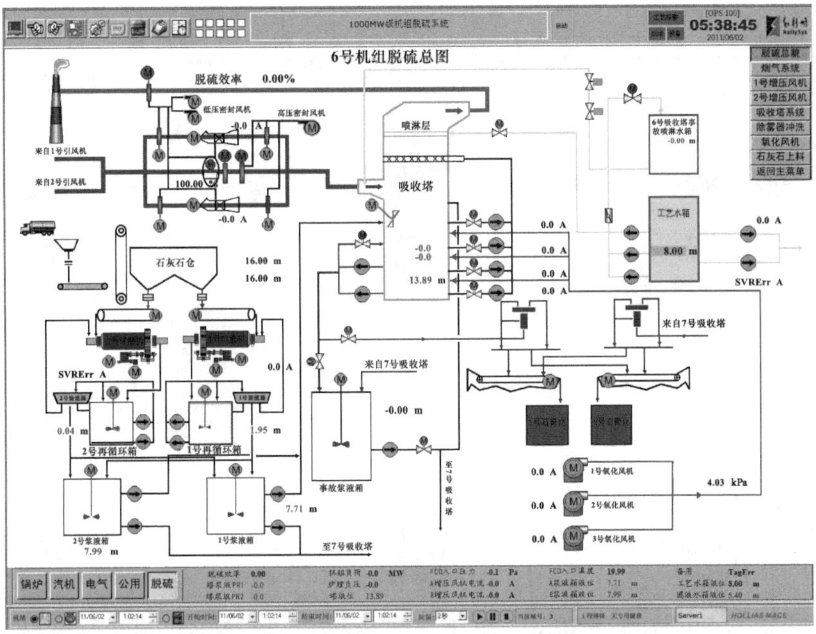

图 5-40　脱硫总图

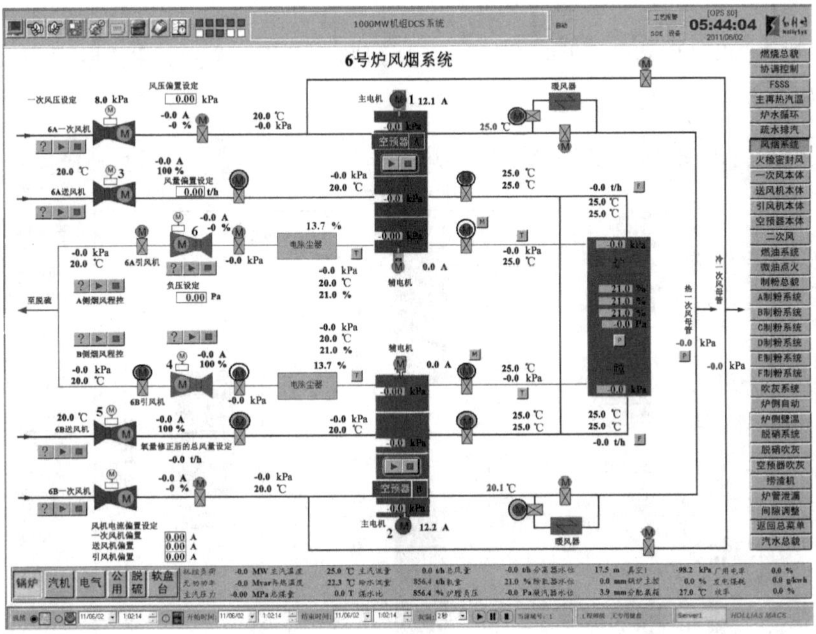

图 5-41　风烟系统 1

点击图 5-41 左中部数字 6 标注的“6A 引风机”入口静叶手操器，手动阀门开度 0%。

启动图 5-41 中数字 6 标注下面的“6A 引风机”。

在 6A 引风机启动过程中，注意观察对比“6A 引风机”和“6B 引风机”，入口静叶手操器阀门的开度变动，前后进、出口电动挡板的开、关变动。“6A 引风机”启动完成后“风烟系统”界面，如图 5-42 所示。

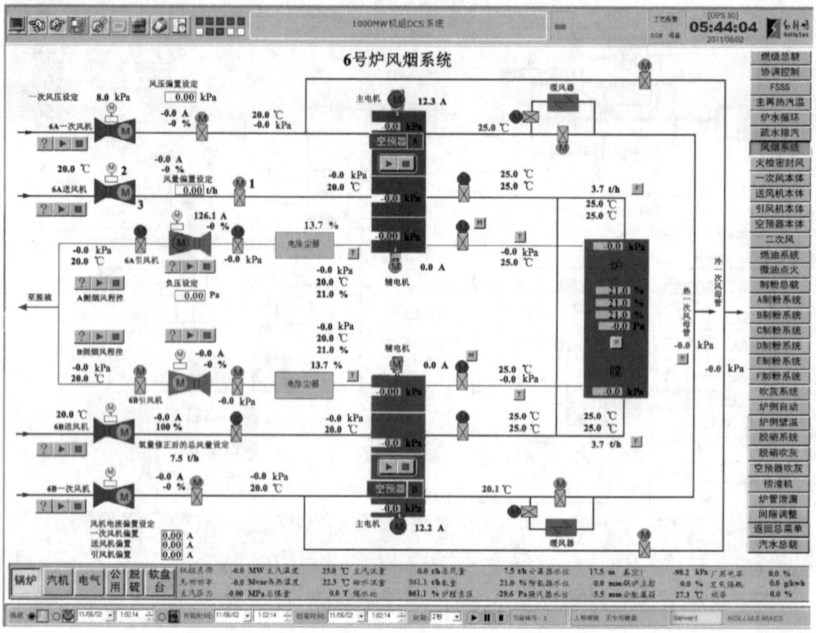

图 5-42　“6A 引风机”启动完成后的风烟系统

“6A 引风机”启动完成后，才能启动“6A 送风机”。当“6A 送风机”启动完成后，“风烟系统”界面如图 5-43 所示。

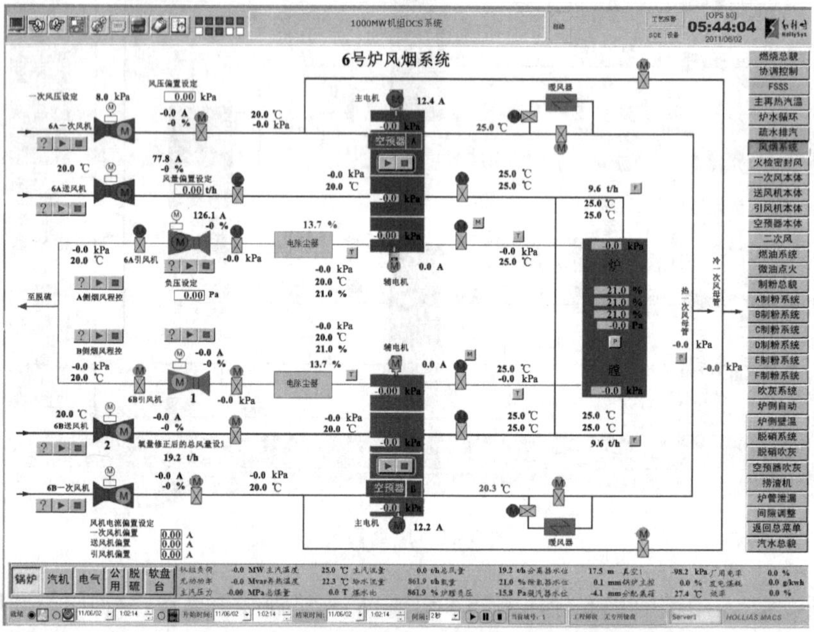

图 5-43　“6A 送风机”启动完成后的风烟系统

(6) 启动“6A 送风机”。

关闭图 5-42 左上部数字 1 标注的“6A 送风机”出口电动挡板。

点击图 5-42 中数字 2 标注的“6A 送风机”动叶调节手操器，手动阀门开度 0%。

启动图 5-42 中数字 3 标注的“6A 送风机”。

同样，观察对比“6A 送风机”和“6B 送风机”动叶调节手操器阀门开度的变动情况以及出口电动挡板的开、关变动情况。

(7) 启动“6B 引风机”和“6B 送风机”。

先启动图 5-43 左中部数字 1 标注的“6B 引风机”。

再启动图 5-43 左下部数字 2 标注的“6B 送风机”。

(8) “6B 引风机”和“6B 送风机”启动完成后的“风烟系统”界面如图 5-44 所示。

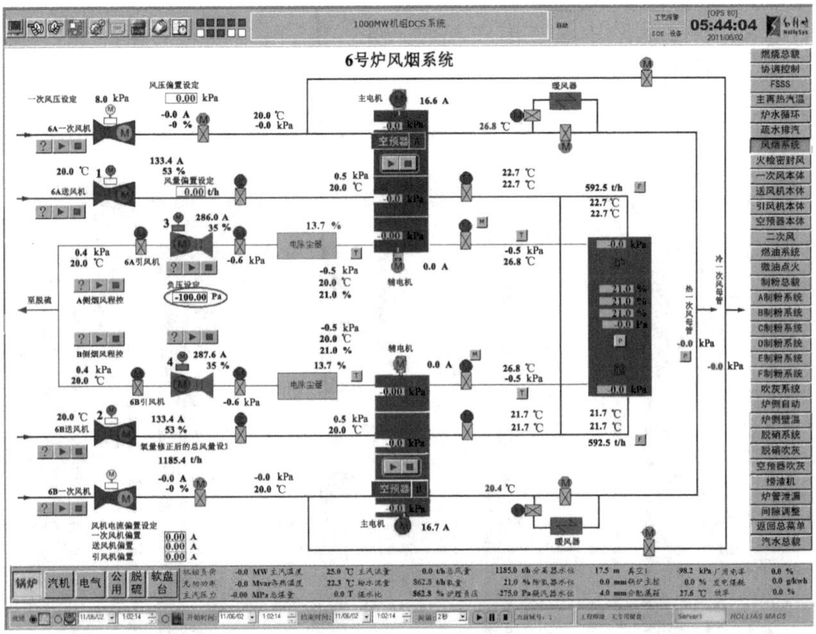

图 5-44　“6B 引风机”和“6B 送风机”启动完成后的风烟系统

点击图 5-44 左上部数字 1 标注的“6A 送风机”动叶调节手操器，手动阀门开度 53%。

点击图 5-44 左下部数字 2 标注的“6B 送风机”动叶调节手操器，手动阀门开度 53%。

点击图 5-44 左中部数字 3 标注的“6A 引风机”入口静叶手操器，手动阀门开度 36%。

点击图 5-44 左中部数字 4 标注的“6B 引风机”入口静叶手操器手动阀门开度 36%。

待风机参数稳定后，将图 5-44 中数字 3 标注的“6A 引风机”入口静叶手操器投入自动状态。

将图 5-44 中数字 4 标注的“6B 引风机”入口静叶手操器投入自动状态。

点击图 5-44 左中部椭圆形标记的“负压设定”设置框，将“炉膛”负压参数设置为－100 Pa。

第 6 章　机组锅炉点火及升温升压

机组从冷态状态到锅炉准备点火前，需要事先进行锅炉本体疏水与对空排汽、启动引风机和一次风机、调配风烟系统等一系列操作。并且在上述准备工作完成后，锅炉正式点火前，还必须要经过炉膛吹扫和燃油泄漏试验，待两者条件满足后，才能开始锅炉点火。

6.1　炉膛吹扫

(1) 在“锅炉主菜单”中点击<二次风>菜单项，进入“二次风”界面，如图 6-1 所示。

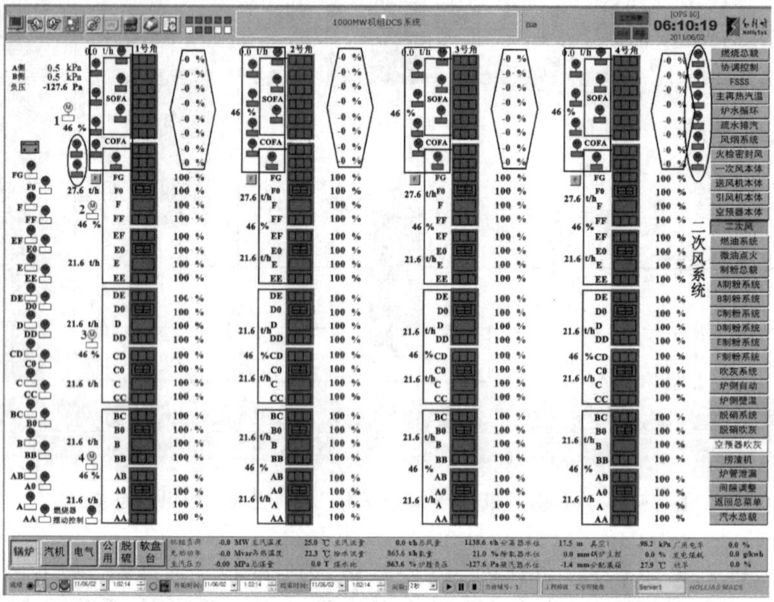

图 6-1　二次风

点击图 6-1 上方长方形标记的 1、2、3、4 号角的 4 组电动挡板调节手操器(各有 6 个 SOFA 挡板和 2 个 COFA 挡板)，投入自动状态，其控制目标设置为 0。

点击图 6-1 左上部和右上部椭圆形标记的 2 组电动挡板组操(左上部是 2 个 COFA 组操，右上部是 6 个 SOFA 组操)，投入自动状态，其控制目标设置为－10。

点击图 6-1 左侧数字 1、2、3、4 标注的摆角控制手操器，手动设置摆角 46％。

待上述各个风门挡板手操器设置完毕后，风门挡板位置进入自动调节状态。调节完成后，图 6-1 中上方六边形标记的 1、2、3、4 号角的 4 组燃尽风门位置全部归为 0％。

(2) 在“锅炉主菜单”中点击<FSSS>菜单项，进入“FSSS”界面，如图 6-2 所示。

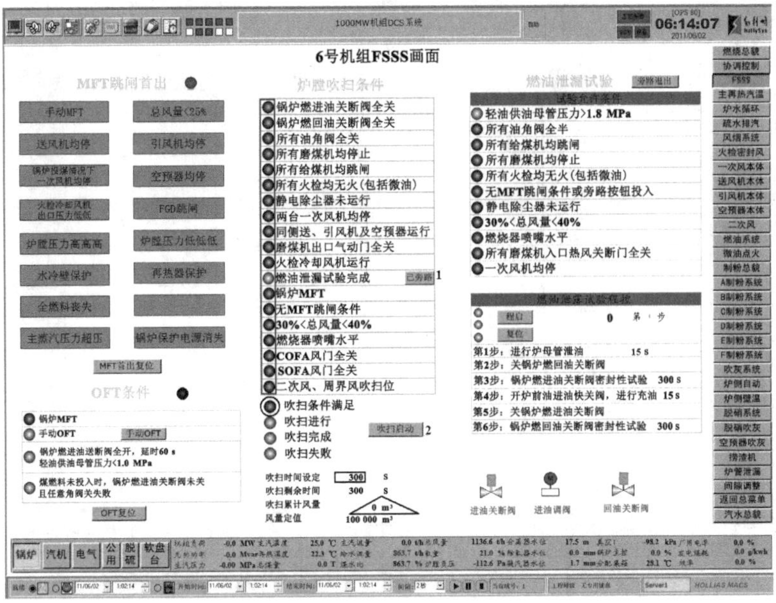

图 6-2　FSSS 画面 1

点击图 6-2 中间数字 1 标注的【旁路】按钮，先跳过旁路燃油泄漏试验。

图 6-2 中间长方形标记的“炉膛吹扫项条件”中，除“燃油泄漏试验完成”项外，其余项应全部满足要求，即对应指示灯绿灯亮。

图 6-2 中下部圆形标记的“吹扫条件满足”指示灯绿灯亮，可以开始炉膛吹扫。

点击图 6-2 中数字 2 标注的【吹扫启动】按钮，开始炉膛吹扫。

在炉膛吹扫过程中，下方三角形标记的“吹扫累计风量”逐渐增加。

当“吹扫时间”超过 300 s，并且“吹扫累计风量”达到 100 000 m^3 后，吹扫过程完成。

吹扫完成后，图 6-2 下方“吹扫完成”指示灯绿灯亮；左上部“MFT 跳闸首出”指示灯红灯灭；左下部“OFT 条件”指示灯红灯灭(MFT 即主燃料跳闸)。

6.2　燃油泄漏试验

(1) 在“锅炉主菜单”中点击<燃油系统>菜单项，进入“燃油系统”界面，如图 6-3 所示。

打开图 6-3 上方数字 1 标注的供油关断阀。

打开图 6-3 中数字 2 标注的回油关断阀。

点击图 6-3 中数字 3 标注的供油气动调节阀手操器，手动阀门开度 100%。等待阀门实际开度达到 100%后，将其投入自动状态。

(2) 在“锅炉主菜单”中点击<FSSS>菜单项，进入“FSSS 画面”界面，如图 6-4 所示。

确认图 6-4 右上部长方形标记的“燃油泄漏试验”各项条件全部达到满足，即全部指示灯绿灯亮，然后才能开始燃油泄漏试验。

点击图 6-4 右侧“燃油泄漏试验程控”下方数字 1 标注的【程启】按钮，开始燃油泄漏试验。

燃油泄漏试验开始后，将按其下方标注的步骤逐步依次自动进行试验。

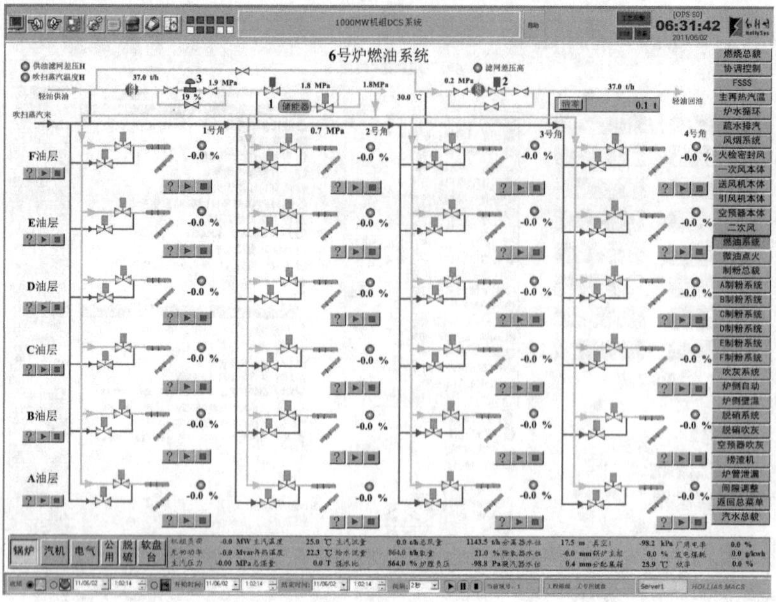

图 6-3　燃油系统

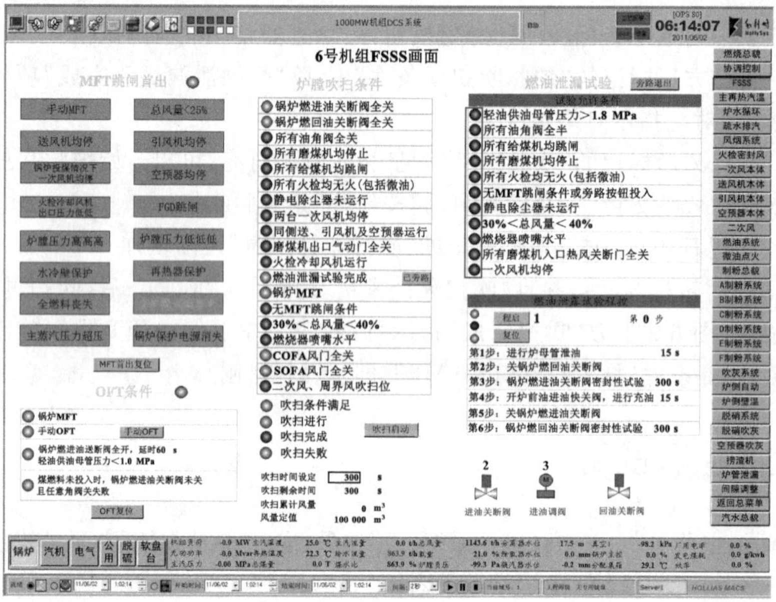

图 6-4　FSSS 画面 2

燃油泄漏试验完成后，打开图 6-4 右下部数字 2 标注的“进油关断阀”。

点击图 6-4 中数字 3 标注的“进油调阀”，将其投入自动状态。

6.3　锅炉本体疏水与对空排汽

(1) 在“锅炉主菜单”中点击＜锅炉疏水＞菜单项，进入“疏水排汽”界面，如图 6-5 所示。

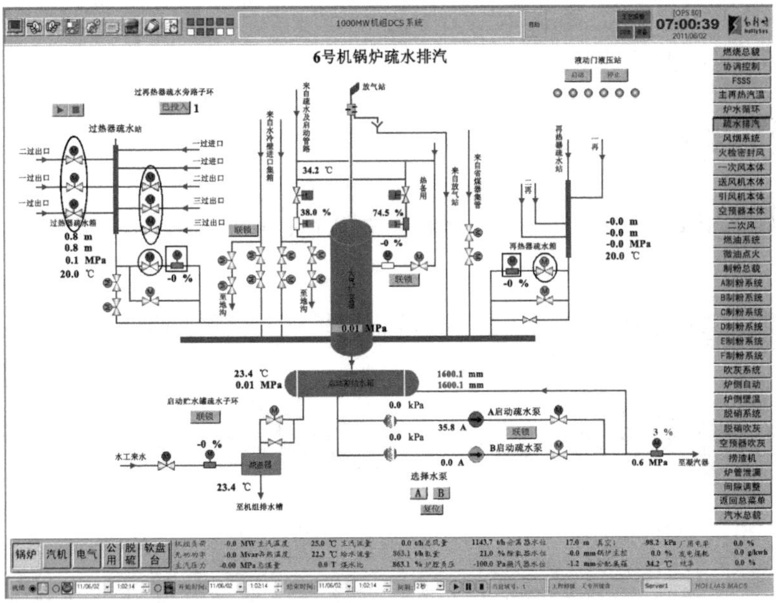

图 6-5　疏水排汽

打开图 6-5 中各疏水管道上椭圆形标记的 8 个疏水电动门(注意图 6-5 中右侧椭圆形标记的电动门操作后颜色不变)。

点击图 6-5 中部方框形标记的 2 个疏水箱水位电动调节手操器,投入自动状态。

点击图 6-5 左上部数字 1 标注的【联锁】按钮,投入过再热器疏水旁路子环联锁。

(2) 在“锅炉就地主菜单”中点击＜疏水排汽就地＞菜单项,进入“疏水就地系统”界面,如图 6-6 所示。

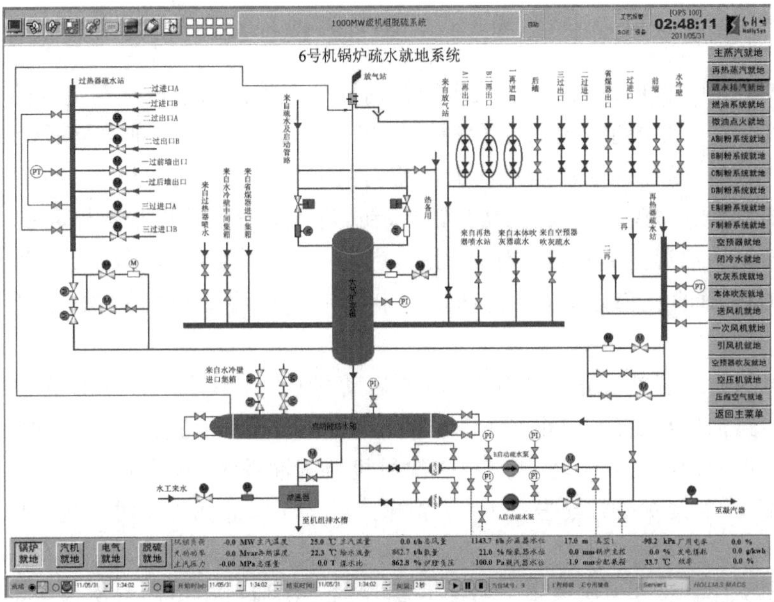

图 6-6　疏水就地系统 4

打开图 6-6 上中部“A 二再出口”、“B 二再出口”和“一再进口”至“大气扩容器”疏水管路上椭圆形标记的 3 路手动就地阀门。

6.4 一次风机启动

(1) 在“锅炉主菜单”中点击＜一次风机＞菜单项，进入“一次风机本体”界面，如图 6-7 所示。

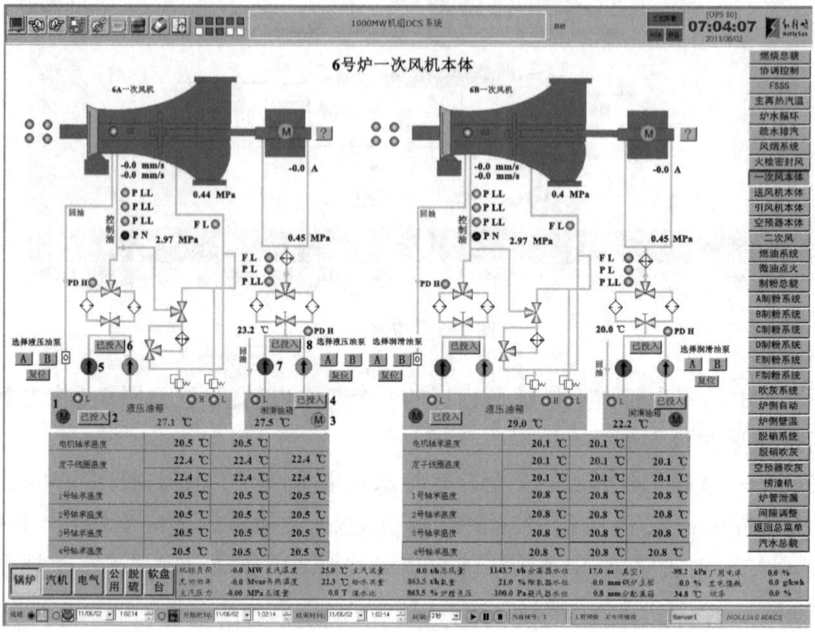

图 6-7 一次风机本体 2

启动图 6-7 左中部 6A 一次风机液压油箱内数字 1 标注的液压油箱电加热器。

点击图 6-7 左中部数字 2 标注的【联锁】按钮，投入液压油箱电加热器联锁。

启动图 6-7 左中部 6A 一次风机润滑油箱内数字 3 标注的电加热器。

点击图 6-7 左中部数字 4 标注的【联锁】按钮，投入润滑油箱电加热器联锁。

待液压油箱中油温达到正常工作范围后，启动图 6-7 中数字 5 标注的 A 液压油泵。

待液压油路中油压稳定后，点击图 6-7 中数字 6 标注的【联锁】按钮，投入液压油泵联锁。

待润滑油箱中油温达到正常工作范围后，启动图 6-7 中数字 7 标注的 A 润滑油泵。

待润滑油路油压稳定后，点击图 6-7 中数字 8 标注的【联锁】按钮，投入润滑油泵联锁。

采用与上述相同的操作方法，将 6B 一次风机液压油系统、润滑油系统投入。

(2) 在“锅炉主菜单”中点击＜风烟系统＞菜单项，进入“风烟系统”界面，如图 6-8 所示。

打开图 6-8 右上部冷一次风道上数字 1 标注的一次风机出口冷一次风电动挡板。

打开图 6-8 右下部冷一次风道上数字 2 标注的一次风机出口冷一次风电动挡板。

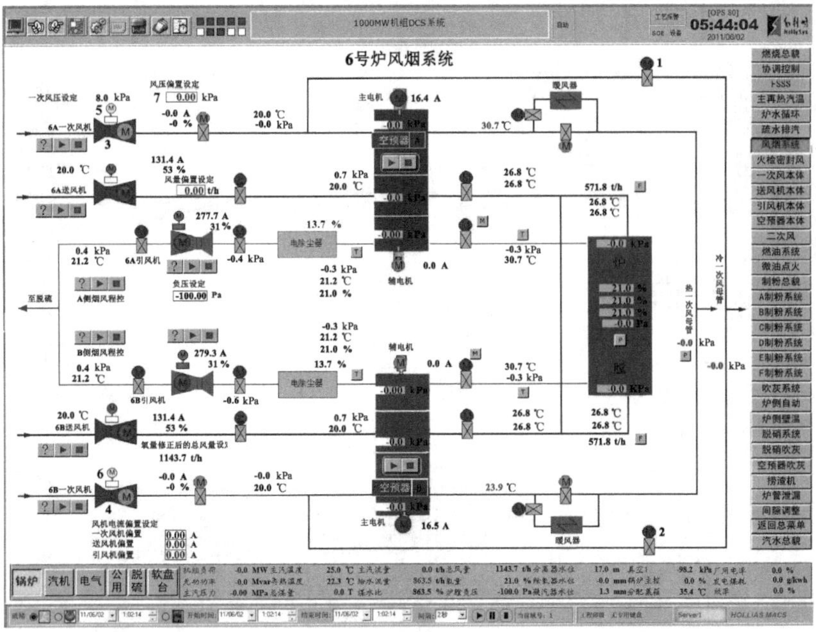

图 6-8　风烟系统 2

注意一次风机启动前，其动叶调节手操器和出口电动挡板必须处于关闭状态。

启动图 6-8 左上部数字 3 标注的“6A 一次风机”。

启动图 6-8 左下部数字 4 标注的“6B 一次风机”。

(3) “6A 一次风机”和“6B 一次风机”启动后，进行如下操作。

点击图 6-8 左上部数字 5 标注的“6A 一次风机”动叶调节手操器，投入自动状态。

点击图 6-8 左下部数字 6 标注的“6B 一次风机”动叶调节手操器，投入自动状态。

点击图 6-8 左上部数字 7 标注的“风压偏置设定”设置框，设置风压偏置参数为 2.5 kPa。

6.5　微油点火

(1) 在“锅炉主菜单”中点击<B 制粉系统>菜单项，进入“B 制粉系统”界面，如图 6-9 所示。

启动图 6-9 左下部“B 磨润滑油箱”内数字 1 标注的润滑油箱电加热器。

点击图 6-9 中数字 2 标注的【联锁】按钮，投入润滑油箱电加热器联锁。

待图 6-9 中椭圆形标记的油温正常后，启动“B 磨润滑油箱”上方数字 3 标注的润滑油泵。

(2) 点击图 6-9 中间数字 4 标注的【层操打开】按钮，打开其旁边六角形标记的 B 磨煤机出口 1～4 号角气动门。

打开图 6-9 右侧“冷一次风来”风道上数字 5 标注的 B 磨煤机进口冷风气动闸板门。

点击图 6-9 中数字 6 标注的 B 磨煤机进口冷风电动调节手操器，手动逐渐增大手操器阀门开度，将图 6-9 中长方形标记的 B 磨煤机入口一次风量，增大至 50 t/h 以上。

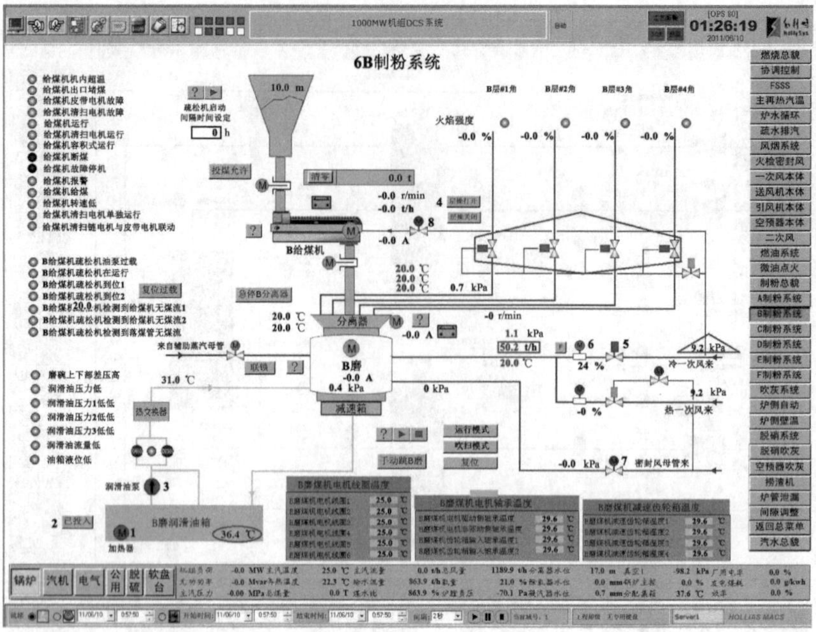

图 6-9　B 制粉系统 1

注意增大风量时，不要让图 6-9 中三角形标记的冷一次风母管风压降低到 7 kPa 以下。

(3) 打开图 6-9 右下部“密封风母管来”风道上数字 7 标注的磨煤机密封风电动门。

打开图 6-9 中间数字 8 标注的 B 给煤机密封风电动门。

(4) 在“锅炉主菜单”中点击＜微油点火＞菜单项，进入“微油点火系统”界面，如图 6-10 所示。

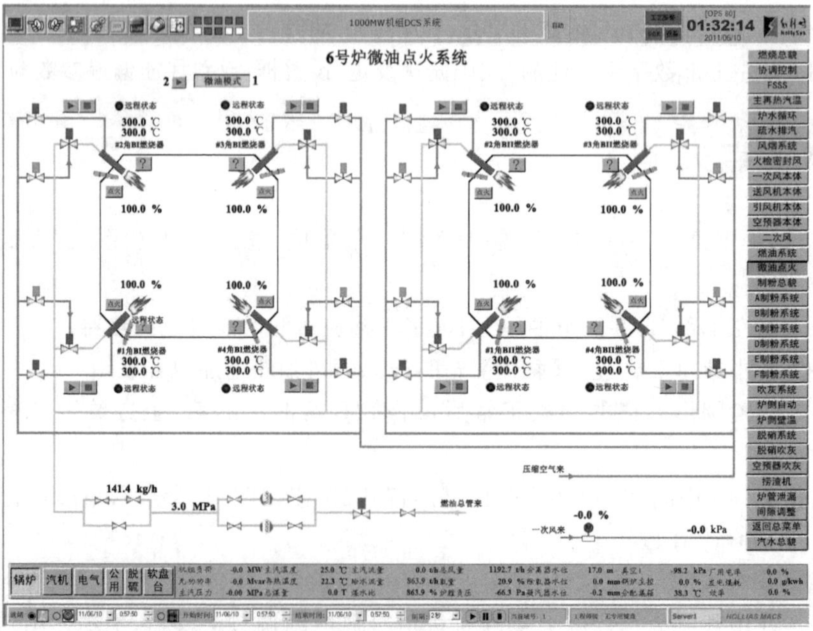

图 6-10　微油点火系统 2

点击图 6-10 左上部数字 1 标注的【微油模式】按钮，投入 B 磨煤机微油模式。

点击图 6-10 中数字 2 标注的【▶】程控按钮，打开微油燃烧器二级面板，如图 6-11 所示。

点击图 6-11 中数字 1 标注的【程启】按钮，开始微油燃烧器程控启动。

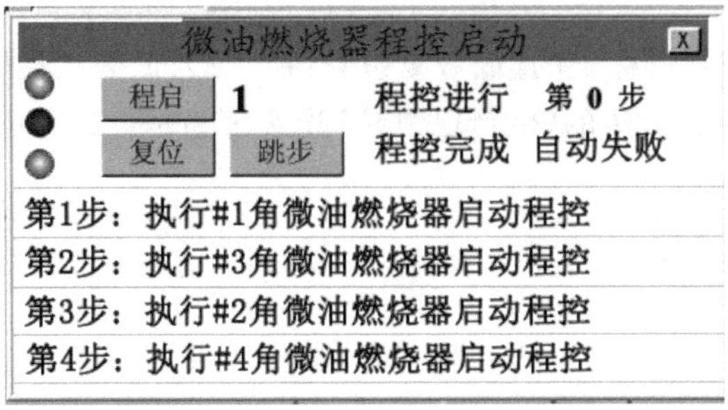

图 6-11　微油燃烧器程控启动二级面板

在微油燃烧器程控启动过程中，将按图 6-11 中标注的步骤逐步依次自动进行试验。

待程启完成后，“微油点火系统”界面（图 6-10）中 BⅠ、BⅡ 燃烧层内呈对角分布的 ♯1 角～♯4 角燃烧器火焰全部点燃。

6.6　汽机旁路系统投入

在“汽机主菜单”中点击＜汽机旁路＞菜单项，进入“旁路系统”界面，如图 6-12 所示。

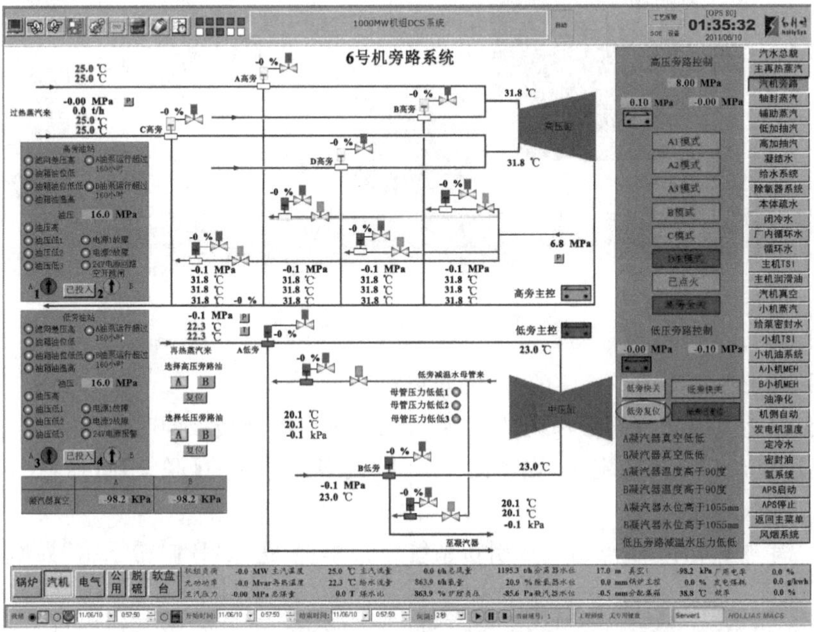

图 6-12　旁路系统 1

启动图 6-12 左侧“高旁油站”内数字 1 标注的高旁油站 A 油泵。

待高旁油站油压达到 16 MPa 并稳定后，点击图 6-12 中数字 2 标注的【联锁】按钮，投入高旁油站油泵子环联锁。

启动图 6-12 左侧“低旁油站”内数字 3 标注的低旁油站 A 油泵。

待低旁油站油压达到 16 MPa 并稳定后，点击图 6-12 中数字 4 标注的【联锁】按钮，投入低旁油站油泵子环联锁。

点击图 6-12 右侧椭圆形标记的【低旁复位】按钮，投入低旁主控联锁。

低旁主控联锁投入后，旁边的“低旁已复位”光字牌指示灯红灯亮。

6.7 B 制粉系统投入

（1）在“锅炉主菜单”中点击＜火检密封风系统＞项，进入“火检密封风系统”界面，如图 6-13 所示。

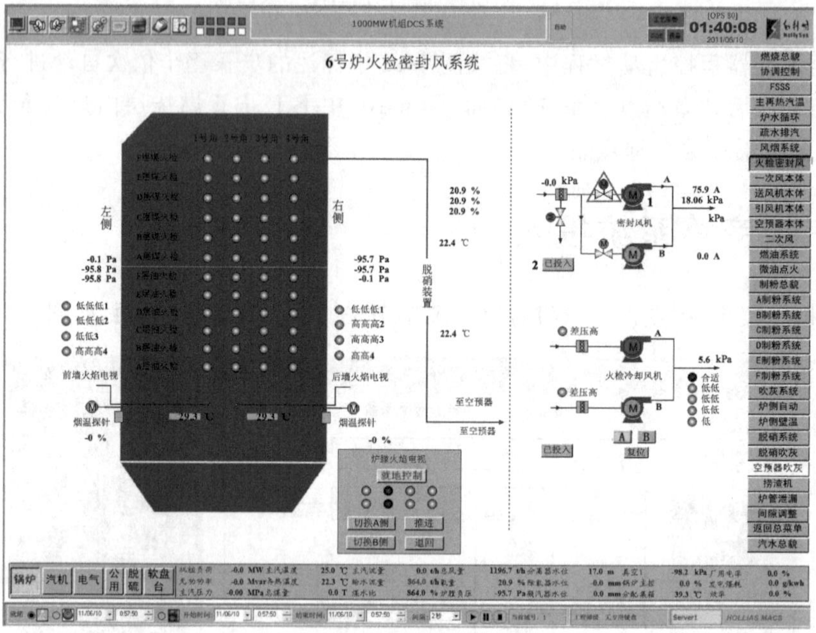

图 6-13　火检密封风系统 2

启动图 6-13 右侧数字 1 标注的“A 密封风机”。

风机启动后，其左边三角形标记的 A 密封风机进口电动挡板同时自动联开。

待密封风机出口风压稳定后，点击图 6-13 中数字 2 标注的【联锁】按钮，投入密封风机联锁。

（2）在“锅炉主菜单”中点击＜B 制粉系统＞菜单项，进入“B 制粉系统”界面，如图 6-14 所示。

启动图 6-14 中间数字 1 标注的磨煤机出口旋转分离器电机，将分离器投入运行。

点击图 6-14 中“B 磨”左边菱形标记的【?】查询按钮，查看磨煤机启动条件状态。若其启动允许条件均满足，则启动图 6-14 中数字 2 标注的 B 磨煤机，将磨煤机投入运行。

打开图 6-14 中间“B 给煤机”下方数字 3 标注的给煤机出口电动闸板门。

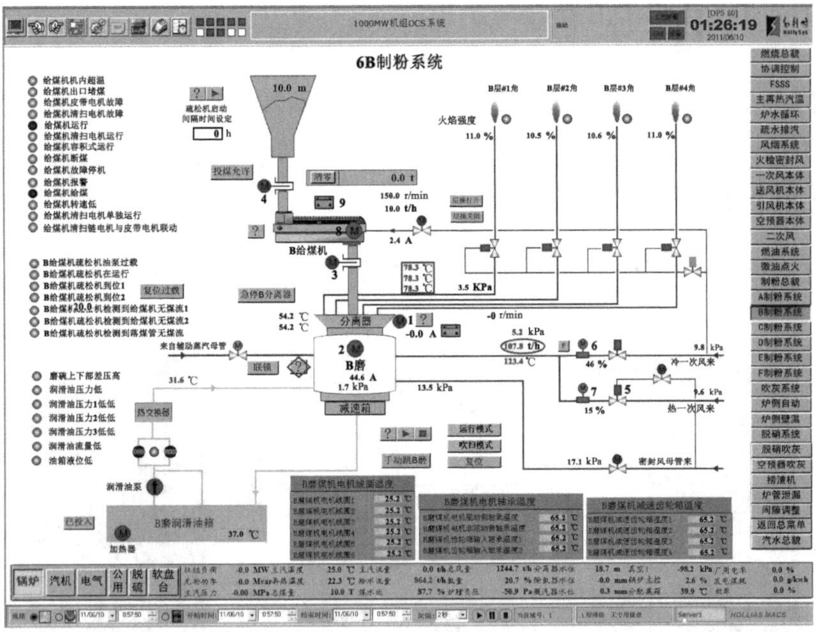

图 6-14　B 制粉系统 2

打开图 6-14 中间“B 给煤机”上方数字 4 标注的给煤机进口电动闸板门。

(3) 打开图 6-14 中数字 5 标注的 B 磨煤机进口热风气动闸板门。

点击图 6-14 中数字 6 标注的 B 磨煤机进口冷风电动手操器，手动增大手操器阀门开度。

点击图 6-14 中数字 7 标注的 B 磨煤机进口热风电动手操器，手动增大手操器阀门开度。

在风量增大过程中，不要让冷、热一次风母管风压降低到正常范围外(参数显红色)。

风量调整的目标：图 6-14 中间长方形标记的磨煤机出口温度升到 60 ℃以上；椭圆形标记的磨煤机入口一次风量增到 110 t/h 以上。

建议将图 6-14 中数字 6 标注的冷风电动调节手操器开度调整至 46%左右；数字 7 标注的热风电动调节手操器开度调整至 15%左右。

(4) 待风量调整目标达到后，点击图 6-14 中间“B 给煤机”上方数字 9 标注的 B 给煤机给煤率手操器，手动设置初始给煤量 10 t/h。

启动图 6-14 中数字 8 标注的“B 给煤机”，将给煤机投入运行，B 磨实现点火。

将图 6-14 中数字 6 标注的冷风调节手操器投入自动，将其控制目标磨煤机出口温度设置为 72 ℃。

将图 6-14 中数字 7 标注的热风电动调节手操器投入自动状态，将其控制目标磨煤机入口一次风量偏差(与设定风量 110 t/h 的差值)设置为 0。

此后，逐步调整图 6-14 中数字 9 标注的给煤率手操器指令，B 磨给煤量缓慢升至 30 t/h。

6.8 锅炉升温升压

本仿真机组冲转条件：主蒸汽压力为 8.5 MPa；主蒸汽温度为 400 ℃；再热蒸汽温度为 380 ℃。

6.8.1 汽机旁路调节

(1) 在“汽机主菜单”中点击＜汽机旁路＞菜单项，进入“旁路系统”界面，如图 6-15 所示。

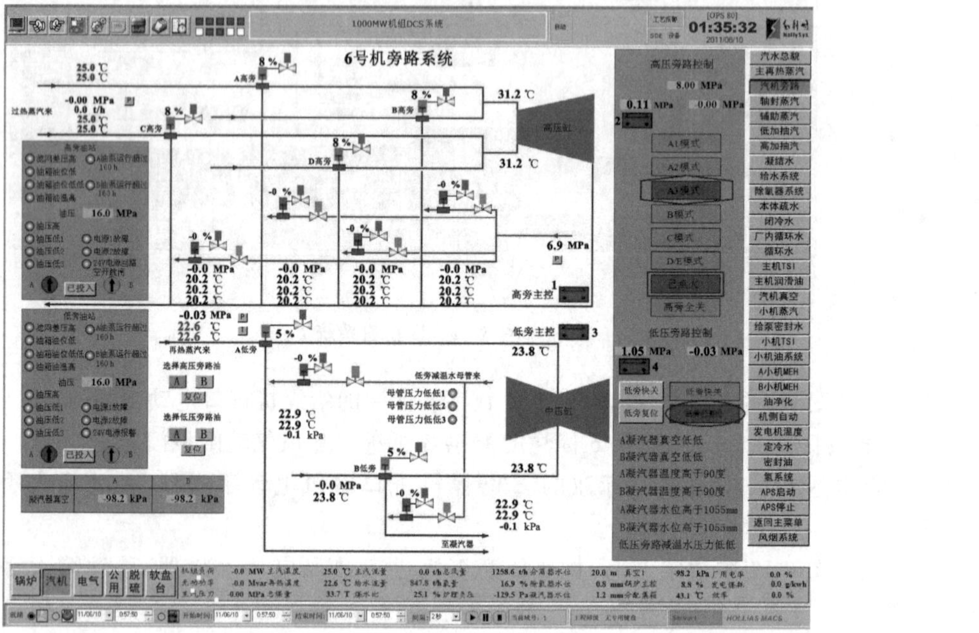

图 6-15　旁路系统 2

待锅炉点火后，随着给煤量和给水量的增加，蒸汽压力和温度升高，各用汽设备的用汽量和疏水量亦增大，高、低压旁路将逐步投入。其结果反映在锅炉方面，就是给煤量的增加提高以及风烟量、炉膛负压和烟气含氧量的变化；反映在汽机方面，就是给水量和凝结水量的增加提高以及分离器储水箱、除氧器和凝汽器水位的变化；反映在机组方面，就是煤水比的变化。

在机组仿真操作中，要加强关注并及时调整机组运行中的相关参数，其常用参数值显示在操作界面下方的参数显示栏中；需要重点关注和调整主蒸汽压力和温度、再热蒸汽温度、给水流量、给煤量、煤水比、烟气含氧量、分离器水位、除氧器水位、凝汽器水位等，其中特别要注意的是维持分离器水位、除氧器水位以及凝汽器水位稳定。

锅炉点火后，图 6-15 中右侧长方形标记的“已点火”光字牌指示灯红灯亮。

锅炉点火 12 min 后，图中“A2 模式”光字牌指示灯红灯亮，高压旁路进入 A2 模式。

高压旁路进入 A2 模式 2～10 min 后或主蒸汽压力大于计算冲转压力时，图 6-15 中六边形标记的“A3 模式”光字牌指示灯红灯亮，高压旁路进入 A3 模式。

A3 模式正常状态下，图 6-15 右中部数字 1 标注的“高旁主控”压力调节手操器进入自动状态。右上部数字 2 标注的高旁主控压力设定手操器进入自动状态。右侧椭圆形标记的“低旁已复位”光字牌指示灯红灯亮。右中部数字 3 标注的“低旁主控”压力调节手操器，进入自动状态。数字 4 标注的“低旁主控”压力设定手操器进入自动状态。随后，高压旁路将根据主蒸汽流量、汽水分离器内外壁温差以及主蒸汽压力，确定升、降压速度等参数，将主蒸汽压力逐步带到冲转压力。

6.8.2　停止锅炉疏水排汽

当机组主蒸汽压力达到 0.2 MPa 以上时(参见仿真系统操作界面下部的参数显示栏)，在“锅炉就地主菜单”中点击＜疏水排汽就地＞菜单项，进入“疏水就地系统”界面，如图 6-16 所示。

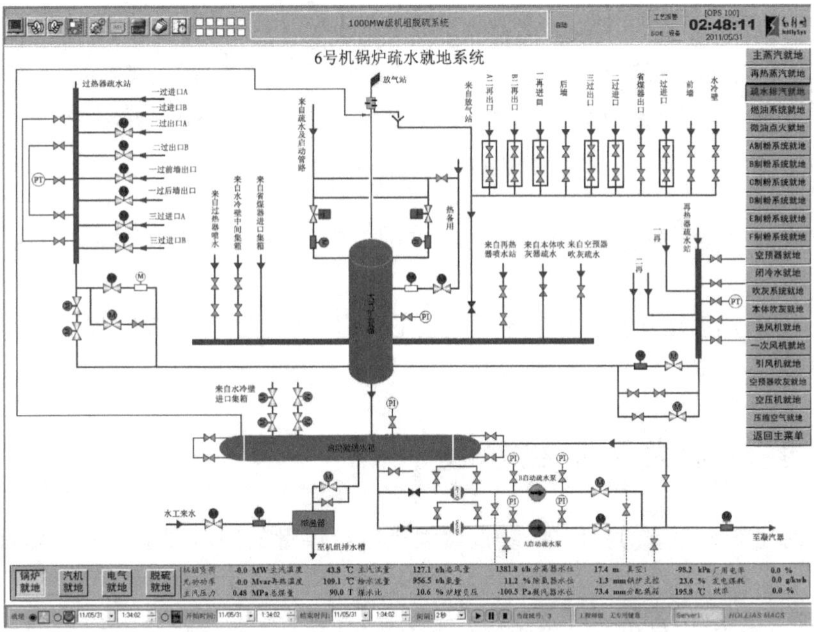

图 6-16　疏水就地系统 5

关闭图 6-16 右上部长方形标记的全部疏水就地手动阀门，停止锅炉疏水排汽。

6.8.3　缓慢增大机组给煤量

在锅炉主菜单中点击＜B 制粉系统＞菜单项，进入“B 制粉系统”界面，参见图 6-14。

点击图 6-14 中间“B 给煤机”上方数字 9 标注的给煤率手操器，缓慢增大给煤量。

当 B 磨给煤量达到 45 t/h 以上时，可以投入 C 磨。

在“锅炉主菜单”中点击＜C 制粉系统＞菜单项，进入“C 制粉系统”界面，如图 6-17 所示。

图 6-17 中，按数字 1～17 标注的操作顺序(数字 6、数字 14 标注的是同一设备，用于区

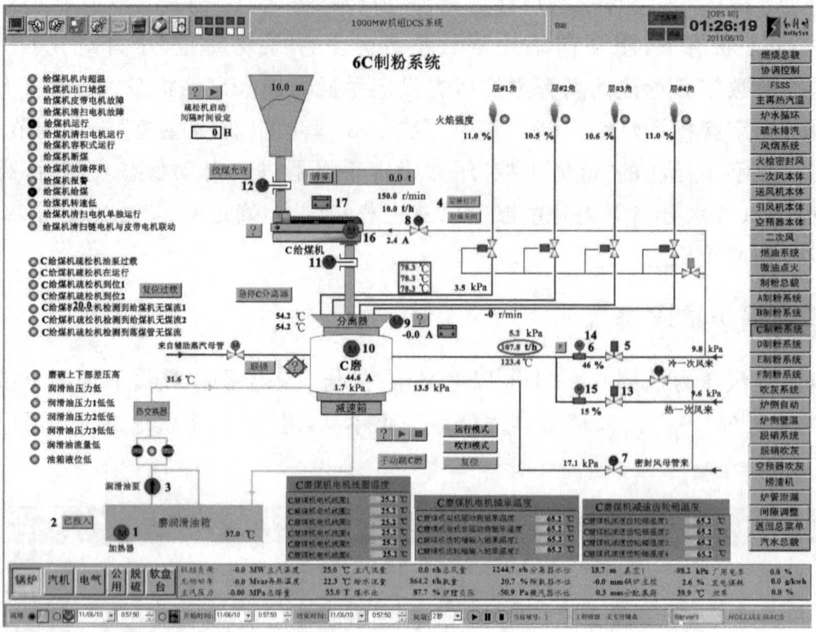

图 6-17　C 制粉系统

别其操作顺序)，并参考前述 6.5.1～6.5.3 节和 6.7.2～6.7.4 节中的操作方法，将 C 磨投入运行。

C 磨投入后，继续增加投煤量直至冲转前总煤量(此时为 B 磨和 C 磨投煤量之和)达到 90 t/h 左右。

6.8.4　逐渐增大锅炉给水量

注意在前述 6.8.3 节的操作中，缓慢增大机组给煤量的同时亦应同步逐渐增大机组给水量。

在"汽机主菜单"中点击＜汽水总貌＞菜单项，进入"汽水总貌"界面，如图 6-18 所示。

图 6-18 左上部长方形标记的"一过进口过热"参数即过热度。

图 6-18 左中部椭圆形标记的"分离器储水箱"水位在正常湿态运行时维持在 16～20 m。

图 6-18 右中部五边形标记为"凝汽器"至"除氧器"的凝结水上水量。

图 6-18 左侧菱形标记的"省煤器"出口锅炉给水量在运行中需要维持在正常范围内，即给水量参数值显示为黑色。

图 6-18 右下部三角形标记为"除氧器"至"省煤器"的锅炉给水量。

图 6-18 下方六边形标记的机组煤水比。

增大锅炉给水量时，点击图 6-18 下部数字 1 标注的给水旁路电动调节手操器，手动逐渐增大手操器开度；反之，则减小手操器开度。

在机组运行过程中，注意保证煤水比，使一级过热器进口蒸汽保持微过热状态。

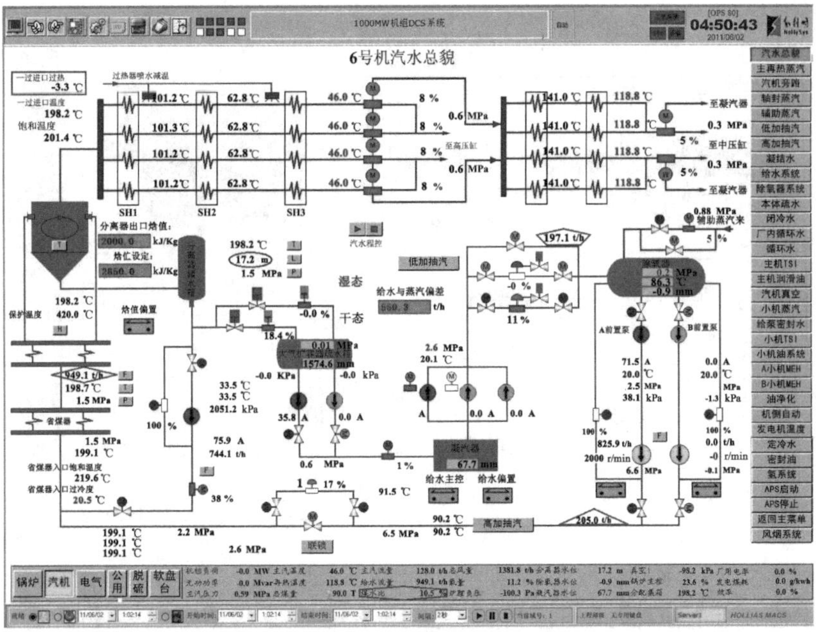

图 6-18　汽水总貌 2

图 6-18 中三角形标记的给水量与五边形标记的凝结水量要保持相对一致，以便维持除氧器水位。

6.8.5　维持凝汽器水位

注意在前述 6.8.4 节逐渐增大机组给水量操作过程中，凝汽器水位亦会有所上升，甚至超出正常范围，需要及时予以调整。

若凝汽器水位超出正常范围时，在“汽机主菜单”中点击<凝结水系统>菜单项，进入“凝结水系统”界面，如图 6-19 所示。

当图 6-19 右侧“凝汽器”热井内长方形标记的“凝汽器水位”超过限制水位(限制水位为 500 mm)时，需要打开凝结水管路中的放水电动阀门进行凝汽器放水。

点击图 6-19 左上部“5 号低加”出口到“至机组排水沟”放水支管路上数字 1 标注的 5 号低加出口电动门前放水电动门，打开放水电动门操作二级面板，如图 6-20 所示。

图 6-20 中：

① 数字 1 标注的【开启】按钮用于开大电动阀门开度，增大放水量。

② 数字 2 标注的【关闭】按钮用于关小电动阀门开度，减小放水量。

③ 数字 3 标注的【中停】按钮暂停阀门开或关动作，维持当前开度，保持放水量固定。

执行放水操作时，以维持凝汽器水位缓慢趋向 0 mm 变动为宜。

若凝汽器水位快速上升，点击【开启】按钮，开大电动阀门开度，增大放水量；当观察到凝汽器水位开始缓慢下降时，点击【中停】按钮，暂停阀门动作，维持当前阀门开度，保持放水量固定不变。

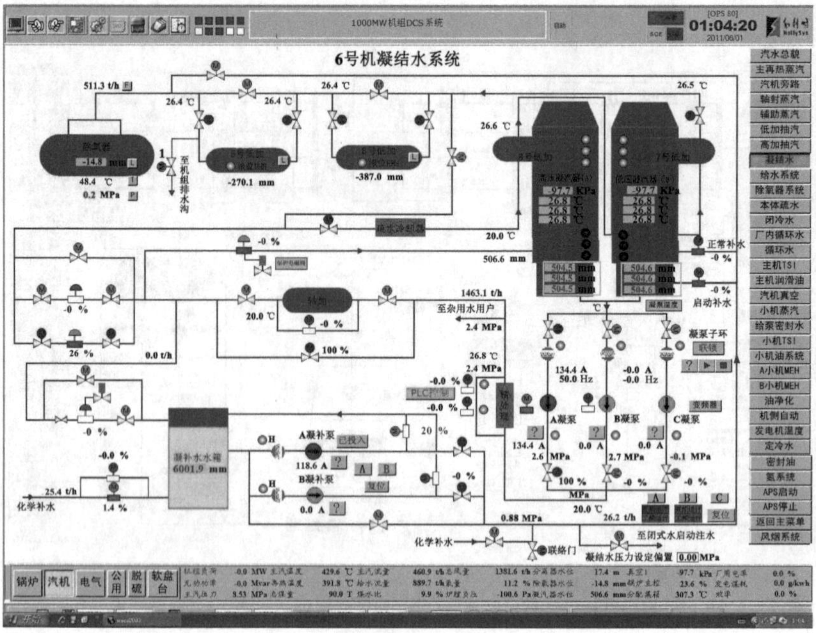

图 6-19　凝结水系统 5

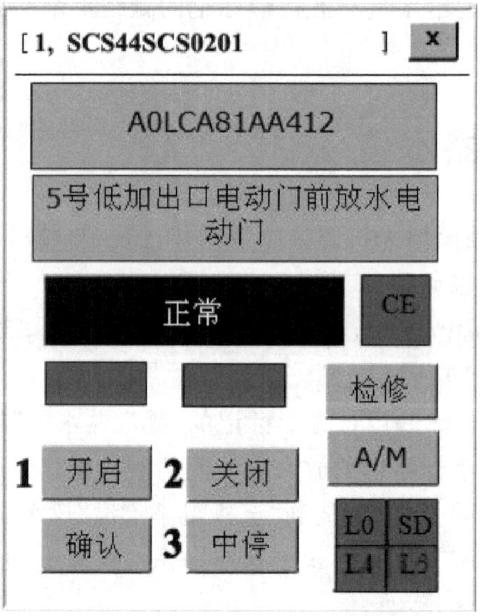

图 6-20　放水电动门操作二级面板

反之，若凝汽器水位快速下降，点击【关闭】按钮，减小放水量，直到水位开始缓慢上升时点击【中停】按钮，保持放水量固定不变。

注意由于开、关放水电动阀门的同时，亦会引起除氧器上水流量和水位的相应变动，要及时调节。

第 7 章　机组汽轮机冲转及并网带初负荷

仿真机组汽轮机冲转前，蒸汽参数应满足主蒸汽压力达到 8.5 MPa，主蒸汽温度达到 400 ℃，再热蒸汽温度达到 380 ℃。

在汽轮机冲转过程中，对于主蒸汽温度与再热蒸汽温度，其温度差应控制在不超过 50 ℃ 范围以内。温度差控制操作方法之一是对主蒸汽和再热蒸汽进行喷水减温，具体操作方法参见第 8 章 8.6.4 节中相关内容。

7.1　DEH 程控启动前准备

(1) 进入仿真系统 3 号域主菜单界面，如图 3-8 所示。

汽轮机冲转程序启动前，可以先进入 DEH 系统的“CONTROL FLUID”界面（图 5-11），检查 EH 油是否已投入，具体操作参考第 5 章 5.6 节。

点击图 3-8 中＜DEH 主画面＞菜单项，进入 DEH 主界面，如图 7-1 所示。

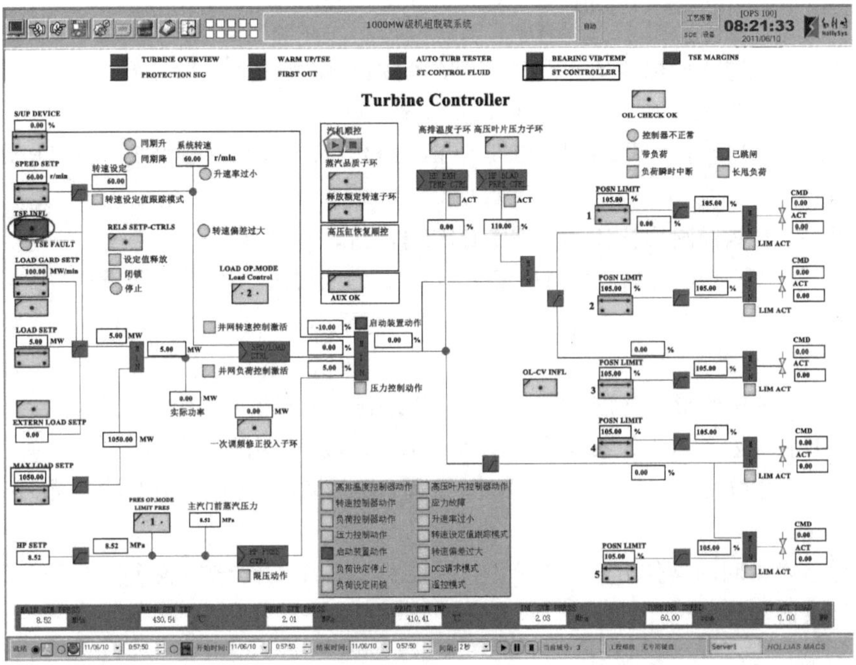

图 7-1　DEH 主界面（或 ST CONTROLLER 1）

点击图 7-1 上方的界面选择＜AUTO TURB TESTER＞项，进入“AUTO TURB TESTER”界面，如图 7-2 所示。

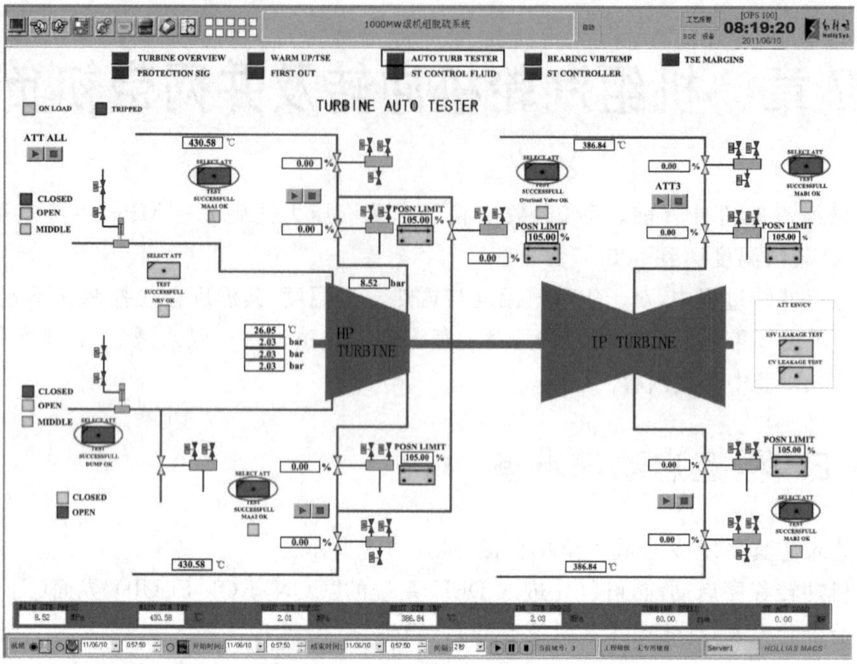

图 7-2　AUTO TURB TESTER

点击图 7-2 中椭圆形标注的 6 个 ATT 试验按钮，将其投入试验联锁。

操作方法可参考第 5 章 5.6.2 节和 5.6.3 节。

(2) 点击图 7-2 上方的界面选择＜ST CONTROLLER＞项，回到“ST CONTROLLER”界面，如图 7-1 所示。

点击图 7-1 左侧椭圆形标注的【TSE_INFL】按钮，投入联锁。

点击图 7-1 左下部长方形标注的【MAX LOAD SETP】按钮，将负荷高限设置为 1 050 MW。

(3) 点击图 7-1 右侧数字 1 标记的“POSN LIMIT”阀限手操器，打开操作二级面板，如图 7-3 所示。

点击图 7-3 中椭圆形标注的数字方框，弹出置数三级面板，如图 7-4 所示。

在图 7-4 中六边形标注的文本框内输入参数 105，设置阀限值为 105%。

注意，对于类似图 7-4 的置数类操作界面，若需输入负值时，先输入数字，再点击负号。

采用与上述相同的操作方法，将图 7-1 中数字 2、3、4、5 标记的各个“POSN LIMIT”阀限手操器阀限值均设置为 105%。

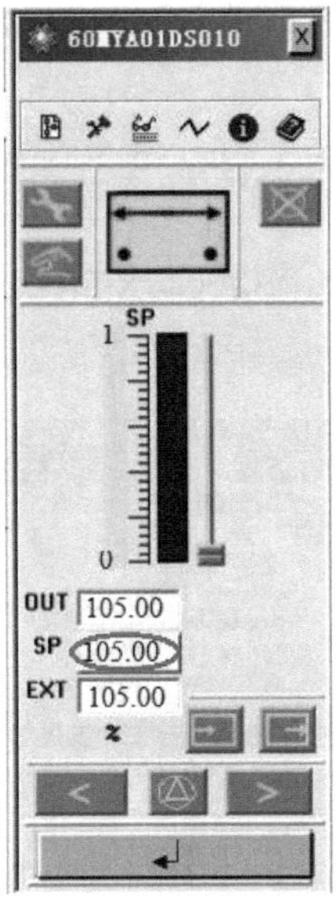

图 7-3　阀限手操器二级面板

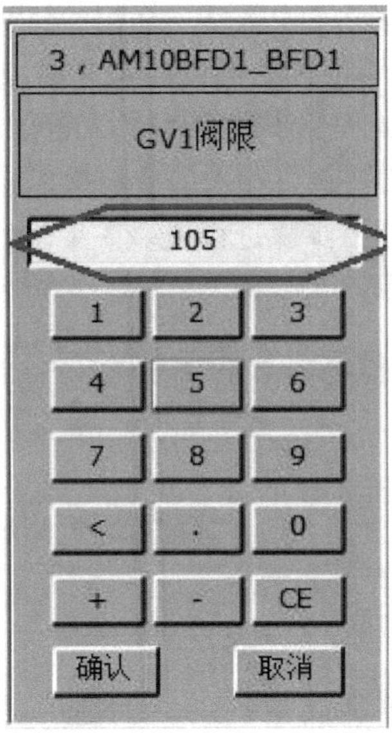

图 7-4　置数三级面板

7.2　汽轮机冲转 DEH 程控开始至并网前

(1) 点击图 7-2 上方的界面，选择＜ST CONTROLLER＞项，进入"ST CONTROLLER"界面，如图 7-1 所示。

点击图 7-1 上中部五边形标注的【▶】"汽机顺控"启动按钮，弹出汽轮机"DEH 程序启动"二级显示界面，如图 7-5 所示。

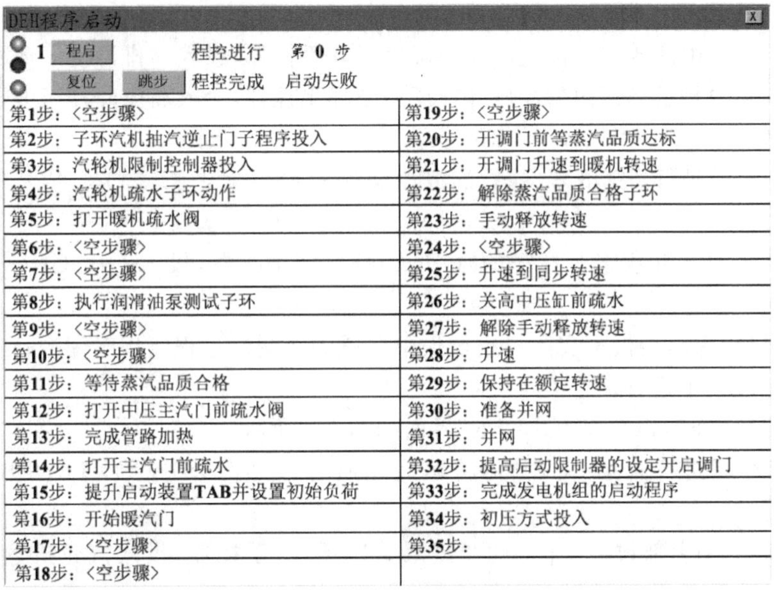

DEH程序启动

1 程启　程控进行　第 0 步

复位　跳步　程控完成　启动失败

第1步：〈空步骤〉	第19步：〈空步骤〉
第2步：子环汽机抽汽逆止门子程序投入	第20步：开调门前等蒸汽品质达标
第3步：汽轮机限制控制器投入	第21步：开调门升速到暖机转速
第4步：汽轮机疏水子环动作	第22步：解除蒸汽品质合格子环
第5步：打开暖机疏水阀	第23步：手动释放转速
第6步：〈空步骤〉	第24步：〈空步骤〉
第7步：〈空步骤〉	第25步：升速到同步转速
第8步：执行润滑油泵测试子环	第26步：关高中压缸前疏水
第9步：〈空步骤〉	第27步：解除手动释放转速
第10步：〈空步骤〉	第28步：升速
第11步：等待蒸汽品质合格	第29步：保持在额定转速
第12步：打开中压主汽门前疏水阀	第30步：准备并网
第13步：完成管路加热	第31步：并网
第14步：打开主汽门前疏水	第32步：提高启动限制器的设定开启调门
第15步：提升启动装置TAB并设置初始负荷	第33步：完成发电机组的启动程序
第16步：开始暖汽门	第34步：初压方式投入
第17步：〈空步骤〉	第35步：
第18步：〈空步骤〉	

图 7-5　DEH 程序启动

点击图 7-5 中数字 1 标记的【程启】按钮，开始 DEH 程控启动，汽轮机将按照图中标示的程控步骤顺序，进行冲转及并网。

注意当程控步骤顺序进行到第 3 步、第 8 步、第 11 步、第 15 步、第 22 步、第 23 步和第 27 步时，需要执行相关的手动操作。

(2) 程控步骤进行到第 3 步“汽轮机限制控制器投入”时，“ST CONTROLLER”界面如图 7-6 所示。

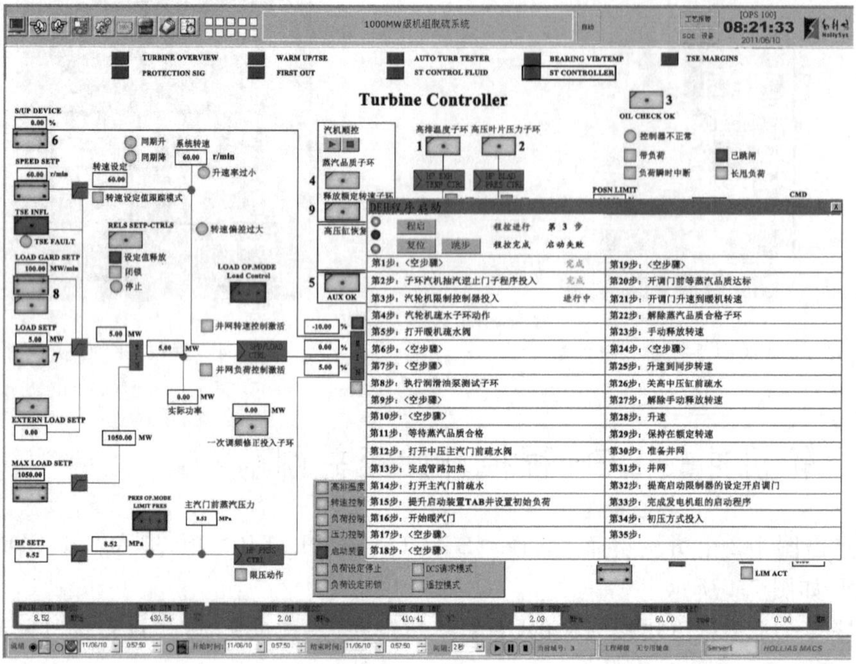

图 7-6　程控步骤进行到第 3 步时“ST CONTROLLER”界面

点击图 7-6 上中部数字 1 标记的高排温度子环手操器，投入高排温度子环联锁。

点击图 7-6 中数字 2 标记的高压叶片压力子环手操器，投入高压叶片压力子环联锁。

操作完成后，“ST CONTROLLER”操作界面如图 7-7 所示。

(3) 程控步骤进行到第 8 步“执行润滑油泵测试子环”时，“ST CONTROLLER”界面如图 7-8 所示。

点击图 7-8 右上部数字 3 标记的“OIL CHECK”手操器，投入 OIL CHECK OK 子环联锁。

DEH 程启程序将会模拟实际机组操作中润滑油泵测试过程所用时间进行 1 min 延时，随后程控才继续向下进行。

操作完成后，“ST CONTROLLER”界面如图 7-9 所示。

(4) 程控步骤进行到第 11 步“等待蒸汽品质合格”时，“ST CONTROLLER”界面如图 7-10 所示。

点击图 7-10 中上部数字 4 标记的“蒸汽品质子环”手操器，投入汽轮机蒸汽品质子环联锁。

点击图 7-10 中间数字 5 标记的 AUX OK 手操器，投入 AUX OK 子环联锁。

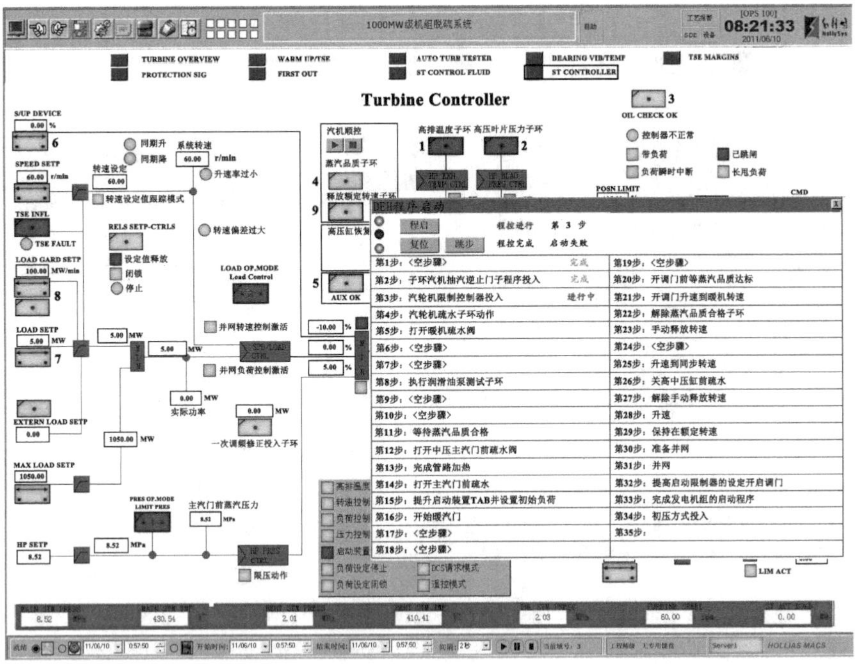

图 7-7　程控步骤第 3 步完成时“ST CONTROLLER”界面

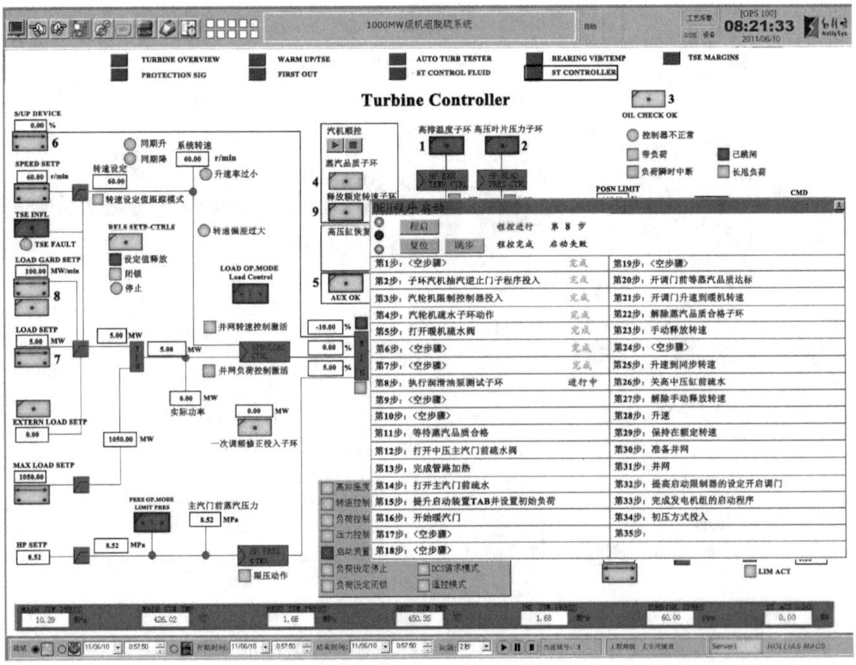

图 7-8　程控步骤进行到第 8 步时“ST CONTROLLER”界面

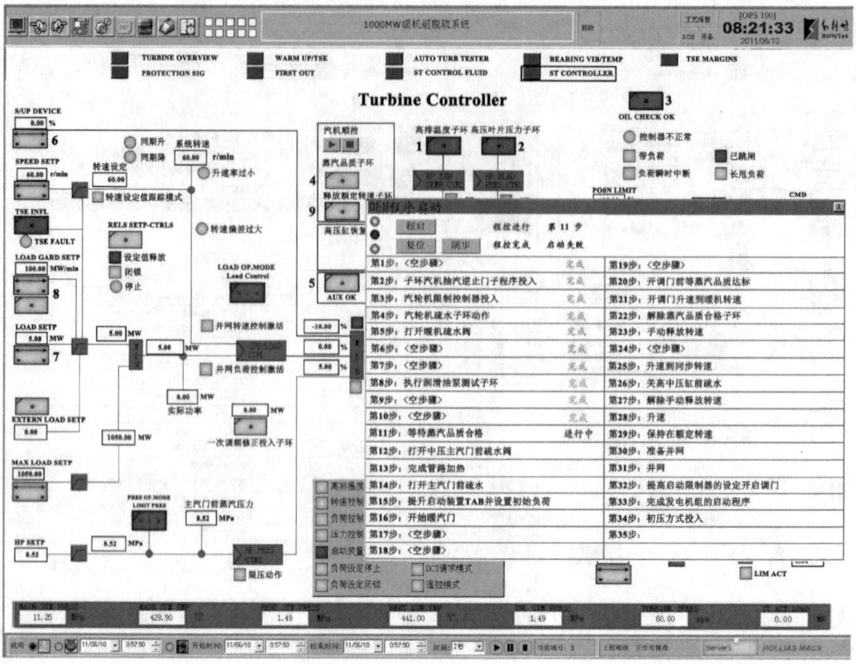

图 7-9　程控步骤第 8 步完成时“ST CONTROLLER”界面

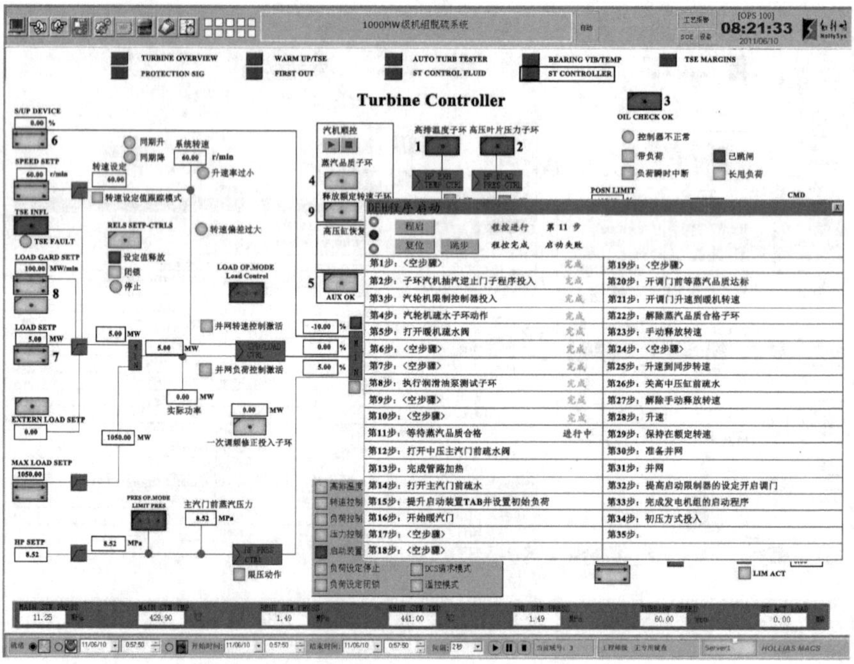

图 7-10　程控步骤进行到第 11 步时“ST CONTROLLER”界面

操作完成后“ST CONTROLLER”界面如图 7-11 所示。

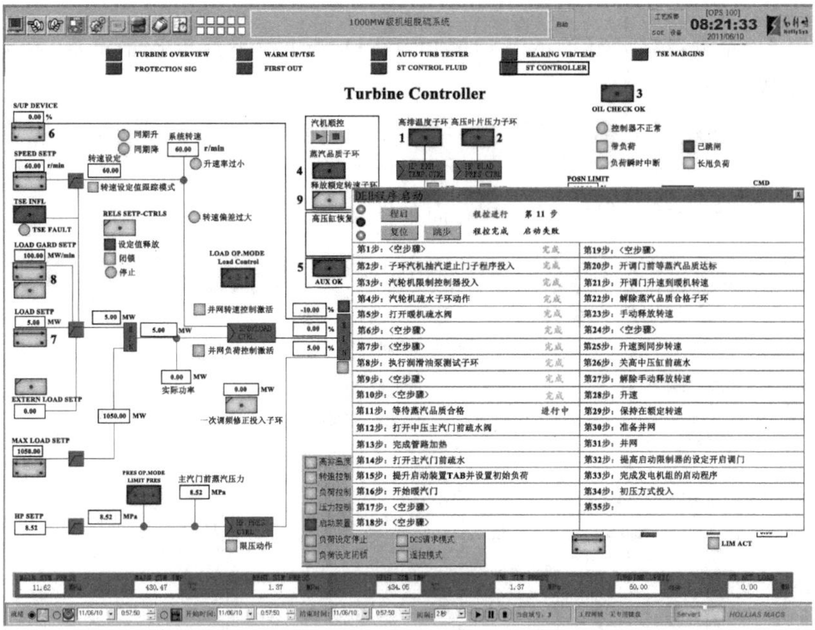

图 7-11　程控步骤第 11 步完成时“ST CONTROLLER”界面

此时，若蒸汽温度和压力等参数达到冲转要求，程控步序继续向下进行；反之则等待。

(5) 程控步骤进行到第 15 步“提升启动装置 TAB 并设置初始负荷”时“ST CONTROLLER”界面如图 7-12 所示。

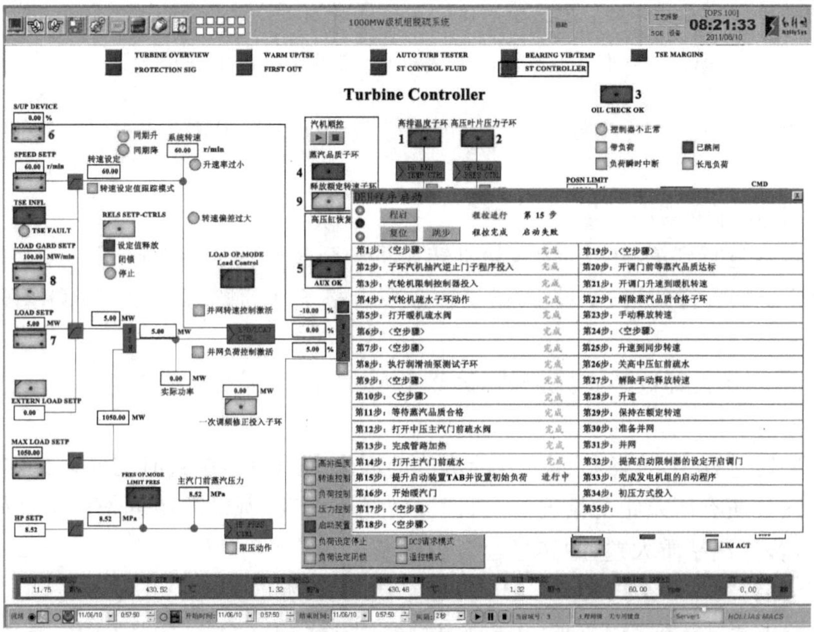

图 7-12　程控步骤进行到第 15 步时“ST CONTROLLER”界面

点击图 7-12 左上部数字 6 标记的“S/UP DEVICE”参数设置手操器，将其 TAB 值设定为 65%。

点击图 7-12 左侧数字 8 标记的“LOAD GARD SETP”参数设置手操器，将升负荷速率设定为 100 MW/min。

点击图 7-12 中数字 7 标记的“LOAD SETP”参数设置手操器，将初始负荷设定为 150 MW。

操作完成后，“ST CONTROLLER”界面如图 7-13 所示。

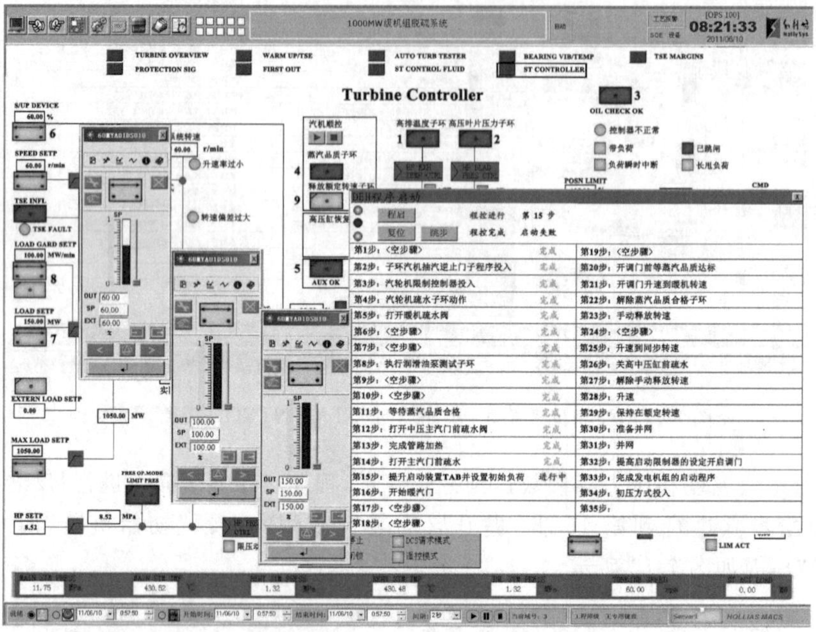

图 7-13　程控步骤第 15 步完成时“ST CONTROLLER”界面

图 7-12 中数字 6、数字 7、数字 8 标记的参数设置手操器界面参见图 7-13 左侧显示的 3 个对应小窗。

随后，程控步序继续向下进行。

当程控步骤进行到第 21 步时，汽轮机转速将升至暖机转速 360 r/min。

(6) 程控步骤进行到第 22 步“解除蒸汽品质合格子环”时“ST CONTROLLER”界面如图 7-14 所示。

点击图 7-14 中上部数字 4 标记的“蒸汽品质子环”手操器，解除汽轮机蒸汽品质子环联锁。

由于在冲转过程中，汽轮机内进入的蒸汽的温度和压力等参数时刻变化，可能会出现与设计要求蒸汽品质有所差距的情况，为保证冲转过程连续，所以需要事先解除对蒸汽品质的要求。当然，若蒸汽品质太差，冲转过程会被中断。

操作完成后，“ST CONTROLLER”界面如图 7-15 所示。

(7) 程控步骤进行到第 23 步“手动释放转速”时“ST CONTROLLER”界面如图 7-16 所示。

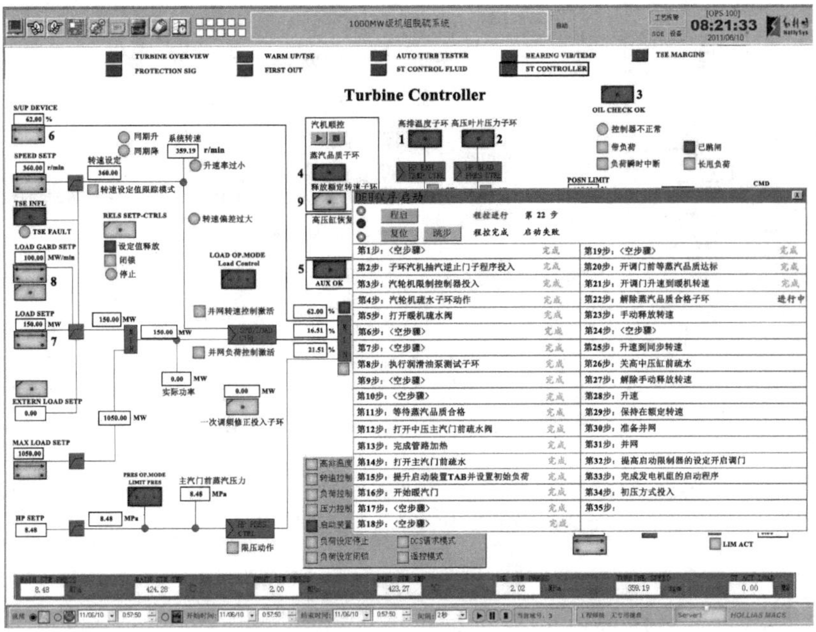

图 7-14　程控步骤进行到第 22 步时“ST CONTROLLER”界面

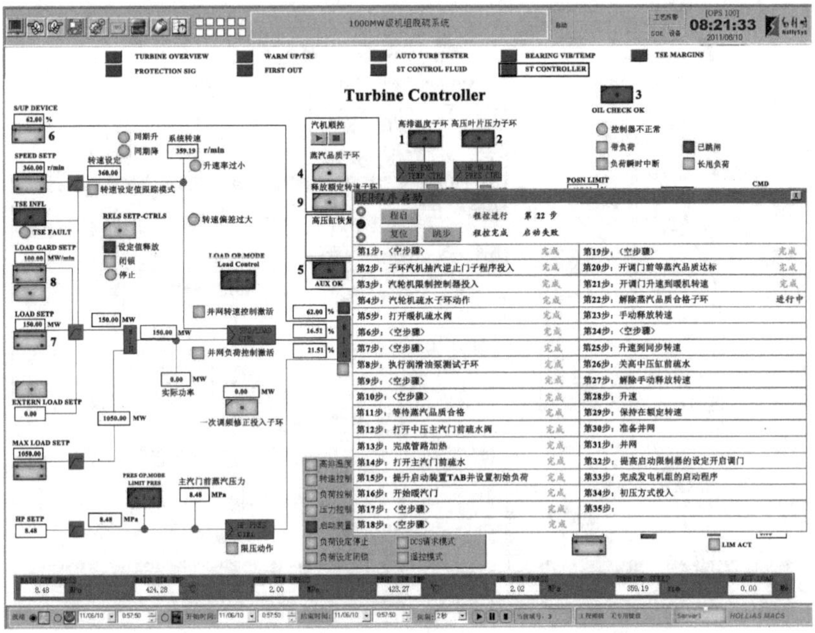

图 7-15　程控步骤第 22 步完成时“ST CONTROLLER”界面

点击图 7-16 中上部数字 9 标记的“释放额定转速子环”手操器，投入释放额定转速子环联锁。

操作完成后，“ST CONTROLLER”界面如图 7-17 所示。

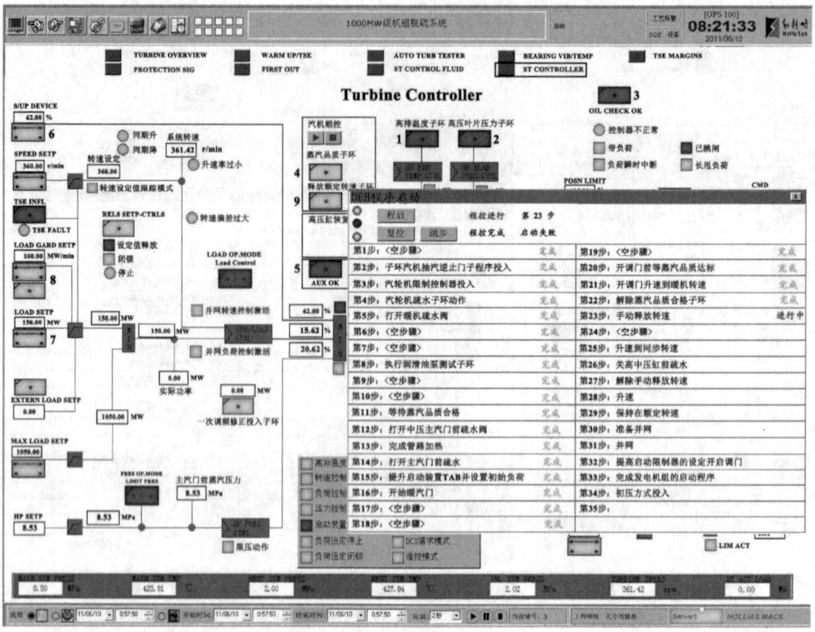

图 7-16　程控步骤进行到第 23 步时“ST CONTROLLER”界面

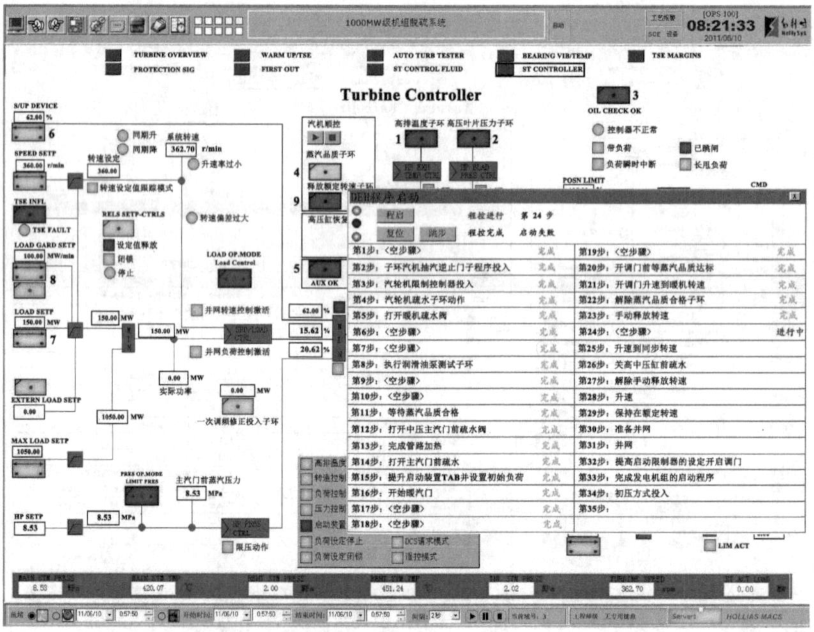

图 7-17　程控步骤第 23 步完成时“ST CONTROLLER”界面

手动释放转速，实际上是解除对汽轮机升速的限制。随后，汽轮机开始提升转速，直至达到同步转速 3 009 r/min。

在此升速过程中，关注图 7-16 左上部“转数设定”和“系统转数”参数框中相应参数值的变动情况。

(8) 程控步骤进行到第 27 步“解除手动释放转速”时“ST CONTROLLER”界面如图 7-18 所示。

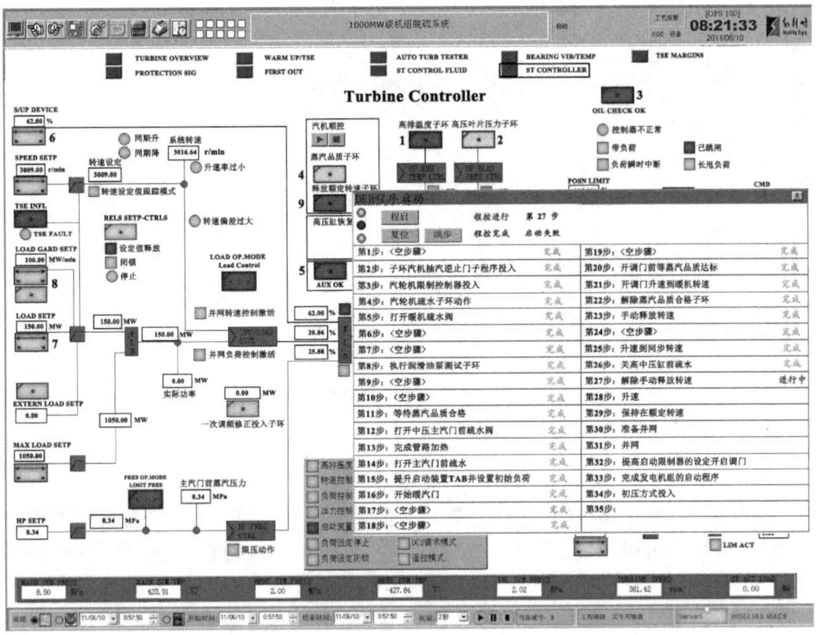

图 7-18　程控步骤进行到第 27 步时“ST CONTROLLER”界面

此时，汽轮机转速应已升至同步转速 3 009 r/min。

点击图 7-18 中上部数字 9 标记的“释放额定转速子环”手操器，解除释放额定转速子环联锁。

操作完成后，“ST CONTROLLER”界面如图 7-19 所示。

解除手动释放转速即投入汽轮机转速控制系统，限制汽轮机继续升速，把汽轮机转速维持在额定转速。

随着程控步骤继续进行，当程控步骤进行到第 30 步“准备并网”时，汽轮机冲转过程完成，随后开始准备进行机组并网操作。

注意在(7)的操作过程中，当汽轮机转速升至 1 500 r/min 以上时，可以投入机组低加抽汽系统。

在“汽机主菜单”中点击＜低加抽汽＞菜单项，进入“低加系统”界面，如图 7-20 所示。

点击图 7-20 左中部数字 1 标记的“5 号低加抽气子环”【联锁】按钮，投入 5 号低加抽气子环联锁。

点击图 7-20 中上部数字 2 标记的“6 号低加抽气子环”【联锁】按钮，投入 6 号低加抽气子环联锁。

点击图 7-20 右下部数字 3 标记的“低加疏水泵子环”【联锁】按钮，投入低加疏水泵子环联锁。

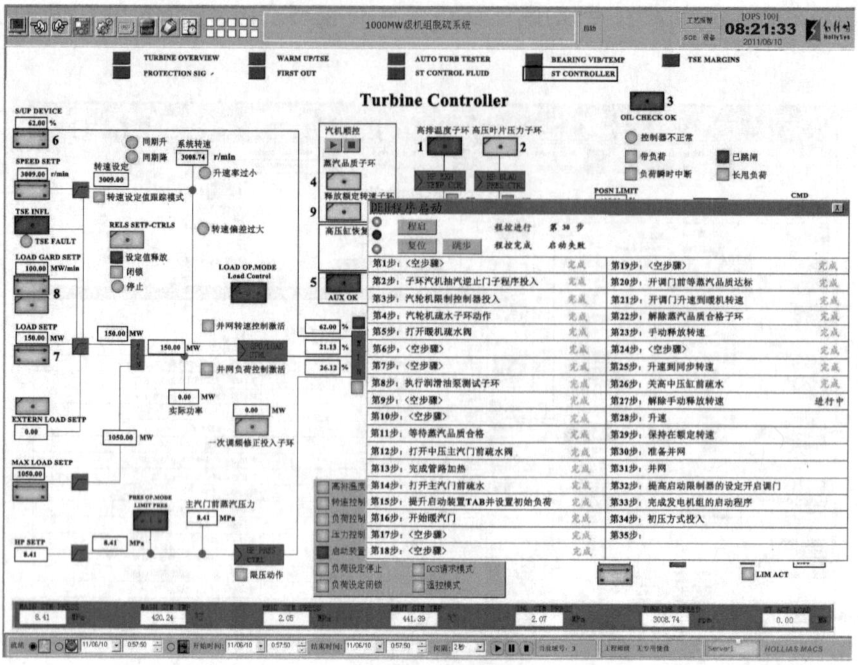

图 7-19　程控步骤第 27 步完成时“ST CONTROLLER”界面

图 7-20　低加系统 3

7.3　机组并网

7.3.1　励磁

进入仿真系统 3 号域主菜单界面，如图 3-8 所示。

点击图 3-8 中<电气主菜单>菜单项，进入“电气主菜单”界面，如图 3-21 所示。

点击图 3-21 中<主机 ECS>菜单项，进入“机组 ECS”界面，如图 7-21 所示。

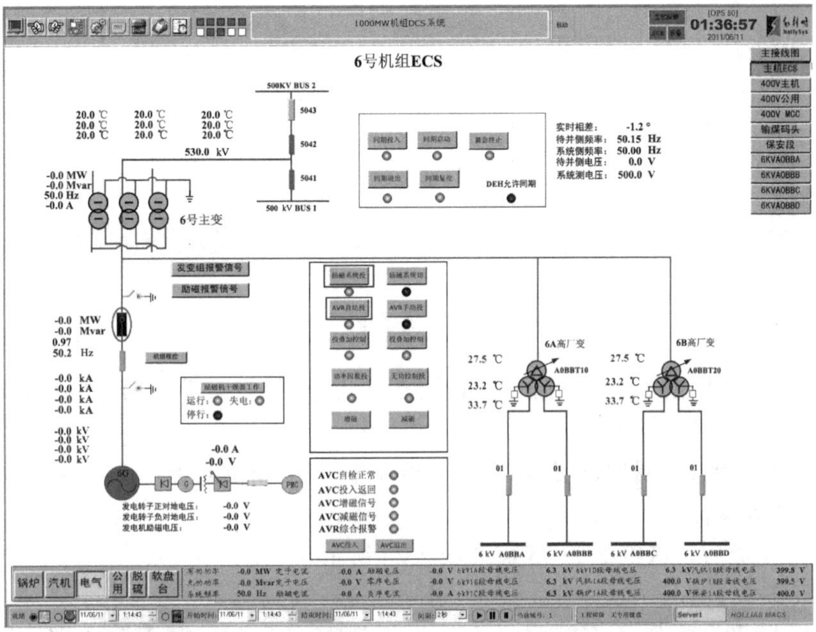

图 7-21　机组 ECS 1

合上图 7-21 左侧椭圆形标记的发电机出口断路器隔离开关。

点击图 7-21 中间长方形标记的【励磁系统投】按钮，投入机组励磁系统，完成后其下方指示灯红灯亮。

点击图 7-21 中间长方形标记的【AVR 自动投】按钮，投入机组 AVR 自动，完成后其下方指示灯红灯亮。

随后，励磁系统开始逐渐升高励磁电压，直至励磁电压达到 28 kV 左右，完成机组发电机励磁。

励磁操作结束后，“机组 ECS”界面如图 7-22 所示。

此时图 7-22 左下部六边形标记的励磁电压为 28 kV 左右。

7.3.2　自动同期

点击图 7-22 上方椭圆形标记的【同期投入】按钮，投入机组同期允许，完成后其下方指示灯红灯亮。

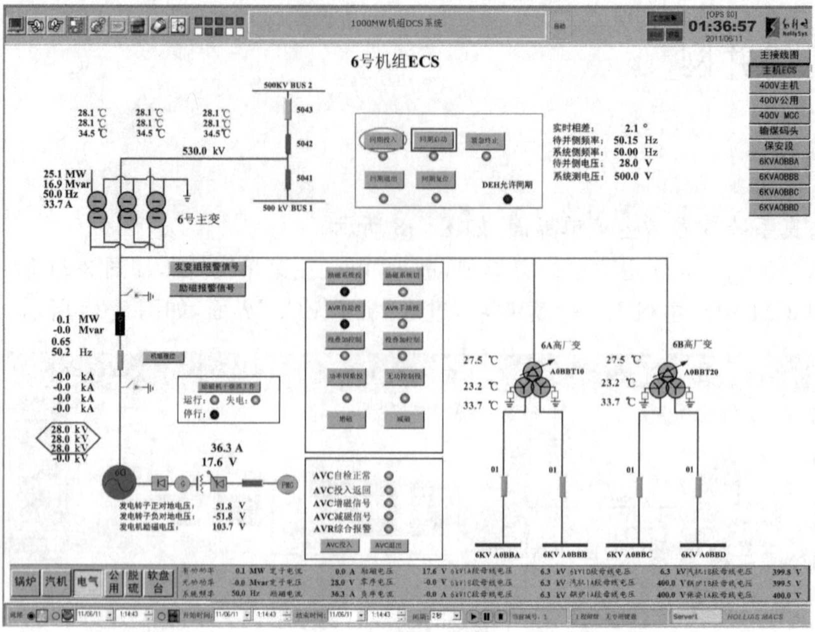

图 7-22　机组 ECS 2

点击图 7-22 中长方形标记的【同期自动】按钮，投入机组自动同期，完成后其下方指示灯红灯亮。

随后，机组开始自动同期进程，直至实时相位差归零，相位同步，发电机输出电路中主断路器合闸，完成并网。

并网操作完成后，“机组 ECS”界面如图 7-23 所示。

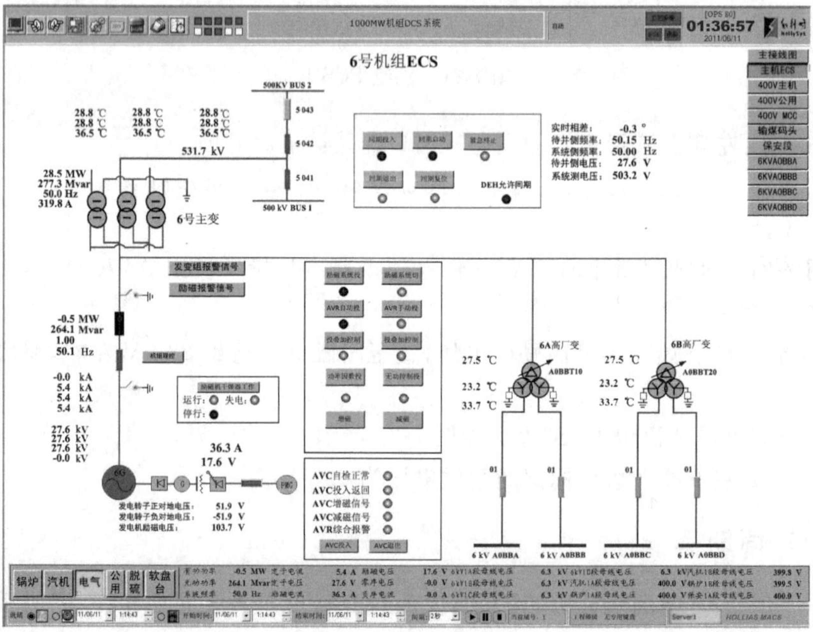

图 7-23　机组 ECS 3

注意在进行励磁和并网操作中，加强机炉监控，维持分离器储水箱、除氧器和凝汽器水位，保持给水流量，控制蒸汽压力和温度，特别是主蒸汽与再热蒸汽温差。

7.4 并网完成至 DEH 程控结束

7.4.1 设置机组初始负荷

在“DEH 主界面”中点击＜ST CONTROLLER＞项，进入“ST CONTROLLER”界面，如图 7-24 所示。

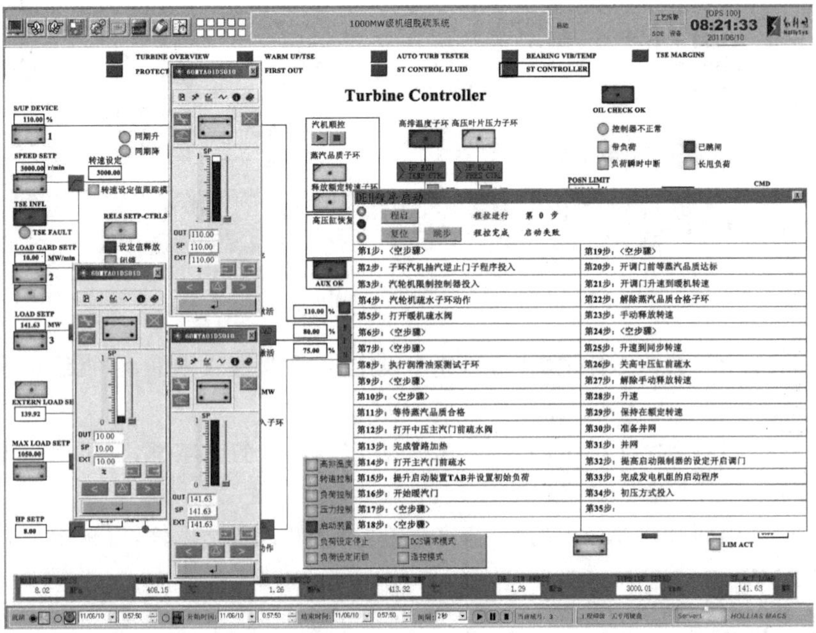

图 7-24 ST CONTROLLER 2

点击图 7-24 左上部数字 1 标记的“S/UP DEVICE”参数设置手操器，将 TAB 值设定为 105%。

点击图 7-24 左侧数字 2 标记的“LOAD GARD SETP”参数设置手操器，将升负荷速率设定为 10 MW/min。

点击图 7-24 中数字 3 标记的“LOAD SETP”参数设置手操器，将初始负荷设定为 200 MW。

注意若此时机组负荷已升至 200 MW 以上并停滞时，可将目标负荷设定为更高参数值。

7.4.2 协调控制

在“锅炉主菜单”中点击＜协调控制＞菜单项，进入“协调控制中心”界面，如图 7-25 所示。

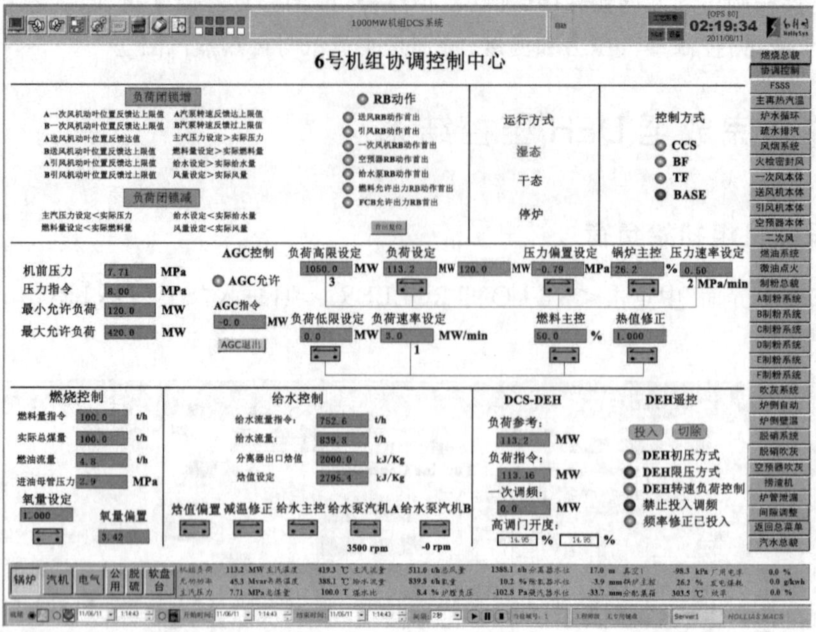

图 7-25　协调控制中心 1

点击图 7-25 中间数字 1 标记的“负荷速率设定”参数设置文本框，将机组负荷变动率设定为 3 MW/min。

点击图 7-25 左侧数字 2 标记的“压力速率设定”参数设置文本框，将机组压力变动率设定为 0.5 MPa/min。

点击图 7-25 中间数字 3 标记的“负荷高限设定”参数设置文本框，将机组最高负荷限定设定为 1 050 MW。

7.4.3　低加抽汽疏水投入

在“汽机主菜单”中点击＜低加抽汽＞菜单项，进入“低加系统”界面，如图 7-26 所示。

点击图 7-26 左下部数字 4 标注的 5 号低加危急疏水气动调节手操器，投入自动状态，其控制目标 5 号低加疏水位设置为 80 mm。

点击图 7-26 左下部数字 5 标注的 6 号低加危急疏水气动调节手操器，投入自动状态，其控制目标 6 号低加疏水位设置为 80 mm。

点击图 7-26 中数字 6 标注的 5 号低加正常疏水气动调节手操器，投入自动状态，其控制目标 5 号低加疏水位设置为 0 mm。

打开图 7-26 左侧“五抽”抽气管路上圆形标记的 2 个抽汽逆止门及进汽电动门，投运 5 号低压加热器。

打开图 7-26 中“六抽”抽气管路上圆形标记的 2 个抽汽逆止门及进汽电动门，投运 6 号低压加热器。

观察图 7-26 中“6 号低加”上方椭圆形标记的 6 号低加疏水位，待其值达－38 mm 以上时：

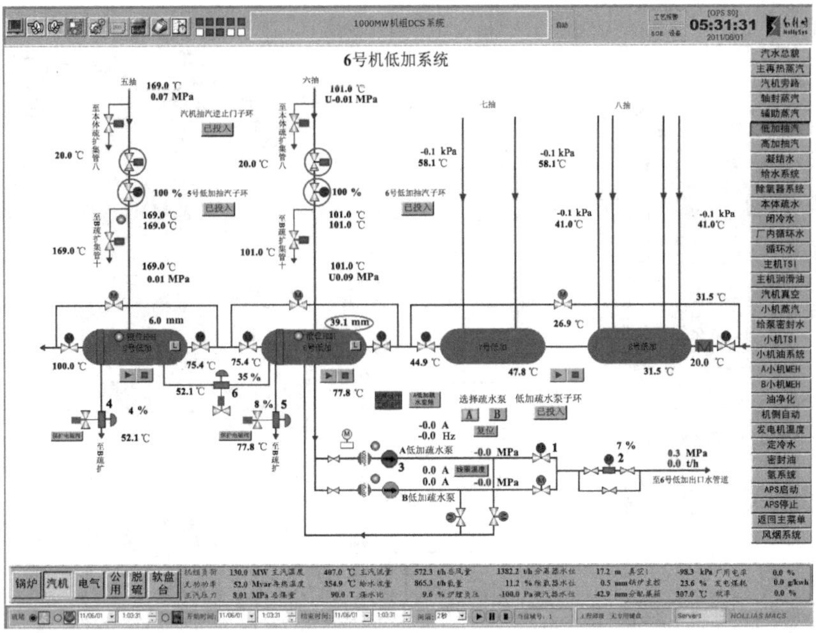

图 7-26　低加系统 4

① 打开图 7-26 下方“至 6 号低加出口水管道”低加疏水再循环管路上数字 1 标注的“A 低加疏水泵”出口电动门。

② 点击图 7-26 中数字 2 标注的 6 号低加正常疏水气动调节手操器，手动阀门开度 3%。

③ 启动图 7-26 中数字 3 标注的“A 低加疏水泵”。

④ 等待疏水泵启动完成后，将图 7-26 中数字 2 标注的气动调节手操器，投入自动状态。

7.4.4　汽机高压旁路关闭

当程控步骤进行到第 33 步“完成发电机组的启动程序”(参见图 7-24，DEH 的“ST CONTROLLER”界面)时，在“汽机主菜单”中点击<汽机旁路>菜单项，进入“旁路系统”界面，如图 7-27 所示，注意观察：

① 此时，机组应以预设的速率参数逐步升高机组负荷。

② 同时，高压旁路处于自动调节状态。

③ 图 7-27 上方椭圆形标记的 4 个高旁调门开度将会逐渐减小，使得高压旁路逐渐关闭。

④ 当 4 个高旁调门开度全部关至 0%后，高旁控制进入 B 模式。

⑤ B 模式状态下，图 7-27 右侧长方形标记的【B 模式】指示灯红灯亮。

注意在高压旁路自动调节的过程中，不要增加机组给煤量，防止造成高压旁路停止关闭，甚至反向增大开度。

7.4.5　DEH 控制进入初压模式

高压旁路关闭后，DEH 程控启动过程结束，DEH 控制方式自动转换进入初压模式。

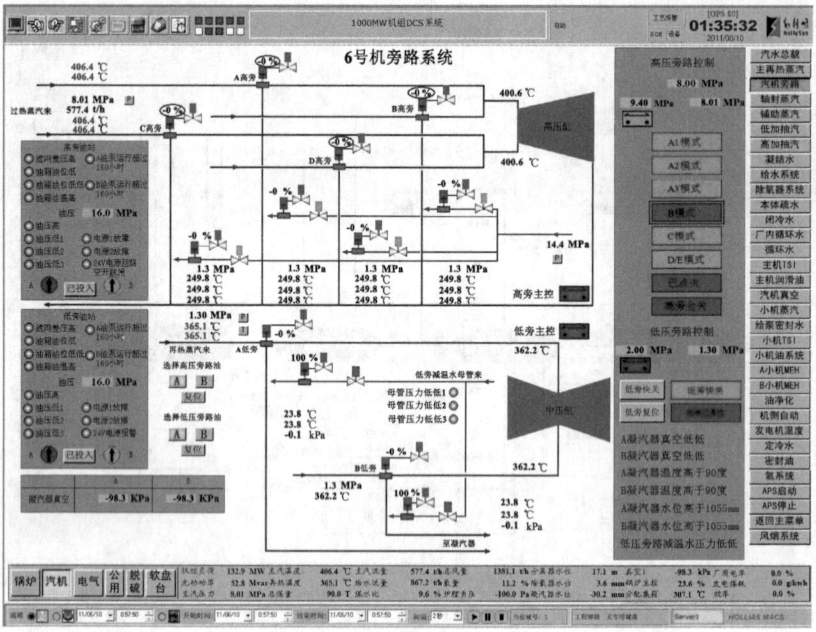
1000MW机组DCS系统
01:35:32
2011/06/10
6号机旁路系统
406.4 ℃
406.4 ℃
A高旁
8.01 MPa
过热蒸汽来
577.4 t/h
C高旁
B高旁
D高旁
400.6 ℃
高压缸
高旁油站
滤网差压高
A油泵运行超过160小时
油箱油位低
油箱油位低低
B油泵运行超过160小时
油箱油温高
油压 16.0 MPa
油压高
油压低1
油压低2
油压低3
电源1故障
电源2故障
24V电源回路空开跳闸
已投入
1.3 MPa
249.8 ℃
14.4 MPa
高旁主控
低旁油站
1.30 MPa
365.1 ℃
再热蒸汽来
A低旁
选择高压旁路油
复位
选择低压旁路油
24V电源报警
100 %
低旁减温水母管来
母管压力低低1
母管压力低低2
母管压力低低3
23.8 ℃
-0.1 kPa
低旁主控
362.2 ℃
中压缸
B低旁
至凝汽器
凝汽器真空
-98.3 KPa
高压旁路控制
8.00 MPa
9.40 MPa
8.01 MPa
A1模式
A2模式
A3模式
B模式
C模式
D/E模式
低压旁路控制
2.00 MPa
1.30 MPa
低旁快关
低旁复位
A凝汽器真空低低
B凝汽器真空低低
A凝汽器温度高于90度
B凝汽器温度高于90度
A凝汽器水位高于1055mm
B凝汽器水位高于1055mm
低压旁路减温水压力低低
汽水总貌
主再热蒸汽
汽机旁路
轴封蒸汽
辅助蒸汽
低加抽汽
高加抽汽
凝结水
给水系统
除氧器系统
本体疏水
闭冷水
厂内循环水
循环水
主机TSI
主机润滑油
汽机真空
小机蒸汽
给泵密封水
小机TSI
小机油系统
A小机MEH
B小机MEH
油净化
机侧自动
发电机温度
定冷水
密封油
氢系统
APS启动
APS停止
返回主菜单
风烟系统
锅炉
汽机
电气
公用
脱硫
软盘台
HOLLIAS MACS

图 7-27 旁路系统 3

第 8 章　机组升负荷及投入 CCS 运行

在机组提升负荷操作过程中，锅炉、汽机和电气等三方面的操作，经常是交错并行的。因此本章介绍的操作及步骤，虽然大体上按照机组负荷的升序进行说明，但是在实际操作中，并不一定需要完全按照本书介绍的顺序进行，而是应该根据机组实际运行的具体情况分组协调执行相关操作。

8.1　机组升至初负荷

(1) 在"锅炉主菜单"中点击<协调控制>菜单项，进入"协调控制中心"界面，如图 8-1 所示。

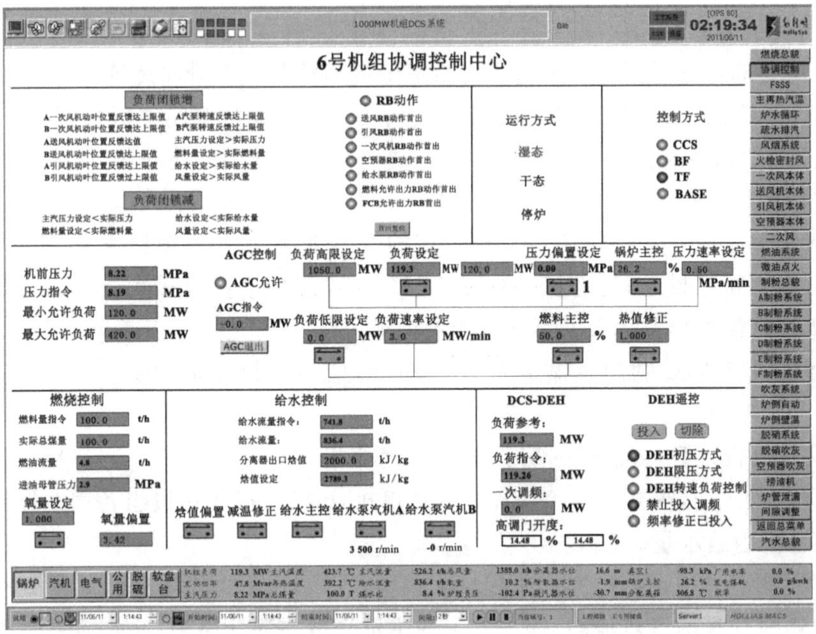

图 8-1　协调控制中心 2

点击图 8-1 右中部数字 1 标注的"压力偏置设定"手操器，将机组的蒸汽压力偏置设定为 0。

(2) 当机组处于初压模式时，DEH 的"ST CONTROLLER"界面如图 8-2 所示。

此时图 8-2 左下部"PRES OP. MODE"控制模式选择按钮的控制模式为"2"并显示红色，表示 DEH 控制方式处于初压模式。

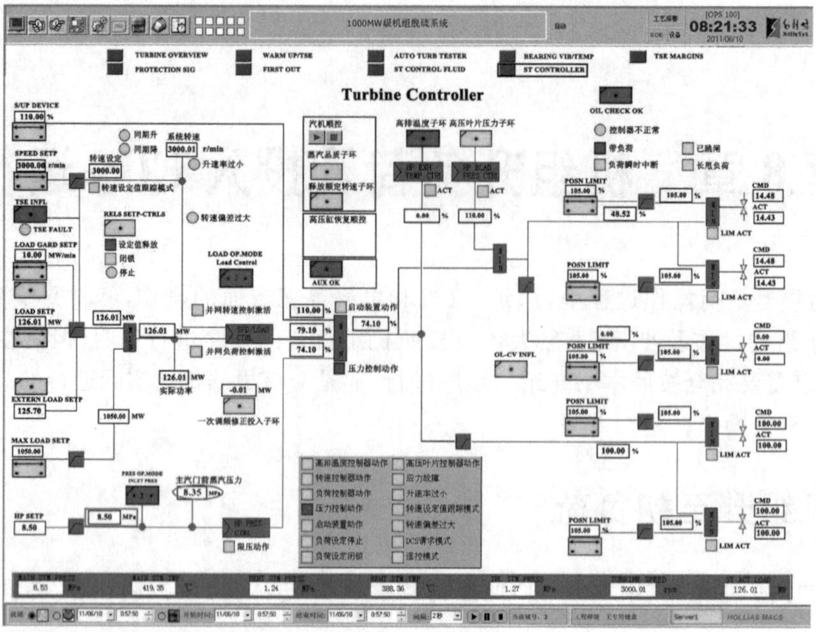

图 8-2　ST CONTROLLER 3

图 8-2 左下部长方形标记的机组压力给定值会随负荷的上升而逐渐增大。

当图 8-2 中椭圆形标记的“主汽门前蒸汽压力”实际值大于长方形标记的压力给定值时，高旁调门开度向增大方向动作；反之，高旁调门开度向减小方向动作。

(3) 增加机组给煤量。

随着机组负荷的逐步升高，需要开启更多的磨煤机，以增加机组给煤量。

当 B、C 磨煤机已投入，机组总煤量大于 110 t/h，且 C 磨投煤量大于 40 t/h 时，可以投入 D 磨煤机。具体操作方法参见第 6 章相关内容。

当 D 磨煤机已投入，机组总煤量大于 110 t/h，且 D 磨投煤量大于 40 t/h 时，可以投入 E 磨煤机。

当 E 磨煤机投入后，可以根据需要投入 A 磨煤机。

机组 CCS 投入前，需要投入 A～E 五台磨煤机，F 磨煤机作为机组备用磨煤机。

(4) 调节机组给水量。

在“汽机主菜单”中点击＜汽水总貌＞菜单项，进入“汽水总貌”界面，如图 8-3 所示。

随着机组投煤量的逐步增加，锅炉产生的主蒸汽量亦逐渐增多，此时需要调节锅炉给水流量，以适应机组当前燃料供应量。

调整图 8-3 下方数字 1 标注的给水旁路调节手操器的开度，以此调节锅炉给水流量。

当锅炉处于“湿态”运行中，进行锅炉给水流量调节操作时，应尽量将图 8-3 中间椭圆形标记的“分离器储水箱”水位维持在 15～20 m。

同时务必保证图中 2 个方框形标记的分疏箱液位调节阀 1 手操器和分疏箱液位调节阀 2 手操器的开度不要接近全开或全关。

在锅炉给水流量调节过程中，应尽量平缓操作，以防止主蒸汽参数波动过大。

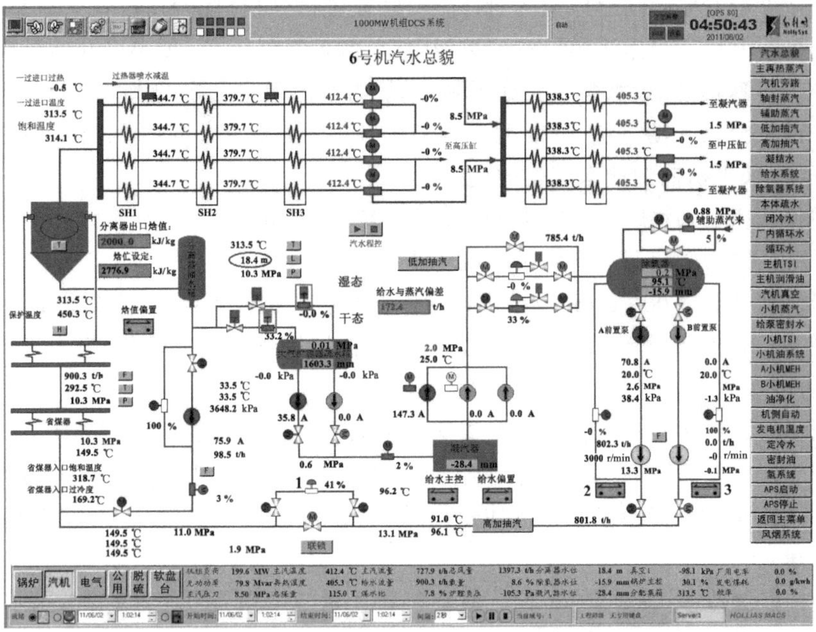

图 8-3　汽水总貌 3

(5) 提高给水泵小机转速。

随着锅炉给水量的增加,应提高给水泵小机转速,以提高给泵压头,增大锅炉给水能力。

在“汽机主菜单”中点击<A 小机控制系统>菜单项,进入“A 小机控制系统”界面,如图 8-4 所示。

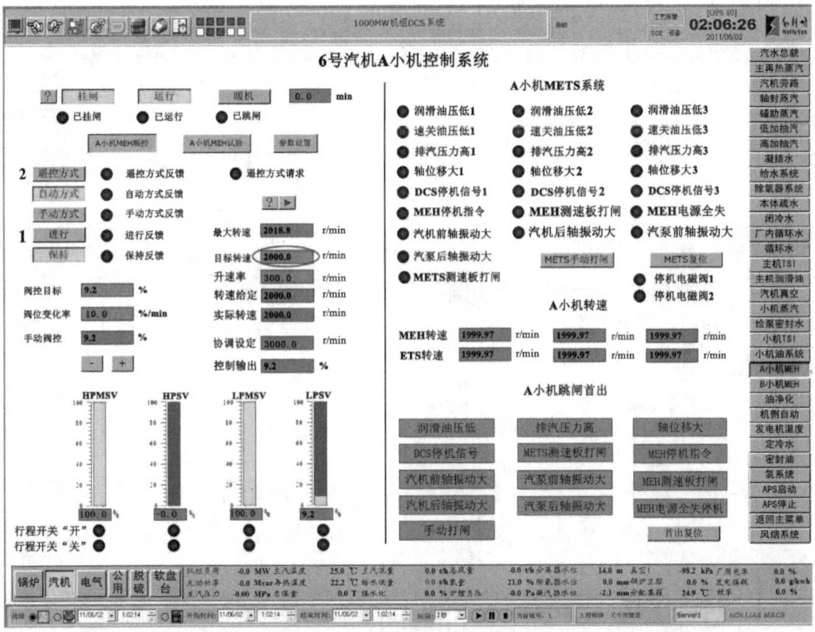

图 8-4　A 小机控制系统 3

点击图 8-4 左中部椭圆形标记的“目标转速”设置框，将目标转速设置为所需转速。

点击图 8-4 中数字 1 标注的【进行】按钮，按钮颜色显示绿色，A 小机开始升速。

随着小机转速提升，给水泵压头亦提高，锅炉给水流量也随之增大。

注意若给水流量变动过快，可以适当调节图 8-3 下方数字 1 标注的给水旁路电动调节手操器的开度，来平衡锅炉给水流量的变动。

按上述操作方法，逐步将小机转速提升至 3 000 r/min。

(6) 采用“遥控方式”调节给水泵小机转速。

当小机转速达到 3 000 r/min 后，可以在汽机“汽水总貌”界面内，直接提升小机转速。

点击图 8-4 中数字 2 标注的【遥控方式】按钮，使按钮颜色显示绿色，将小机控制方式切换成“遥控方式”。

在“汽机主菜单”中点击＜汽水总貌＞菜单项，进入“汽水总貌”界面，如图 8-3 所示。

点击图 8-3 右下部数字 2 标注的 A 给水泵汽机转速调节手操器，在弹出的二级操作对话框界面中直接手动设定给水泵所需转速。随后，给水泵小机在“遥控方式”控制下，转速调节至设定转速。

图 8-3 右下部数字 3 标注的 B 给水泵汽机转速调节手操器，用于调节 B 给水泵转速。

8.2 投入高压加热器

应根据运规相关规定选择机组何时投入高压加热器。其中有一种选择，是机组负荷大于 50 MW 时投入高压加热器。

如果考虑到仿真操作平稳进行，也可以在机组负荷相对高一些的时候投入高加。

(1) 在“汽机主菜单”中点击＜高加抽汽＞菜单项，进入“高加抽汽系统”界面，如图 8-5 所示。

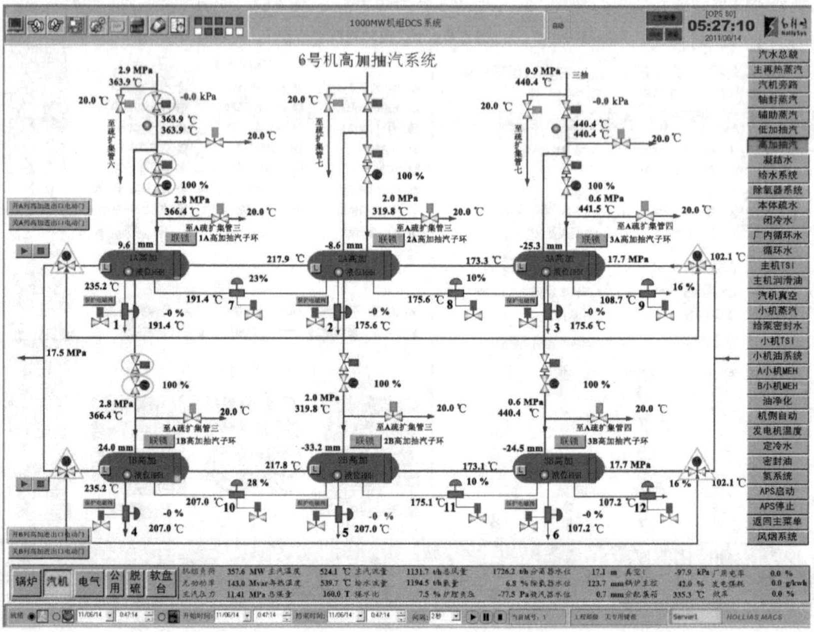

图 8-5　高加抽汽系统 2

点击图 8-5 左侧长方形标记的【开 A 列高加进出口电动门】和【开 B 列高加进出口电动门】2 个按钮，打开图中三角形标记的 4 个 A 列、B 列高加进出口三通门。

(2) 点击图 8-5 中数字 1～6 标注的各高加危急疏水气动调节手操器，投入自动状态，其目标高加液位设置为 80 mm。

点击图 8-5 中数字 7～12 标注的各高加正常疏水气动调节手操器，投入自动状态，其目标高加液位设置为 0 mm。

(3) 打开图 8-5 左侧"一抽"至"1A 高加"和"1B 高加"加热器抽气管路上椭圆形标记的 5 个抽汽逆止门及进汽电动门，投运 1A 和 1B 高压加热器。

1 号高压加热器投运后，机组负荷会有所下降。待机组负荷恢复并稳定后，打开图 8-5 中间"二抽"至"2A 高加"和"2B 高加"加热器抽气管路上 5 个抽汽逆止门及进汽电动门，投运 2A 和 2B 高压加热器。

同样，待 2 号高加投运及负荷恢复稳定后，打开图 8-5 右侧"三抽"至"3A 高加"和"3B 高加"加热器抽气管路上 5 个抽汽逆止门及进汽电动门，投运 3A 和 3B 高压加热器。

8.3　除氧器汽源切换至四抽

当机组负荷超过 150 MW，且四抽压力达到 0.05 MPa 以上时，可以进行除氧器汽源切换操作。

在"汽机主菜单"中点击<除氧器系统>菜单项，进入"除氧器系统"界面，如图 8-6 所示。

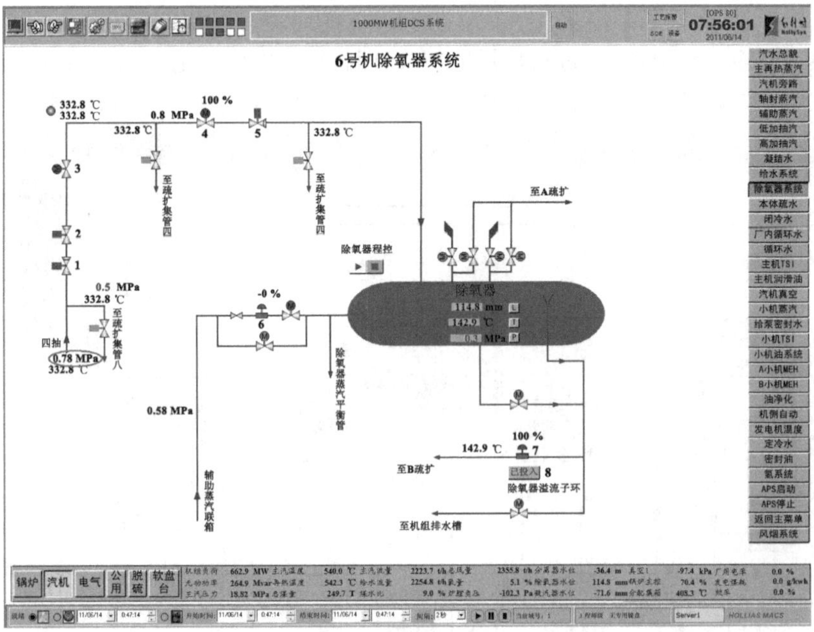

图 8-6　除氧器系统 3

图 8-6 左侧椭圆形标记的是"四抽"压力参数值。

打开图 8-6 中"四抽"至"除氧器"抽蒸汽管道上数字 1 标注的四抽气动逆止一次门。

打开图 8-6 中数字 2 标注的四抽气动逆止二次门。

打开图 8-6 中数字 3 标注的四抽电动门。

打开图 8-6 中数字 4 标注的四抽至除氧器电动门。

打开图 8-6 中数字 5 标注的四抽至除氧器气动逆止门。

点击图 8-6 中间“辅助蒸汽联箱”至“除氧器”辅助蒸汽管道上数字 6 标注的辅汽至除氧器气动调节手操器，手动阀门开度关闭到 0%。

点击图 8-6 下方“除氧器”到“至 B 疏扩”疏水管道上数字 7 标注的除氧器溢放水调节阀调节手操器，投入自动状态。

点击图 8-6 中数字 8 标注的【联锁】按钮，投入除氧器溢流子环联锁。

8.4 机组升负荷至 300 MW

继续增加机组投煤量和给水流量，提升机组负荷。

在操作过程中应注意控制给水流量变动幅度，维持主蒸汽参数稳定。

其中，当机组负荷升至 200 MW 时，开始冲转 B 小机。

B 小机冲转操作方法与 A 小机冲转方法相同，参见第 5 章相关内容。

将 B 小机转速冲转至 3 000 r/min。

8.5 厂用电切换

机组负荷升至 300 MW 时，进行厂用电切换，即将厂用电由外电网供电改为本机组供电。

在“电气主菜单”中点击＜主接线图＞菜单项，进入“主接线图”界面，如图 8-7 所示。

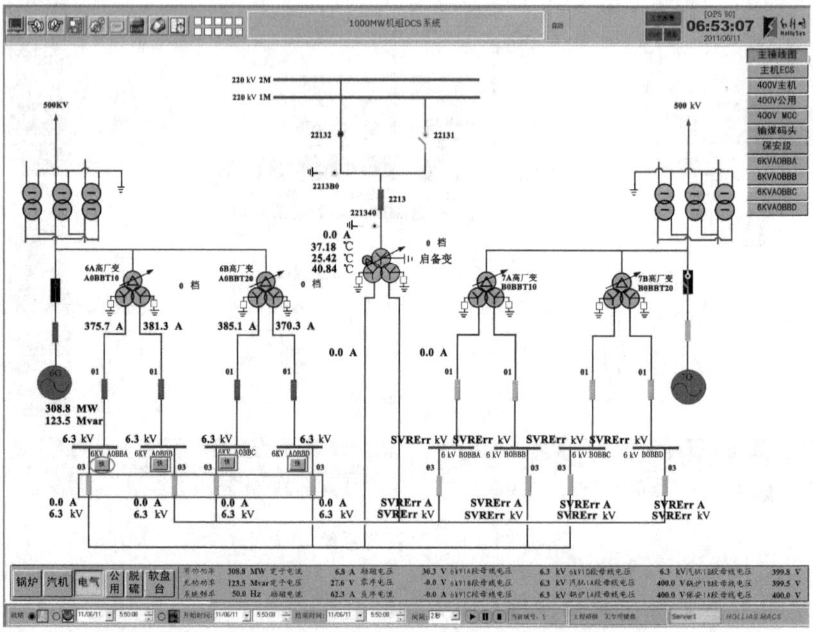

图 8-7　主接线图

点击图8-7左下部椭圆形标记【快切】按钮，打开快切二级面板，如图8-8所示。

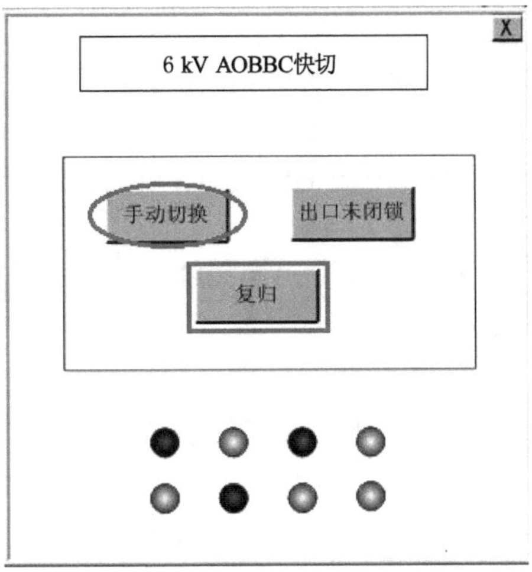

图8-8　快切操作二级面板

点击图8-8中长方形标记的【复归】按钮，确认当前断路器状态，消除报警信号。

点击图8-8中椭圆形标记的【手动切换】按钮，断路器执行工作状态切换动作。

当断路器切换完成后，再次点击【复归】按钮，确认切换后断路器状态，消除报警。

此时，图8-7左侧厂用6.3 kV母线的供电方式由下方从“启备变”来线路供电切换为上方从“6A高厂变”来线路供电。

采用与上述相同的方法操作图8-7中其余3个方框形标记的【快切】按钮，完成全部厂用6.3 kV母线供电切换。

点击图8-7下方长方形标记的4个高厂变各分支断路器，进行复位操作。

8.6　锅炉转干态运行

当机组负荷达到400 MW，同时锅炉给水量达到1 200 t/h以上时，可以将锅炉运行状态由湿态转换为干态。

(1) 在“汽机主菜单”中点击＜汽水总貌＞菜单项，进入“汽水总貌”界面，如图8-9所示。

注意观察图8-9中：

① 左侧椭圆形标记的“分离器出口焓值”参数值。

② 左侧长方形标记的“焓值设定”参数值。

③ 中间圆形标记的“分离器储水箱”水位参数值。

④ 中间菱形标记的锅炉实际运行状态，分为湿态与干态，红色显示的是当前状态。

⑤ 下方参数栏内六边形标记的“主汽流量”和“给水流量”参数值。

点击图8-9下中部数字1标注的给水旁路电动调节手操器，手动缓慢减小手操器阀门开度，逐渐减小给水流量和主汽流量的差值，使分离器储水箱水位逐渐降低。

(2) 当分离器储水箱水位降到0 m附近时，“汽水总貌”界面如图8-10所示。

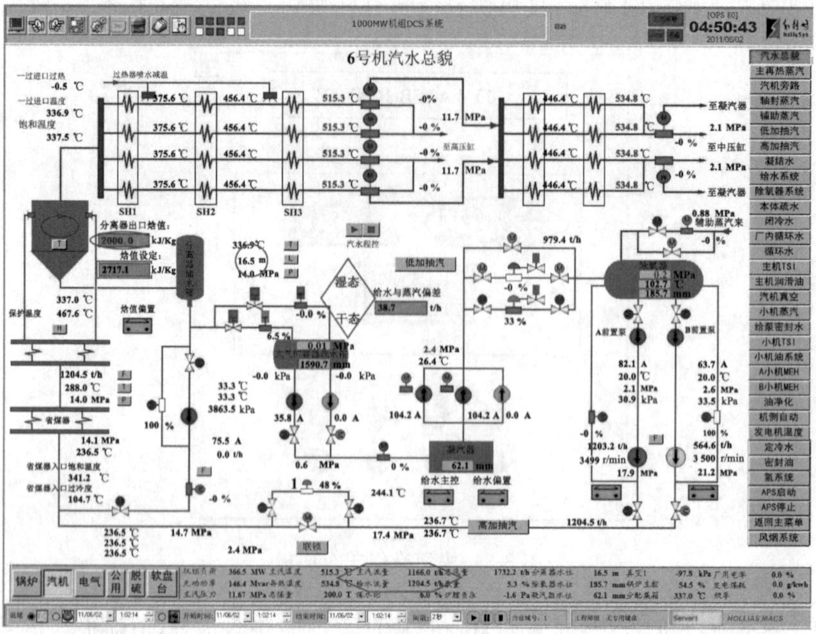

图 8-9 汽水总貌 4

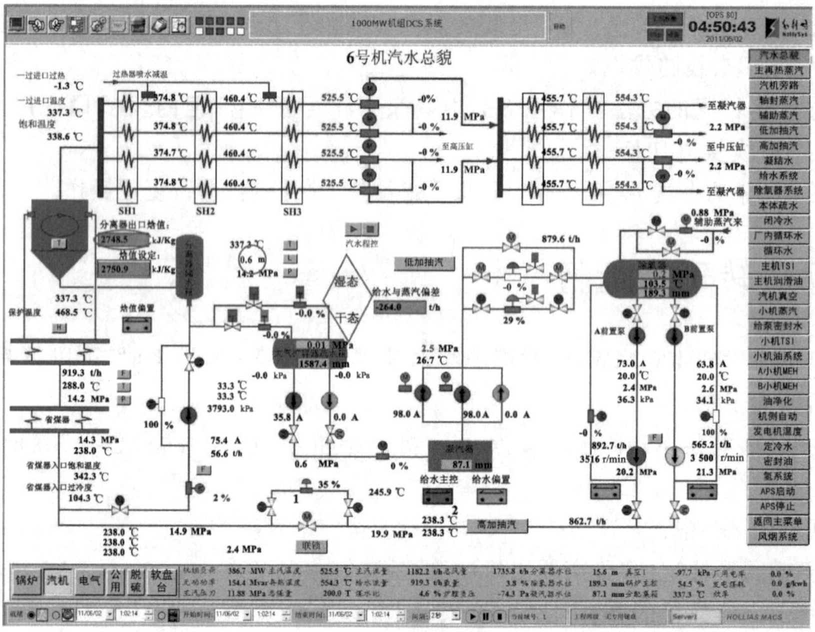

图 8-10 汽水总貌 5

注意观察,图 8-10 中:

① 左侧椭圆形标记的"分离器出口焓值"参数值。

② 左侧长方形标记的"焓值设定"参数值。

点击图 8-10 下中部数字 1 标注的给水旁路电动调节手操器,投入自动状态。

点击图 8-10 中数字 2 标注的“给水主控”手操器，投入自动状态。

当机组处于给水主控自动控制状态时，将会按照给水指令自动控制调节给水流量。

随着机组运行，分离器出口焓值逐渐上升。当“分离器出口焓值”大于“焓值设定”后，锅炉实际运行状态转为“干态”，此时，“汽水总貌”界面如图 8-11 所示。

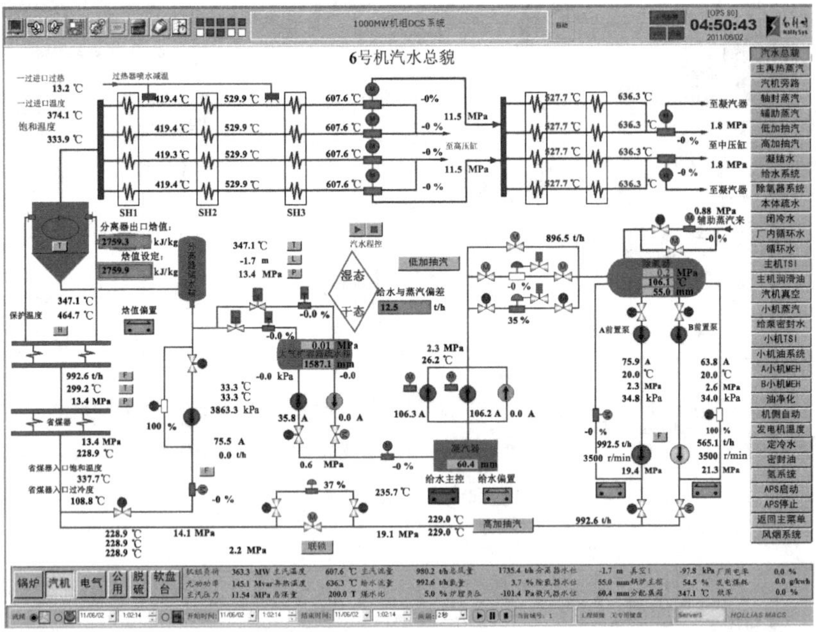

图 8-11　汽水总貌 6

注意观察，图 8-11 中：

① 左侧椭圆形标记的“分离器出口焓值”参数值。

② 左侧长方形标记的“焓值设定”参数值。

图 8-11 中间菱形标记的锅炉实际运行状态标示“干态”显示为红色。

同时，锅炉“协调控制中心”界面(图 8-1)上方运行方式标示“干态”显示为红色。

(3) 关闭锅炉炉水再循环。

在“汽机主菜单”中点击<汽水总貌>菜单项，进入“汽水总貌”界面，如图 8-12 所示。

确认图 8-12 左下部椭圆形标记的启动循环泵出口电动调节手操器已全关。

关闭图 8-12 中数字 1 标注的锅炉启动循环泵。

关闭图 8-12 中数字 2 标注的启动循环泵出口电动门。

(4) 备投锅炉减温水。

在“锅炉主菜单”中点击<主再热汽温>菜单项，进入“主再热汽温”界面，如图 8-13 所示。

打开图 8-13 中各减温水管道上减温水电动调节手操器进口处椭圆形标记的 15 个减温水进口电动门。

关闭图 8-13 中各过热器减温水管道上减温水电动调节手操器出口处方框形标记的 8 个减温水辅助电动门。

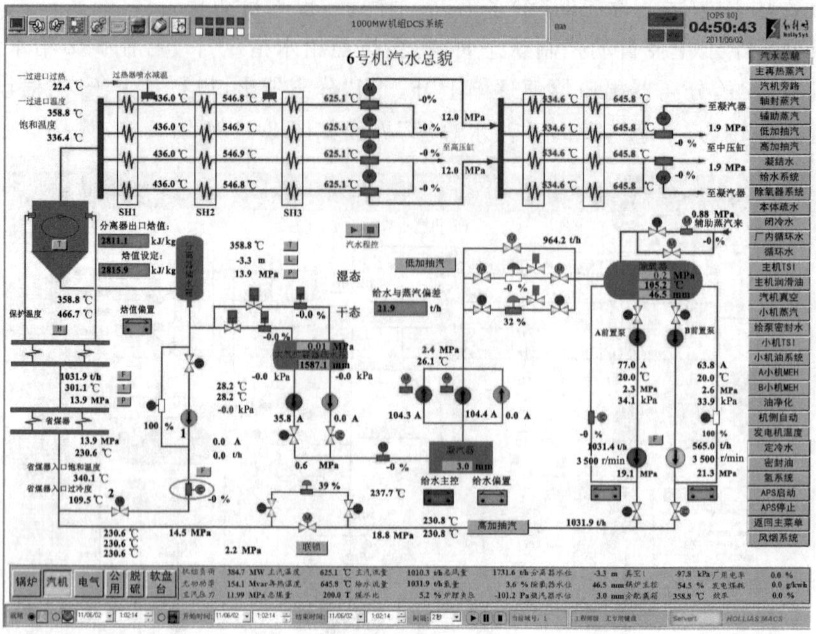

图 8-12　汽水总貌 7

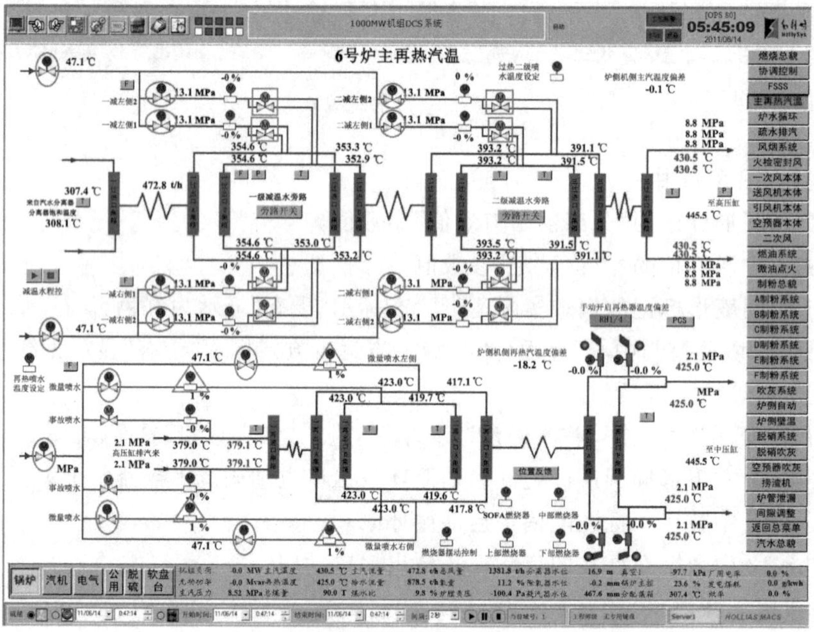

图 8-13　主再热汽温 1

图 8-13 中各再热器减温水管道上减温水电动调节手操器出口处三角形标记的 4 个再热器微量减温水电动调节手操器，可用于汽轮机冲转过程中手动调节再热蒸汽温度，以便控制主蒸汽与再热蒸汽的温度差。

上述操作结束后，“主再热汽温”界面如图 8-14 所示。

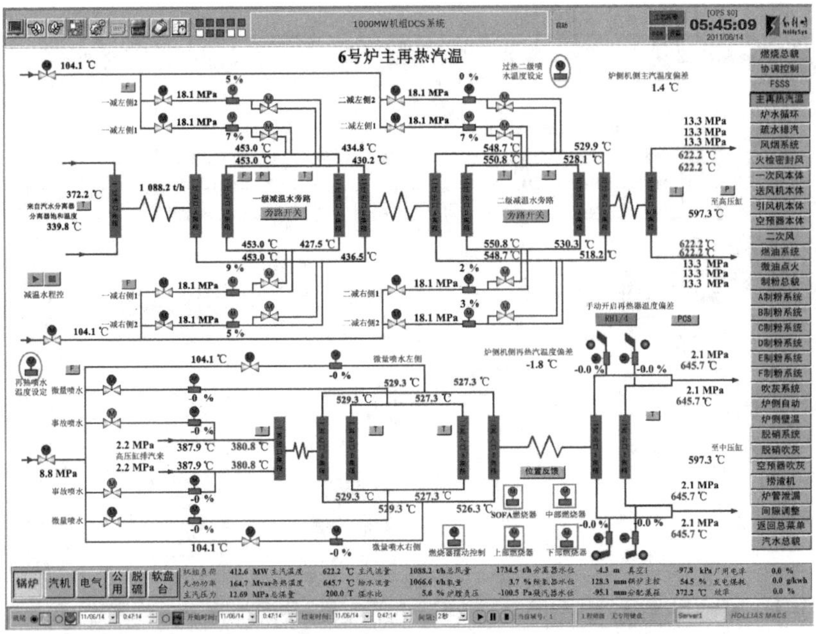

图 8-14　主再热汽温 2

点击图 8-14 上方椭圆形标记的“过热二级喷水温度设定”手操器，投入自动状态。

点击图 8-14 左侧椭圆形标记的“再热喷水温度设定”手操器，投入自动状态。

点击图 8-14 右下部方框形标记的“SOFA 燃烧器”“上部燃烧器”“中部燃烧器”“下部燃烧器”摆角控制手操器和“燃烧器摆动控制”手操器，投入自动状态。

8.7　给水泵并泵

当机组负荷达到 400 MW 时，可以将第二台给水泵(即 B 给水泵)启动并入给水系统。

并泵操作过程中应注意：

① 给水泵并泵前，务必保持 2 台给水泵小机转速相同。

② 给水泵并泵后，也应尽量保持 2 台给水泵小机转速一致。

(1) 启动 B 给水泵，并将其小机转速提速至与 A 给水泵小机转速相同。

本项操作可以事先提前进行，具体操作方法可参考第 5 章和本章中相关内容。

(2) 在“汽机主菜单”中点击＜汽水总貌＞菜单项，进入“汽水总貌”界面，如图 8-15 所示。

首先确认，图 8-15 中：

① 下方圆形标记的给水旁路电动调节手操器处于自动状态；

② 下方长方形标记的给水主控手操器处于自动状态；

③ 右下部椭圆形标记的 A、B 给水泵小机转速相同。

然后，打开图 8-15 右下部数字 1 标注的 B 给水泵出口电动门。

此时，机组处于给水主控自动控制状态，给水旁路电动调节手操器的开度会产生相应变化，自动稳定锅炉给水流量。

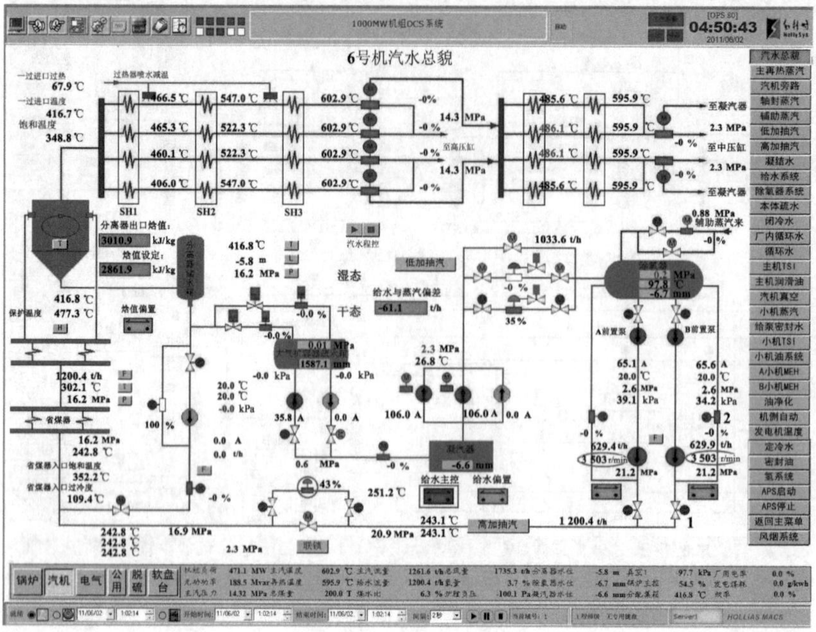

图 8-15　汽水总貌 8

(3) 待锅炉给水流量稳定后，缓慢减小图 8-15 中右下部数字 2 标注的 B 给水泵再循环调节手操器开度，直至关闭到 0%后，投入自动状态。

同理，在给水主控自动控制下，给水旁路电动调节手操器开度继续变化，以稳定给水量。

8.8　炉侧自动与机侧自动投入

8.8.1　炉侧自动投入

在“锅炉主菜单”中点击＜炉侧自动＞菜单项，进入“6 号炉自动一”界面，如图 8-16 所示。

点击图 8-16(或图 8-17)中按钮【2】，切换进入“6 号炉自动二”界面，如图 8-17 所示。

点击图 8-16(或图 8-17)中按钮【3】，切换进入“6 号炉自动三”界面，如图 8-18 所示。

点击图 8-17(或图 8-18)中按钮【1】，切换进入“6 号炉自动一”界面，如图 8-16 所示。

图 8-16、图 8-17 和图 8-18 中按钮【1】、【2】、【3】，用于切换进入“6 号炉自动”相应界面。

检查机组相应炉自动一、二、三界面中所有手操器的状态项，要求与图 8-16、图 8-17、图 8-18 中所显示的状态相同。

对于状态不同的手操器，将其按照图 8-16～图 8-18 中状态进行设定。

注意图 8-16 中间长方形标记的 4 个“过热器第二级喷水调节阀”手操器应投入自动状态，并设定偏置为 0。

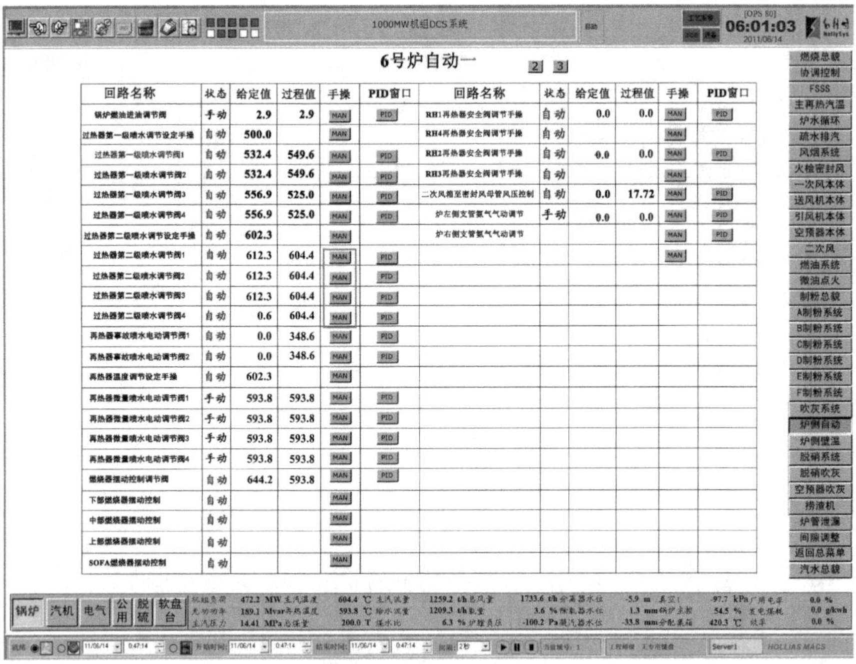

图 8-16　6 号炉自动一

图 8-17　6 号炉自动二

图 8-18　6 号炉自动三

8.8.2　机侧自动投入

在“汽机主菜单”中点击<机侧自动>菜单项，进入“6 号机自动一”界面，如图 8-19 所示。

图 8-19　6 号机自动一

点击图 8-19 中上方按钮【2】，切换进入“6 号机自动二”界面，如图 8-20 所示。

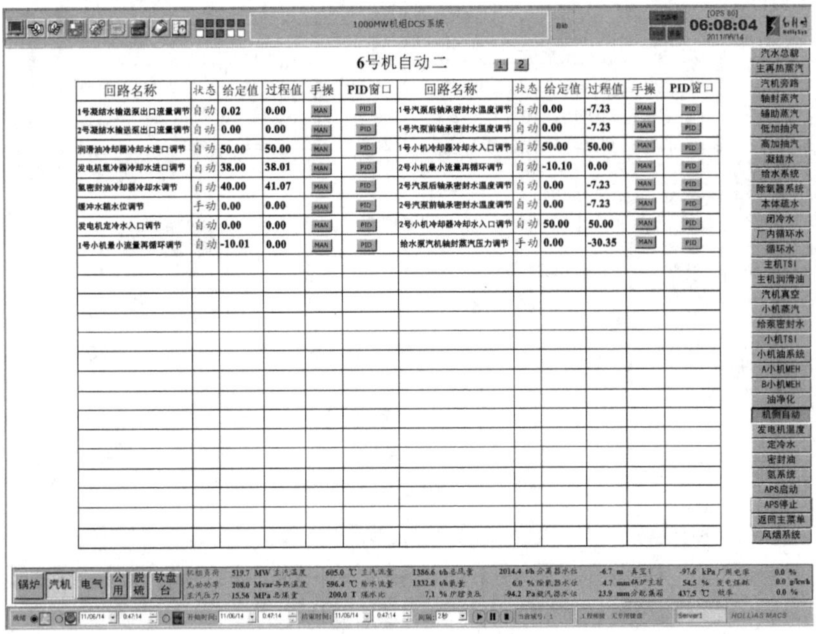

图 8-20　6 号机自动二

点击图 8-20 中按钮【1】，切换进入“6 号机自动一”界面，如图 8-19 所示。

图 8-19 和图 8-20 中按钮【1】和按钮【2】，用于切换进入“6 号机自动”相应界面。

检查机组相应机自动一、二界面中所有手操器的状态项，要求与图 8-19、图 8-20 中所显示的状态相同。

对于状态不同的手操器，将其按照图 8-19～图 8-20 中状态进行设定。

8.9 开启主给水电动门

当机组负荷达到 500 MW 时，开启主给水电动门，关闭给水旁路电动调节手操器，给水泵汽机转速调节手操器控制投入自动状态。

在“汽机主菜单”中点击＜汽水总貌＞菜单项，进入“汽水总貌”界面，如图 8-21 所示。

当前，机组已处于给水主控自动控制状态，即由图 8-21 中数字 5 标注的“给水主控”手操器自动控制给水泵小机转速，调整机组给水流量。

确认图 8-21 中：

① 数字 1 标注的给水旁路电动调节手操器处于自动状态。

② 数字 5 标注的给水主控手操器处于自动状态。

点击图 8-21 右下部数字 3、4 标注的 A、B 给水泵汽机转速调节手操器，切换至手动状态。

然后，同步缓慢调节增大 A、B 给水泵转速，由此使得数字 1 标注的给水旁路电动调节手操器开度逐渐增大，当开度超过 78%后，被强制退出自动状态。

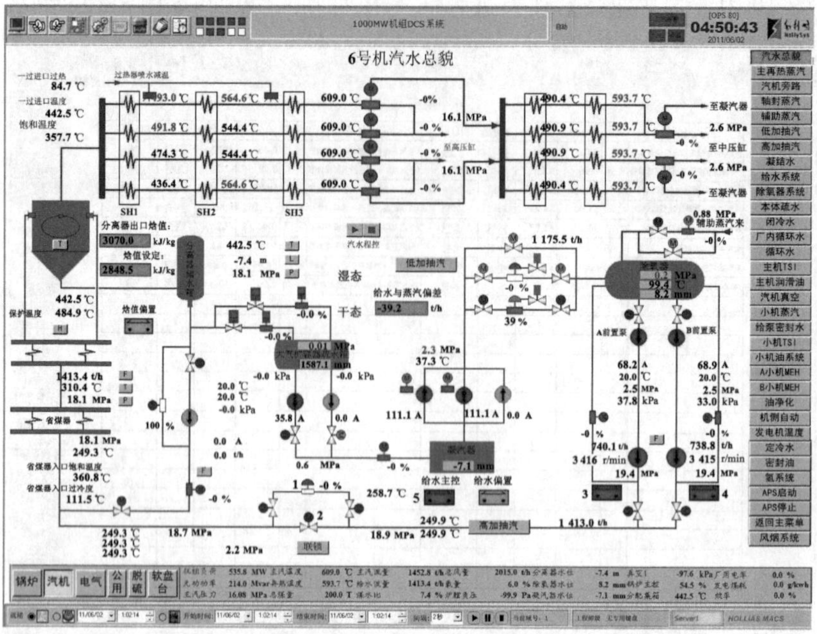

图 8-21　汽水总貌 9

此时，先打开图中下方数字 2 标注的主给水电动门；再点击图中数字 1 标注的给水旁路电动调节手操器，手动设置开度为 0%。

其后，给水旁路手操器开度逐渐减小，主给水电动门逐渐打开。

当给水旁路手操器完全关闭，并且主给水电动门完全打开后，点击图 8-21 中数字 3、4 标注的 A、B 给水泵汽机转速调节手操器，投入自动状态。

再次确认数字 5 标注的“给水主控”手操器处于自动状态。

8.10　投入协调控制系统 CCS

当机组负荷达到 500 MW 以上，同时机组给煤量达到 200 t/h 时，投入协调控制系统 CCS。

注意此时锅炉、汽轮机的全部疏水门均应已处于关闭状态。

(1) 在“锅炉主菜单”中点击＜制粉总貌＞菜单项，进入“制粉总貌”界面，如图 8-22 所示。

点击图 8-22 中椭圆形标记的 A～E 磨煤机给煤率手操器，手动设置 5 台磨煤机给煤量均为 40 t/h（当前机组总给煤量为 200 t/h 时，否则按总给煤量/5 设置）。

待各磨煤机给煤量相同后，将上述磨煤机给煤率手操器投入自动状态，偏置设定为 0。

(2) 在“锅炉主菜单”中点击＜协调控制＞菜单项，进入“协调控制中心”界面，如图 8-23 所示。

观察图 8-23 中：

① 左侧长方形标记的“机前压力”参数值。

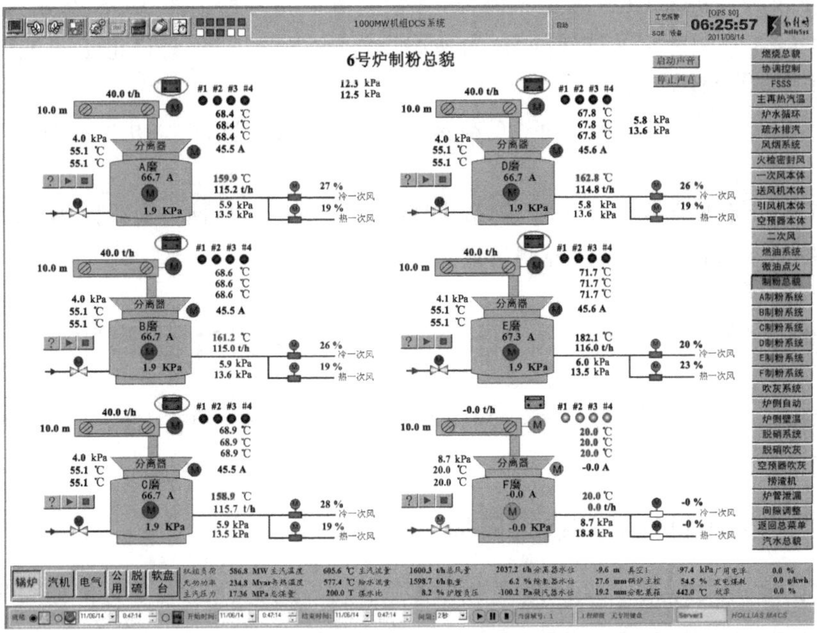

图 8-22　制粉总貌

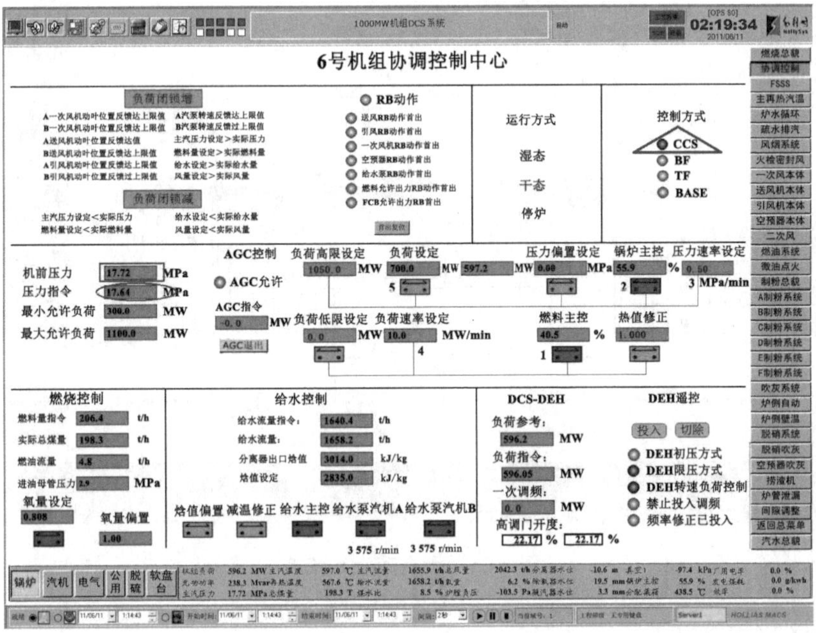

图 8-23　协调控制中心 3

② 左侧椭圆形标记的“压力指令”参数值。

在投入协调控制系统 CCS 前，务必使当前的“机前压力”和“压力指令”参数尽量接近。

点击图 8-23 右中部数字 1 标注的“燃料主控”手操器，投入自动状态。

点击图 8-23 中数字 2 标注的“锅炉主控”手操器，投入自动状态。

随后，机组控制进入 CCS 方式，图 8-23 中右上部三角形标记的“CCS”指示灯绿灯亮。

点击图 8-23 右侧数字 3 标注的“压力速率设定”参数设置框，将机组主蒸汽压力指令变化速率设定为 0.5 MPa/min。

点击图 8-23 中间数字 4 标注的“负荷速率设定”参数设置框，将机组负荷变化率，设定为 10 MW/min。

点击图 8-23 中数字 5 标注的“负荷设定”手操器，将机组目标负荷设定为 700 MW。

随后，机组负荷在 CCS 方式控制下逐渐升至 700 MW。

8.11 给水泵小机汽源、辅助蒸汽汽源切换至四抽

当机组负荷升到 500 MW 至 750 MW 时，可以将给水泵小机汽源、辅助蒸汽汽源等切换至第四级抽汽。

8.11.1 给水泵小机汽源切换至四抽

在“汽机主菜单”中点击＜小机蒸汽＞菜单项，进入“小机蒸汽系统”界面，如图 8-24 所示。

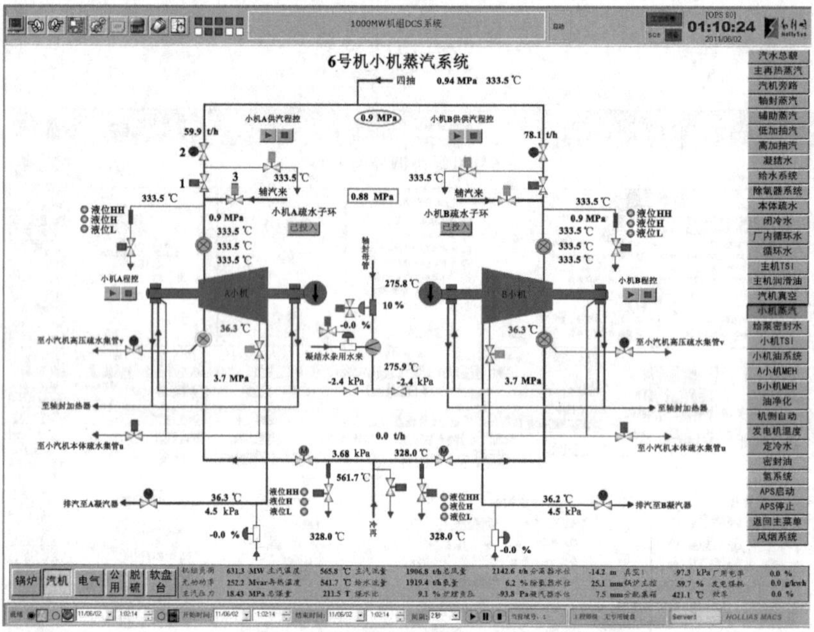

图 8-24　小机蒸汽系统 3

观察图 8-24 中：

① 上方椭圆形标记的小机四抽汽源压力参数值。

② 中间长方形标记的小机辅助蒸汽汽源压力参数值。

要求四抽汽源压力大于辅助蒸汽汽源压力后，方可进行小机汽源切换操作。

打开图 8-24 左上部“四抽”至“A 小机”蒸汽管道上数字 1 标注的四抽至 A 小机气动逆止阀。

打开图 8-24 中数字 2 标注的四抽至 A 小机电动门。

待四抽进汽电动门全开后，关闭图 8-24 中“辅汽来”至“A 小机”蒸汽管道上数字 3 标注的 6 号机辅机至 A 小机气动门，将 A 小机汽源切换至四抽。

待机组参数稳定后，采用与上述相同的操作方法，切换 B 小机汽源至四抽。

至此，完成给水泵小机汽源切换至四抽。

8.11.2　辅助蒸汽汽源切换至四抽

要求给水泵小机汽源切换至四抽后再切换辅助蒸汽汽源至四抽。

在“汽机主菜单”中点击＜辅助蒸汽＞菜单项，进入“辅助蒸汽系统”界面，如图 8-25 所示。

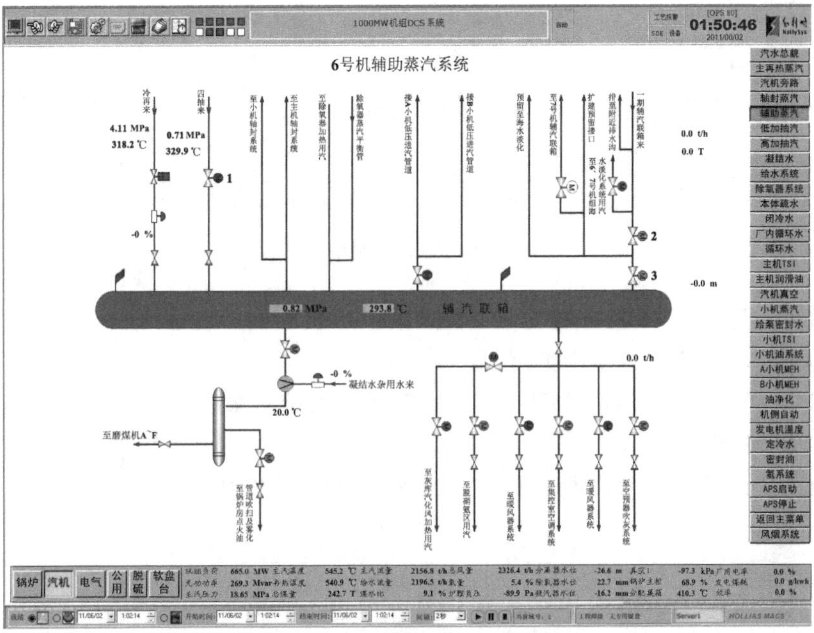

图 8-25　辅助蒸汽系统 4

打开图 8-25 左上部“四抽来”至“辅汽联箱”蒸汽管道上数字 1 标注的四抽至辅汽隔离电动门。

关闭图 8-25 右侧“一期辅汽联箱来”至“辅汽联箱”蒸汽管道上数字 2 标注的一期辅汽到二期辅汽供汽电动门。

关闭图 8-25 中数字 3 标注的一期辅汽到二期 6 号机辅汽供汽电动门。

至此，完成辅汽供汽汽源切换至四抽。

8.12　机组负荷升至满负荷 1 000 MW 并稳定

在“锅炉主菜单”中点击＜协调控制＞菜单项，进入“协调控制中心”界面，如图 8-26 所示。

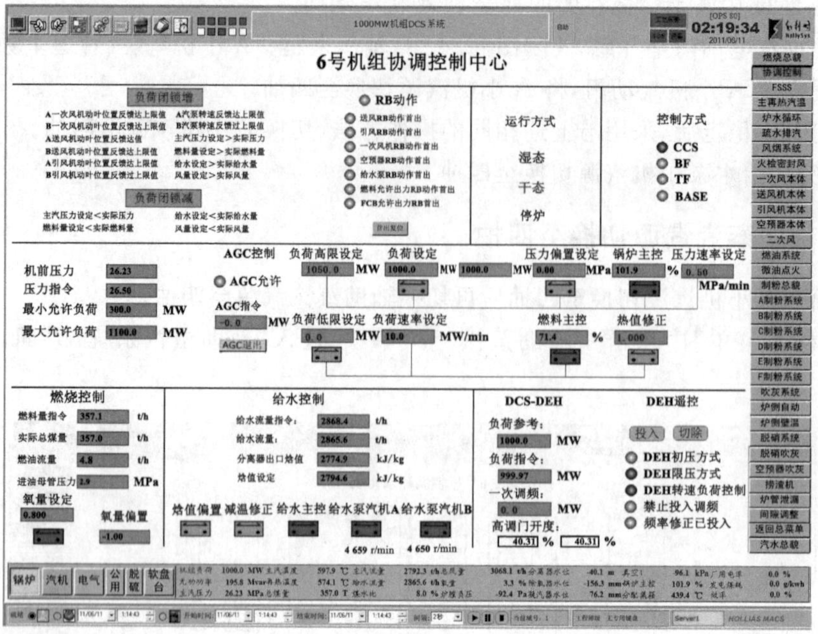

图 8-26　协调控制中心 4

机组负荷升至 700 MW 并稳定后，可依次设定机组目标负荷为 800 MW、900 MW、1 000 MW，分阶段逐步提升至满负荷 1 000 MW。

其中，当机组负荷升到 750 MW 以上时，启动 B 凝结水泵。操作方法与启动 A 凝结水泵相同，参见第 5 章中相关说明。

机组负荷达到满负荷后，“协调控制中心”界面如图 8-26 所示。

第 9 章　机组典型事故分析及处理操作

机组是由锅炉、汽轮机、发电机和辅机构成的一个不可分割的整体，其中任何一个环节发生的故障，都将引起整个机组的故障或事故。为了提高电厂的安全和效益，必须努力提高机组运行可靠性，根据事故前后的运行情况全面分析、查明根源、及时处理，尽可能减小事故发生率。

9.1　机组事故处理原则

机组事故处理总原则是“保人身、保设备、保电网”。发生事故时，运行人员应沉着冷静，对机组工况进行全面的分析，迅速找出故障点和事故根源，判断故障性质及影响范围，对事故进行正确、迅速和有效处理。做到消除事故根源、限制事故发展、解除事故对人身和设备威胁，在保证人身和设备安全情况下，尽可能保持机组运行，保持用户正常用电，保证厂用电正常供应，防止事故扩大。

9.2　锅炉事故处理

统计表明，锅炉事故的小时数约占机组非计划停运事故总小时数的一半，为了提高发电效率，必须努力提高锅炉运行的可靠性，减少事故的发生。

9.2.1　锅炉紧急停炉

(1) 锅炉 MFT 保护动作的条件。

① 手动紧急停炉。

② 送风机均跳闸。

③ 引风机均跳闸。

④ 一次风机均跳闸。

⑤ FSSS 电源丧失。

⑥ 给水泵全部跳闸。

⑦ 省煤器出口给水流量小于设定值(三取二)。

⑧ 炉膛压力高超限(三取二)。

⑨ 炉膛压力低超限(三取二)。

⑩ 全炉膛燃料丧失。

⑪ 全炉膛火焰丧失。

⑫ 风量小于 25%。

⑬ 火检冷却风丧失。

⑭ 分离器水位高越限。

⑮ 汽轮机跳闸。

⑯ 空预器全部跳闸。

⑰ 主蒸汽压力高(三取二)。

⑱ 最高的分配集箱进口温度高。

⑲ 再热器保护丧失。

⑳ 首支油枪点火推迟。

㉑ 多次点火失败。

㉒ FGD 跳闸。

(2) 锅炉遇到下列情况之一时,应紧急停炉(手动 MFT)。

① 锅炉 MFT 保护应动未动。

② 锅炉灭火或锅炉火焰电视显示无火且炉膛负压大幅波动。

③ 锅炉主要承压部件(如水冷壁、过热器、再热器、主要汽水管道等)发生爆破或严重泄漏,导致锅炉无法正常运行或严重威胁人身及设备安全。

④ 炉膛烟道内发生爆炸,使主要设备损坏或锅炉尾部烟道(包括空预器)发生再燃烧事故,排烟温度达到 205 ℃。

⑤ 锅炉安全门动作后不能及时回座,导致蒸汽压力、温度或各段工质温度超过锅炉运行允许范围。

⑥ 锅炉在 20 MPa 以下,无法监视汽水分离器液位。

⑦ 锅炉范围内发生火灾,直接威胁锅炉的安全运行。

⑧ 锅炉运行过程中,空预器跳闸停转无法隔离或盘转不动。

⑨ 闭式水供应中断。

⑩ 机组主要汽水品质严重恶化。

⑪ 锅炉所有给水流量测点损坏,造成水冷壁出口蒸汽温度显示异常或损坏测点在半小时内未能恢复。

(3) 锅炉紧急停炉的主要操作。

① 同时按下两个 MFT 事故按钮,确认锅炉灭火,保护联锁动作正常。

② 维持炉膛负压和必要的二次风量,炉膛吹扫 5～10 min 后,根据实际情况停运送风机与引风机,锅炉闷炉。

③ 如果因锅炉四管泄漏而停炉,可开启锅炉各风烟挡板对锅炉进行自然通风冷却,必要时保持一台引风机运行。

④ 如果是因锅炉尾部再燃烧而停炉,锅炉灭火后严禁通风。

⑤ 其他操作同锅炉 MFT 后操作。

9.2.2 锅炉故障停炉

机组发生故障或运行参数接近控制限额时不会立即造成严重后果,此时应尽量采取措施予以挽回,无法挽回时应立即汇报调度和总工,要求故障停机。

(1) 锅炉遇到下列情况之一时,应申请故障停炉。

① 锅炉承压部件发生泄漏但尚能维持运行。

② 锅炉管壁温度超限，采取降低负荷等降温措施后仍无法恢复正常，需紧急停炉。

③ 锅炉主要汽水品质不合格，经处理后仍不能恢复正常。

④ 锅炉严重结焦，虽经处理但仍不能恢复正常。

⑤ 所有空压机均故障，仪用气压力降至 0.45 MPa 以下。

⑥ 锅炉环保装置如电除尘器、脱硫/脱硝装置等故障，短时间内无法恢复运行。

⑦ 辅机故障无法再维持主机正常运行。

⑧ 操作员站画面部分数据显示异常、部分设备状态失去或部分设备手动控制功能无法实现，将危及机组安全运行。

⑧ 锅炉主要保护及仪表(如 MFT)功能失去，在规定时间内无法恢复。

(2) 锅炉故障停炉的主要操作。

① 值长向各级领导和上级调度值班员汇报机组故障情况，做好事故预想并申请停炉，获准后快速降负荷。

② 通过最大负荷设定模块将机组负荷减至 50 MW，并停机。

③ 确认高、中压主蒸汽门、调节门、补汽门及各段抽汽逆止门均关闭，高排通风门开启，发电机逆功率动作与系统解列，机组转速下降。

④ 根据故障情况决定手动 MFT 的时间。

⑤ 对锅炉进行自然通风冷却，确要启动风机，需报总工或生产副厂长批准后才能实施。

⑥ 其余操作同机组正常停运后的操作。

9.2.3　锅炉灭火

锅炉灭火是锅炉常见燃烧事故之一，处理不当会造成锅炉设备严重损坏及人身伤害，危害极大。

(1) 锅炉灭火的现象。

① MFT 动作语音报警，MFT 首出条件的指示灯亮，火焰电视中看不到火焰。

② 机组负荷到零，汽轮机跳闸，发电机解列，高低压旁路开启，锅炉再热器安全门可能动作并发出尖锐的排汽音，炉膛负压波动。

③ 相应辅机、辅助设备跳闸并出现声光报警。

(2) 锅炉灭火后的处理。

① 检查 MFT 是否动作，若不动作，应立即手动 MFT。

② 确认所有磨煤机、给煤机、一次风机、密封风机和全部油枪跳闸，燃油进油快关阀、回油快关阀全部关闭。

③ 确认汽机跳闸，高、中压主蒸汽门、高、中压调节门、高、中压补汽门、高排逆止门、各抽汽逆止门和抽汽电动门关闭，高排通风门和汽机本体疏水门开启，汽机转速下降。

④ 确认发电机逆功率保护动作与系统解列，检查并确认发变组主开关、励磁开关断开，厂用电快切动作正常。

⑤ 确认高、低压旁路动作正常，防止锅炉超压，待锅炉压力正常后，及时关闭高低压旁路，并检查再热器安全门回座。

⑥ 确认一台汽泵跳闸，锅炉省煤器入口电动门关闭，过/再热器减温水调节门前后的隔

离电动门关闭，投运的吹灰器保护退出，所有的辅助风小挡板开启，及时将主/再热蒸汽管道疏水门关闭，维持辅汽压力稳定。

⑦ 确认汽水分离器疏水箱液位控制以及锅炉各受热面疏水液位控制正常。

⑧ 确认电除尘、脱硝/脱硫系统退出运行。

⑨ 值长将相关情况向各级领导和上级值班调度员汇报，并通知各运行工程师、设备工程师等到现场分析故障原因，确认故障为保护误动或很快可消除，则做好机组启动的准备，如故障难以在短时间内消除，则按正常停炉处理。

⑩ 维持炉膛负压，调整风量至 30%～40% BMCR 对锅炉进行吹扫，吹扫 5～10 min 后结束，如机组需停炉处理，在吹扫完成后，停运送风机、联合引风机进行闷炉。

⑪ 保持辅汽供应正常，注意轴封汽温度控制，确保轴封汽温度与转子金属温度相匹配。

⑫ 按照机组正常停运操作将汽轮机和发电机安全停运，拉开发变组出口闸刀。

⑬ 停止化学加药。

⑭ 加强跳闸磨煤机的检查，若机组需停炉检修，应联系检修人员清理磨煤机及给煤机中的存煤，防止制粉系统着火、爆炸。

⑮ 退出空预器密封装置运行。

⑯ 查明原因并消除后，重新点火。

9.2.4 机组 RB

机组 RB 是指当机组重要辅机发生故障时，辅机出力不能满足机组当前出力要求，机组自动把负荷快速降至辅机最大出力以下的功能。

(1) 机组 RB 现象。

① 操作员站上出现辅机跳闸报警。

② RB 动作报警，机组负荷快速下降。

③ 锅炉主控自动跳出，机组协调撤出，转为 TF 方式运行。

(2) 机组 RB 原因。

运行中的磨煤机、汽泵、送风机、引风机、一次风机以及空预器等，其中任何一个设备跳闸，均可引发机组 RB 动作。

(3) 机组 RB 动作结果。

① 磨煤机 RB：机组最大允许负荷，以每分钟 1 000 MW 的速率降至剩余磨煤机的最大出力(每台 21%BMCR)，锅炉主控跳出自动，跟踪机组最大允许负荷。

② 汽泵 RB：机组最大允许负荷，以每分钟 2 000 MW 的速率降至 550 MW，锅炉主控跳出自动，跟踪机组最大允许负荷，燃料、给水自动降至对应值，按预设顺序每 8 s 跳一台磨煤机，保留三套制粉系统运行。

③ 送风机 RB：机组最大允许负荷，以每分钟 1 500 MW 的速率降至 500 MW，锅炉主控跳出自动，跟踪机组最大允许负荷，燃料、给水自动降至对应值，同侧引风机跳闸，按预设顺序每 10 s 跳一台磨煤机，保留三套制粉系统运行。

④ 联合引风机 RB：机组最大允许负荷，以每分钟 1 500 MW 的速率降至 500 MW，锅炉主控跳出自动，跟踪机组最大允许负荷，燃料、给水自动降至对应值，同侧送风机跳闸，按预设顺序每 10 s 跳一台磨煤机，保留三套制粉系统运行。

⑤ 一次风机RB:机组最大允许负荷,以每分钟2 000 MW的速率降至500 MW,锅炉主控跳出自动,跟踪机组最大允许负荷,燃料、给水自动降至对应值,按预设顺序每5 s跳一台磨煤机,保留三套制粉系统运行。

⑥ 空预器RB:机组最大允许负荷,以每分钟1 500 MW的速率降至500 MW,锅炉主控跳出自动,跟踪机组最大允许负荷,燃料、给水自动降至对应值,同侧送风机、引风机跳闸,按预设顺序每5 s跳一台磨煤机,保留三套制粉系统运行。

(4) 机组RB动作后的处理。

① 在重要辅机跳闸后,首先确认RB发生,RB动作正确,否则手动干预。

② 由于RB动作,锅炉燃烧工况发生巨大扰动,要做好锅炉总燃料量、给水量、燃水比、分离器出口温度、主/再热蒸汽温度、压力、炉膛负压、机组负荷等重要参数的监视和调整,若发现锅炉扰动过大,燃烧不稳,应及时投入油枪稳燃。

③ 检查并确认汽机润滑油压、轴封蒸汽温度、轴向位移、振动、凝汽器水位、除氧器水位、各高低压加热器水位等参数正常。

④ 检查并确认跳闸磨煤机的消防蒸汽投入。

⑤ 一次风机跳闸引起RB动作,检查并确认热一次风母管压力,制粉系统入口一次风压力及流量,两台一次风机电机的电流及喘振报警情况,若一次风机失速,应尽快调整。

⑥ 当启动跳闸磨煤机时,应先确认满足该磨煤机的点火能量,缓慢将磨煤机内的存煤吹入炉膛,当磨煤机内部存煤吹扫干净后,才可启动该制粉系统,以防止发生煤粉爆燃。

9.2.5 锅炉受热面损坏

省煤器、水冷壁、过热器和再热器简称“锅炉四管”。四管受热面的损坏爆破事故是锅炉事故中最常见的一种,当受热面管路爆破时,高温、高压汽水从爆破点喷出,不但要停炉限制电负荷,而且严重时会发生人身伤害。

(1) 四管泄漏的共同现象。

① 炉管泄漏检测装置报警。

② 根据炉管泄漏检测装置提示的位置进行就地检查时,可能听到泄漏声,严重时有烟气或蒸汽外冒。

③ 当泄漏严重时,机组负荷会有明显下降。

④ 除再热器泄漏外,其余受热面管道泄漏严重时,均会出现给水流量不正常地大于蒸汽流量的现象。

⑤ 泄漏点后的受热面管壁温度及工质温度都有所上升。

⑥ 联合引风机电流增大。

(2) 除上述共同特征外,不同的受热面泄漏还有自身的特殊现象。

① 省煤器:泄漏侧烟气温度降低。

② 水冷壁:水冷壁严重泄露可能造成燃烧不稳,炉膛负压偏正并波动,联合引风机电流增大,特别严重时可能造成炉膛灭火。

③ 过热器:两侧主蒸汽温度或减温水调节门的开度出现明显偏差。

④ 再热器:当再热器发生泄漏时,给水流量和主蒸汽流量基本平衡,两侧再热汽温度或减温水调节门的开度出现明显偏差。

(3) 四管泄漏的原因。

① 管材不良,制造、安装或焊接质量不合格。

② 给水品质长期不合格,受热面内结垢严重,引起垢下腐蚀。

③ 燃烧调整不当,火焰冲刷管屏或锅炉热负荷分配不均,导致部分管材高温腐蚀。

④ 管壁长期超温导致爆管。

⑤ 吹灰器安装位置不正确,吹灰前未能疏尽疏水或吹灰器内漏,导致受热面吹损。

⑥ 受热面膨胀不良,热应力增大。

⑦ 给水流量或给水温度大幅变化,引起水冷壁相变区反复位移,导致管壁疲劳损坏。

⑧ 飞灰冲刷使受热面磨损。

⑨ 锅炉掉落焦块较大,砸坏水冷壁管。

⑩ 启停炉时,对再热器或省煤器缺少必要的保护。

⑪ 水力吹灰投用不当,导致受热面应力损坏。

⑫ 炉膛受热面不严密,部分受热面漏风导致应力损坏。

⑬ 锅炉受热面高温腐蚀和低温腐蚀。

(4) 四管泄漏的处理。

① 当确认四管泄漏后,立即向有关领导汇报。

② 若泄漏不严重,尚能维持运行,先进行以下处理:

(a) 省煤器和水冷壁泄漏的处理。

注意给水和燃料自动控制,必要时切为手动,调整燃水比正常,并维持各段工作温度,尤其是分离器出口温度正常,降低机组出力和锅炉主蒸汽压力。

(b) 过热器、再热器管泄漏的处理。

过热器泄漏应降低锅炉压力,同时注意观察泄漏侧主蒸汽温度不超温,再热器泄漏应降低机组负荷,并注意观察泄漏侧再热汽温度不超温。

③ 停炉前做好泄漏部位的监视,做好事故预想,并在泄漏区域周围增设围栏并悬挂标示牌,防止汽水喷出伤人。

④ 请示停炉。

⑤ 若泄漏严重,当泄漏点后工质温度急剧升高无法维持正常运行时,应紧急停炉,在停炉后,对锅炉进行自然通风冷却。

9.2.6 给水流量骤降或中断

(1) 给水流量骤降或中断的现象。

① 给水压力、给水流量迅速下降并报警。

② 主蒸汽流量及机组负荷下降。

③ 锅炉水冷壁出口温度迅速上升。

④ 如给水流量低于跳闸值,则锅炉 MFT 动作。

(2) 给水流量骤降或中断的原因。

① 给水泵跳闸或给水泵故障。

② 给水系统高压加热器故障或阀门误关。

③ 给水管道泄漏或爆破。

④ 给水自动失灵、给水门故障或小汽轮机控制系统故障。

⑤ 机组负荷骤减或其他原因造成了小汽轮机汽源压力下降或汽源中断。

⑥ 启动阶段，锅炉启动循环泵异常跳闸，导致水冷壁入口给水流量减小。

(3) 给水流量骤降或中断的处理。

① 给水泵跳闸，参照给水泵 RB 的相关规定处理。

② 若给水泵故障导致给水流量突降，尚未达到保护动作值时，应迅速降低机组负荷出力，减少燃料量，同时迅速处理故障，调整给水流量，维持合适的燃水比，从而确保锅炉各受热面温度和蒸汽温度正常。

③ 机组运行稳定后，联系检修人员进行故障处理。若在运行中无法处理，请示停炉。

④ 若给水流量低于保护动作值、分配集箱进口温度达到保护动作值，而保护未动或锅炉受热面严重超温不能立即恢复至正常值，则应立即手动 MFT，锅炉 MFT 后的有关操作按锅炉 MFT 的相关规定处理。

⑤ 给水管道严重泄漏，威胁设备及人身安全时，应立即停止机组运行。

⑥ 给水自动失灵后，应立即将给水泵切至手动控制，根据煤量和分配集箱进口温度调整给水量，并及时联系热工处理。

9.2.7　汽水分离器储水箱水位高

在启动及停运过程中，汽水分离器储水箱水位应保持在规定的范围内，若水位过高超过规定值，将造成机组跳机。

(1) 汽水分离器储水箱水位高的原因。

① 一级过热器进口温度低，无过热度。

② 锅炉启动系统有阀门未正常开启。

③ 锅炉启动 3A 调阀投入"自动"的定值设定错误，自动投入"自动"功能不能实现。

④ 分离器储水箱水位测量故障。

⑤ 在锅炉正常运行中，锅炉启动循环泵进口过冷水调节门和隔离门误开。

⑥ 高压加热器解列。

(2) 汽水分离器储水箱水位高的处理。

① 适当提高锅炉负荷，提高一级过热器进口温度，保证有过热度。

② 锅炉启动 3A 调阀自动投入自动的功能若不能实现，及时联系维护人员处理。

③ 当分离器储水箱水位高时，若锅炉启动 3A 截止阀未正常开启，及时手动开启，若无法开启，联系维护人员处理。

④ 在锅炉正常运行过程中，锅炉启动循环泵进口过冷水调节门和隔离门关闭。

⑤ 在高压加热器解列期间，应重点监视和提高一级过热器进口温度及过热度。

⑥ 若分离器储水箱水位测量故障，及时联系维护人员处理。

9.2.8　锅炉炉膛爆炸

(1) 锅炉炉膛爆炸的现象。

① 炉膛负压大幅波动。

② 火焰电视变黑。

③ 就地发生巨大的噪声和强烈的震动。

④ 锅炉 MFT 可能动作。

(2) 锅炉炉膛爆炸的原因。

① 锅炉点火前炉膛未吹扫干净,炉内存有可燃物。

② 锅炉突然灭火,燃料未能及时切断。

③ 锅炉严重结渣。

④ 炉膛负压调节不当,导致炉膛内爆。

⑤ 在锅炉闷炉期间,有燃料进入炉膛。

(3) 锅炉炉膛爆炸的处理。

① 若锅炉 MFT 动作,则按锅炉 MFT 事故处理原则处理,否则按下机组 MFT 紧急事故按钮,并向有关领导汇报现场情况。

② 全面检查锅炉本体和重要设备,分析事故原因,制定防范措施,在消除故障后方可允许重新启动。

9.2.9 锅炉结焦

(1) 锅炉结焦的现象。

① 从锅炉观火孔观察受热面有明显的结焦情况。

② 排烟温度上升。

③ 再热汽温度异常升高,减温水量大幅增加。

④ 过热器、再热器的管壁温度明显上升或超限。

⑤ 当局部结渣时,将使热偏差增大,局部管壁过热。

⑥ 当结焦严重时,会发生明显的塌焦迹象。

(2) 锅炉结焦的原因。

① 燃用煤种的灰熔点过低,属于易结焦煤种。

② 配风和氧量控制不合理,导致炉膛内形成还原性气氛,降低了灰熔点。

③ 锅炉连续高负荷运行。

④ 锅炉燃烧调整不当,导致火焰中心偏斜或燃烧器区域热负荷过大。

⑤ 煤粉过粗或燃烧器工作不正常。

⑥ 炉膛长时间未吹灰,或吹灰器投用不合理。

(3) 锅炉结焦的预防和处理。

① 尽量燃用设计煤种,当出现煤种大幅变化时,应及时进行燃烧调整,制定完善的防止锅炉结焦运行措施。

② 对于易结焦煤种,当在燃用过程中发现有明显结焦倾向时,应适当提高氧量,并根据结焦情况调整一、二次风配比。若燃烧调整无效,应进行合理掺烧,必要时适当降低锅炉负荷。

③ 加强就地看火和观焦,重点了解炉膛出口、燃烧器区以及渣斗等区域的结焦情况,发现结焦及时处理,根据结焦情况及时加入松焦剂。

④ 锅炉结焦严重,无法维持正常运行,应汇报相关领导,申请停炉处理。

⑤ 制定合理的吹灰方式并严格执行,同时运行人员还应根据锅炉运行情况,发现过热

器、再热器壁温度偏高或过热器减温水量过大时，及时增加水冷壁吹灰。如果经加强水冷壁吹灰，但过热器、再热器管壁温度和减温水未见明显下降时，应申请机组降负荷。

⑥ 定期化验磨煤机出口煤粉细度，根据煤粉细度调整磨煤机运行参数及对其进行检修。

9.3 汽轮机事故处理

汽轮机在运行中会发生一些故障，比如汽轮机水冲击、轴瓦磨损、大轴振动、凝汽器掉真空、汽轮机断叶片、保护误动作跳机、辅机运行中跳闸等。当发生此类故障时，运行人员若不及时处理，会造成人员伤亡或设备损坏，产生严重影响。

9.3.1 汽轮发电机组破坏真空紧急停机

当汽轮发电机组造成人身伤亡及机组主设备损坏时，应破坏真空紧急停机。

(1) 汽轮发电机组遇到下列情况之一时，应破坏真空紧急停机。

① 汽轮机转速升高到超速保护动作转速(3 300 r/min)，而仍不动作。

② 汽轮发电机组1～5号轴承座的绝对振动达11.8 mm/s，6～8号轴承座的绝对振动达14.7 mm/s，任一轴承相对振动值达到130 μm。

③ 汽轮发电机组内部有明显的金属摩擦声和撞击声。

④ 汽轮机发生水冲击，主/再热蒸汽温度在10 min内突降50 ℃，高中压外缸上下缸壁温度差超过45 K。

⑤ 轴封处摩擦发生火花。

⑥ 汽轮发电机组任一轴承冒烟。

⑦ 汽轮机发电机组1～5号轴承金属温度达130 ℃，6号轴承金属温度达120 ℃，7号～8号轴承金属温度达107 ℃。

⑧ 汽轮机轴向位移小于−1 mm或大于1 mm，推力轴承金属温度大于130 ℃。

⑨ 汽轮机油系统着火，不能很快扑灭，严重威胁机组安全运行。

⑩ 发电机或励磁变压器内部冒烟、起火及爆炸。

⑪ 氢系统着火、爆炸。

⑫ 主机润滑油箱油位，低于1 350 mm或高于1 550 mm。

⑬ 油系统严重漏油，影响油压、油位。

(2) 破坏真空紧急停机的主要操作(要求闷缸处理)。

① 手动按备用盘(或就地盘)上“汽机跳闸”按钮(因轴承座振动高、轴承金属温度高、汽机紧急供油动作及发电机保护等引起汽机跳闸，凝汽器两个真空破坏门自动开启)。

② 在锅炉侧，立即按下MFT事故按钮，确认锅炉灭火以及保护联锁的动作正常。

③ 检查高压主蒸汽门、中压主蒸汽门、调节门、补汽门及各级抽汽逆止门、抽汽电动门是否均关闭，高排通风门开启，发电机逆功率动作与系统解列，负荷到零，机组转速下降。

④ 如高压旁路快开，待快开条件消失后，立即关闭高压旁路。

⑤ 解除真空泵联锁，停用运行真空泵，同时按下两个“开真空破坏门”事故按钮，检查真空破坏门是否开启。

⑥ 按下两台汽动给水泵的遮断按钮。

⑦ 关闭所有进入凝汽器的疏水门，如遇汽轮机水冲击，应及时开启汽轮机本体及各段抽汽管道疏水门，必要时强制开启。

⑧ 破坏真空停机，必须确认后缸喷水自动开启。

⑨ 机组惰走期间，就地检查机组振动、润滑油回油温度、润滑油压力等参数，倾听机组内部的声音，并准确记录惰走时间。

⑩ 完成运行规程规定的其他停机、停炉操作。

⑪ 电气部分按发变组主开关跳闸处理。

9.3.2 汽轮发电机组不破坏真空紧急停机

(1) 汽轮发电机组遇到下列情况之一时，应不破坏真空紧急停机。

① 机侧重要的汽、水、油管道破裂，导致机组无法维持运行。

② 主蒸汽压力升高，汽轮机自动主蒸汽门前汽压升高至 31.5 MPa。

③ 主/再热蒸汽温度异常升高，超过 624 ℃。

④ 主/再热蒸汽管道两侧汽温偏差大于 28 K，并在 15 min 内无法恢复。

⑤ 汽轮机蒸汽品质严重恶化。

⑥ DEH 工作失常，汽轮机不能控制转速或负荷。

⑦ 汽轮发电机组的保护出现拒动(需破坏真空停机的保护除外)。

⑧ 发电机漏水、漏油严重，且无法处理。

⑨ 发电机密封油系统故障，无法维持油氢压差，导致发电机密封瓦处大量漏氢。

⑩ 汽轮机无蒸汽运行时间超过 1 min，而发电机逆功率未动作。

⑪ 发电机励磁回路两点接地。

⑫ 氢气纯度小于 92%，处理无效。

⑬ 中压缸排汽温度大于 337 ℃。

⑭ 主机高、中压缸轴封温度小于 260 ℃，低压缸轴封温度大于 340 ℃，调整无效。

⑮ 发变组一次系统短路故障，保护装置拒动，定子电流指示满挡，定子电压剧烈降低。

⑯ 发电机或励磁变压器内部冒烟、起火及爆炸。

⑰ 发电机组出现超过允许的剧烈振动。

⑱ 出现直接危及人身安全的事故。

(2) 不破坏真空紧急停机的主要操作。

① 同时按下汽轮机两个紧急停机按钮，检查并确认高中压主蒸汽门、调节门及各级抽汽逆止门、加热器进汽电动门是否均关闭，负荷到零，转速下降。

② 高、低压旁路和有关疏水门自动打开。

③ 检查机组情况，听测转动部分的声音和振动情况。

④ 当转子静止时，记录并比较惰走时间。

⑤ 根据机组的运行情况，适时停用一台凝结水泵和一台汽动给水泵。

⑥ 完成运行规程规定的其他停机操作。

⑦ 电气部分按发变组主开关跳闸处理。

9.3.3　故障停机

机组发生故障或运行参数接近控制限额，还不会立即造成严重后果，应尽量采取措施予以挽回，当无法挽回时应立即汇报调度和总工，要求故障停机。

(1) 汽轮发电机组遇到下列情况之一时，应进行故障停机。

① 高中压主蒸汽门前，任意一侧主/再热蒸汽温度超过 616 ℃，且 15 min 内不能恢复正常。

② 凝汽器真空缓慢下降，采取降负荷至零仍无效。

③ 汽轮机高、中压主蒸汽门卡涩或调节门、抽汽逆止门不能自动关严。

④ EH 油系统故障，危及机组安全运行。

⑤ 机侧汽、水、油管道泄漏，隔离无效，将无法维持机组运行。

⑥ EH 油、主机润滑油的油质恶化，且处理无效。

⑦ 发电机氢系统泄漏，无法维持氢压或发电机氢气纯度低于 95%，且处理无效。

⑧ 发电机同侧两组氢冷器都泄漏或氢气冷却系统故障从而无法控制氢温。

⑨ 发电机漏液检测装置报警，经检查确认发电机有漏水、漏油现象。

⑩ 发电机层间温度大于 90 ℃或线棒出水温度大于 85 ℃，调整无效。

⑪ 发电机铁芯温度大于 120 ℃或转子绕组温度大于 110 ℃，调整无效。

⑫ 发电机定子线棒出水温差大于 12 ℃或线棒层间温差大于 14 ℃，调整无效。

⑬ DCS、DEH 主要监视数据异常，部分画面失去，危及机组安全。

⑭ 轴向位移接近限值，在处理后仍不能恢复正常且推力瓦温度同时升高。

(2) 故障停机的主要操作。

① 由值长向各级领导和上级调度值班员汇报机组故障情况，做好事故预想并申请停机。

② 通过最大负荷设定块将机组负荷减到 50 MW 后停机。

③ 确认高压主蒸汽门、中压主蒸汽门、调节门和补汽门及各段抽汽逆止门均关闭，高排通风门开启，发电机逆功率动作与系统解列，机组转速下降。

④ 根据故障情况决定手动 MFT 的时间。

⑤ 当要求锅炉进行通风冷却的时候，可以对锅炉进行自然通风冷却，如确要启动风机，需报总工或生产副厂长批准后才能实施。

⑥ 其余操作同机组正常停运后的操作。

9.3.4　凝汽器真空降低

凝汽器真空降低会造成机组做功能力降低、汽动给水泵出力下降、机组经济性降低，运行人员应认真排查，消除故障，恢复机组真空。

(1) 凝汽器真空降低的现象。

① 操作员站画面上显示凝汽器真空下降。

② 汽轮机低压缸排汽温度升高，凝结水温度相应升高。

③ 在相同负荷下蒸汽流量增加，监视段压力升高。

④ 凝汽器端差增大；凝结水过冷度可能增大。

(2) 凝汽器真空降低的原因。

① 机组负荷不正常增加。

② 凝汽器冷却水量不足或中断，循环水温上升；凝汽器钢管脏或结垢；凝汽器水位控制失常；凝汽器满水。

③ 真空系统泄漏或真空泵工作失常；真空破坏门误开或真空破坏门水封失去。

④ 轴封系统工作失常。

⑤ 低压缸安全薄膜破损。

⑥ 高、低压旁路投运或大量高、中压疏水进入凝汽器。

⑦ 凝结水储存水箱，水位过低。

(3) 凝汽器真空降低的处理。

① 凝汽器真空下降较快的处理。

(a) 若发现真空下降，应对照低压缸排汽温度表进行确认，只有真空降低的同时排汽温度相应升高，才可被判断为凝汽器真空真正下降。

(b) 当凝汽器内背压升至 11.8 kPa 时，确认备用真空泵自启。

(c) 当凝汽器背压大于 30 kPa 时，汽轮机跳闸保护将动作跳机。

(d) 当低压缸进汽压力在 0.113～0.607 MPa 时，对照主机凝汽器背压曲线，限制凝汽器真空在该区域范围维持 5 min，汽轮机跳闸保护将动作跳机，否则手动紧急停机；当凝汽器压力到 30 kPa，且小机保护拒动时，应手动脱扣。

(e) 真空每下降 1 kPa，降低负荷 100 MW。

(f) 当凝汽器真空下降，低压缸排汽温度升高到 80 ℃时，开启低压缸喷水电磁阀，控制排汽温度不超过 90 ℃；当排汽温度超过 110 ℃时，汽轮机跳闸保护将动作跳机。

(g) 因循环水中断或水量不足引起真空下降时，应立即查找原因并处理；若循环水全部中断，应立即打闸紧急停机，待凝汽器排汽温度降到 50 ℃以下时，再向凝汽器通循环水。

(h) 因凝汽器真空过低紧急停机或其他原因破坏真空停机时，应立即切除高、低压旁路，禁止所有带压管道(锅炉、主/再热蒸汽管道等)向凝汽器排汽和疏水。

② 凝汽器真空缓慢下降的处理。

(a) 检查循环水系统是否正常。

(b) 若轴封压力低，应调整轴封蒸汽母管压力至正常值；若溢流调节门失控，应手动关小调节门或调节门前隔绝门；若轴封调节门失控，应开启调节门旁路；若轴封蒸汽温度低，应开启疏水门，查看并关闭轴封蒸汽减温水门，确认轴封电加热器已投入，必要时可切换冷再蒸汽或辅助蒸汽来提供轴封用汽。

(c) 因凝汽器水位高引起真空下降，应查明原因，及时设法降低热井水位。

(d) 检查并确认真空泵入口门开启，分离器水位应正常，如果真空泵运行不正常影响真空，则应启动备用真空泵运行，停运故障泵，并关闭进气气动门。

(e) 对真空系统的设备进行查漏和堵漏。

(f) 检查汽封冷却器，汽泵密封水回水水封装置，凝结水泵密封水。

(g) 检查真空系统管道及低压加热器连续放气管道是否损坏，若破坏真空门不严密，应关严并注水；若真空系统有关阀门(仪表排污门、水位计排放门等)误开，应立即关闭。

(h) 对小汽轮机排汽侧进行检查，若小机排汽侧真空低影响凝汽器真空，应将机组负荷降至额定负荷的 50%，停运并隔绝排汽侧漏空气入小机，进行小机堵漏。

9.3.5　汽轮机水冲击

高压大容量汽轮机，尤其是大型再热汽轮机，进水之后将造成汽轮机叶片损伤、动静部分碰磨、汽缸出现裂纹或产生永久变形、推力轴承损坏等严重事故。

(1) 汽轮机发生水冲击的现象。

① 主蒸汽或再热蒸汽温度急剧下降。

② 清楚地听到蒸汽管道或汽轮机内有水击声。

③ 机组负荷晃动。

④ 主蒸汽门和调节门门杆处、蒸汽管道法兰、阀门密封圈、汽轮机轴封、汽缸结合面冒出白色的湿汽或溅出水滴。

⑤ 推力轴承温度和回油温度上升，轴向位移窜动且有增大趋势，汽缸金属壁温度急剧下降，高、中压外缸上下壁温度差增大，机组振动剧烈。

(2) 汽轮机发生水冲击的主要原因。

① 汽温、汽压控制系统故障或人工调节不当，造成主/再热蒸汽温度急剧下降。

② 主/再热蒸汽减温水阀门控制失灵或内漏严重。

③ 运行中多台磨煤机跳闸，给水调节不及时，燃水比严重失调，主蒸汽温度急剧下降。

④ 汽水分离器水位控制不当或给水泵工作失常，造成汽水分离器满水。

⑤ 加热器、除氧器满水，汽轮机防进水保护拒动或保护动作但抽汽隔离门不严。

⑥ 高压旁路、主蒸汽管预暖阀门减温水控制不当或减温水隔离门、调节门不严。

⑦ 本体疏水及有关蒸汽管道疏水不良。

⑧ 轴封系统蒸汽温度过低、减温器调节失常、疏水不良、汽封冷却器满水进入汽封。

⑨ 在低负荷运行阶段，汽水分离器分离性能差，导致蒸汽带水。

⑩ 机组负荷突然大幅增加，主蒸汽温度剧烈下降。

(3) 汽轮机水冲击的处理。

① 主/再热蒸汽温度在 10 min 内急剧下降 50 ℃，应紧急停机。

② 确认汽轮机发生水冲击，应破坏真空，紧急停机，尽快切断有关汽水源，加强主/再热蒸汽管道、汽轮机本体及轴封供汽系统的疏水。

③ 若因加热器或除氧器满水引起水冲击，应立即撤出故障加热器或除氧器，并开启相应的事故疏水，同时加强抽汽管道的疏水。

④ 若轴封蒸汽带水，应立即切断水源，开启轴封后疏水器旁路门，加强管道疏水。

⑤ 在停机过程中，应严密监视推力瓦乌金温度、回油温度、轴向位移、高中压外缸上下缸壁温度差、汽缸膨胀情况及机组振动情况。

⑥ 必须准确记录惰走时间、大轴偏心度，仔细倾听机内声音。

⑦ 汽轮机因水冲击而停机，若惰走时间明显缩短，轴向位移、推力轴承温度、振动超限或机内有异常声音，应及时汇报总工和有关领导，以决定是否开缸检查。

⑧ 投入盘车后，要特别注意盘车运行情况、大轴偏心度等参数变化，严禁强行盘车。

⑨ 汽轮机水冲击紧急停机后，必须连续盘车 24 h 以上，同时确认轴向位移、汽缸温差等重要技术指标合格，经总工批准、有关专业领导及技术人员到场后，方可重新启动。

9.3.6 汽轮机叶片损坏

汽轮机叶片损坏事故包括叶片出现裂纹、断裂和水蚀,拉筋开焊或断裂,围带飞脱,叶轮损坏等。在汽轮机发生的事故中,因叶片损坏而导致的事故占很大一部分,应引起重视。

(1) 汽轮机运行中叶片损坏的现象。

① 汽轮机内部发出明显的金属摩擦声。

② 机组振动增加或发生强烈振动。

③ 轴向位移异常变化,推力瓦乌金温度、回油温度异常升高。

④ 各段抽汽压力异常。

⑤ 低压末级叶片断裂造成凝汽器冷却水管破裂,使凝汽器水位升高,凝结水电导率、钠离子浓度、硬度等明显增大,汽水品质急剧恶化。

(2) 汽轮机叶片损坏或断落的原因。

① 机组偏离正常频率运行超时限。

② 机组超出力运行。

③ 汽水品质不合格,使叶片结垢或腐蚀,各监视段压力升高,超过许可值。

④ 启停机疏水、暖机等操作不当,造成叶片过载或动静部件摩擦。

⑤ 凝汽器真空偏低或未盘车进行冲转。

⑥ 在临界转速附近长时间停留。

⑦ 机组发生严重超速。

⑧ 低压缸排汽湿度大,末级叶片水蚀严重。

⑨ 主/再热蒸汽参数突降,或加热器、除氧器满水,发生水冲击。

(3) 汽轮机叶片损坏或断落的处理。

若汽缸内发出清晰的金属撞击声,或机组发生强烈振动,按破坏真空紧急停机处理。

(4) 为防止汽轮机断叶片,运行中应注意:

① 保持机组在许可周波 47.5～51.5 Hz 范围内运行。

② 保持机组蒸汽参数正常。

③ 保持加热器、除氧器运行正常,有关疏水畅通。

④ 保持机组正常出力,严格控制运行限额。

⑤ 加强汽水品质监督,防止叶片结垢腐蚀。

9.3.7 汽轮机轴向位移增大

可能造成汽机动静部分间隙减少,轴向推力增大,严重时可能造成汽轮机动静部分碰撞摩擦,推力轴承损坏等事故。

(1) 汽轮机轴向位移增大的现象。

① 操作员站出现轴向位移增大报警信号。

② 推力瓦金属及回油温度指示增大,机组振动可能增强。

③ 当达到跳闸值时,汽轮机保护动作跳闸。

(2) 汽轮机轴向位移增大的原因。

① 负荷或蒸汽流量变化大。

② 主/再热蒸汽参数、负荷大幅度波动，造成轴向推力增加。

③ 通流部分结垢、断叶片或漏汽量增加，造成轴向推力增加。

④ 汽轮机水冲击。

⑤ 回热系统运行方式改变。

⑥ 凝汽器真空下降。

⑦ 系统周波偏离正常范围或发电机转子窜动。

⑧ 推力轴承断油或磨损。

(3) 汽轮机轴向位移增大的处理。

① 当轴向位移值发生异常变化时，应检查负荷、蒸汽参数、轴封蒸汽温度及真空各监视段压力，密切监视推力轴承金属温度变化，并设法调整，通知热工人员校验表计，并倾听机组有无异声，各轴承有无异常振动。

② 当轴向位移绝对值超过 0.5 mm 时，密切监视推力轴承金属温度，调整负荷直至轴向位移正常值。

③ 当轴向位移绝对值增大，并出现金属响声和强烈振动时，应破坏真空紧急停机。

④ 若轴向位移绝对值超过 1 mm，跳机保护应有动作，否则应立即破坏真空紧急停机。

⑤ 如果负荷与蒸汽流量骤变，应迅速稳定负荷并调整蒸汽参数至正常值。

⑥ 当轴向位移增大且推力轴承温度增加时，应加强监视并分析原因，同时汇报领导。

9.3.8 汽轮机大轴弯曲

汽轮机大轴弯曲事故大多发生在机组启动(特别是热态启动)、滑压停运过程中或者停机后。大轴弯曲分为两种类型：一类是热弹性弯曲(指转子内部温度不均匀引起转子沿径向的热膨胀不同而产生的弯曲)；另一类是永久性(塑性)弯曲(转子局部区域受到急剧加热或冷却，该区域与临近部位产生较大温度差，受热部位热膨胀受约束，产生较大热应力，当超过材料的屈服极限时，转子局部产生塑性变形)。

当汽轮机大轴弯曲时，由于转子质量中心与回转中心不重合，存在偏心，偏心引起摩擦，摩擦热变形进一步加大偏心，使汽轮机转子振动，并随转速升高而振动加剧。

(1) 汽轮机大轴弯曲的现象。

汽轮机转子偏心度超限，连续盘车 4 h 不能恢复正常；汽轮发电机组振动显著增大。

(2) 汽轮机大轴弯曲的原因。

① 汽轮机发生振动或动静部件发生碰磨。

② 汽缸进水或冷汽，造成高温转子急剧冷却并产生径向温差而发生大轴弯曲。

③ 上下缸温差过大，造成转子热弯曲。

④ 当机组启动前或停机后，汽缸温度仍然较高时，未能进行连续盘车。

(3) 汽轮机大轴弯曲的处理。

① 在冲转前，若转子偏心度超限，应延长盘车时间，直至偏心度合格为止。

② 在汽轮发电机组启动或正常运行期间，当发生振动异常时，应认真分析，查明原因，因振动异常造成的停机必须投入盘车，连续盘车不少于 4 h 才能再次启动。

③ 若汽轮机发生进水事故，应严格按汽轮机进水事故处理原则进行处理。

④ 停机后因盘车装置或顶轴油系统故障，无法连续投入盘车运行时，应做好转子偏心

度监视，通知检修进行定期盘车，并在盘车恢复正常后，及时投入连续盘车进行直轴。

⑤ 若连续盘车无效，说明转子产生永久弯曲，此时不得再次启动，应进行机械直轴。

⑥ 若液动和手动盘车均盘不动，禁止用其他方法强行盘车，应待汽缸和管道疏水疏净后，关闭汽轮机所有本体疏水和与汽轮机连通的管道疏水，进行闷缸。

(4) 汽轮机大轴弯曲的预防要点。

① 加强汽轮机基础数据与运行数据的积累。

② 在机组启动前应严格按照运行规程检查汽轮机各项启动条件。

③ 加强轴封系统投退管理，控制轴封蒸汽温度有一定过热度并与转子金属温度相匹配。

④ 在机组启动前及停机后均应测量大轴偏心度，其不应超过原始值(均为 0.02 mm)的 ±0.02 mm，按规定投用盘车，且盘车转速应正常。

⑤ 汽轮机盘车时，应采取有效的隔离措施，防止冷水、冷汽进入汽轮机。

⑥ 汽轮机启动时应充分疏水，疏水系统应保证疏水畅通。

⑦ 在机组启动过程中，因振动异常停机后，必须回到盘车状态进行全面检查，认真分析，查明原因，之后必须连续盘车超过 4 h 才能再次启动，严禁盲目启动。

9.3.9 汽轮机强烈振动

汽轮机振动可分为强迫振动和自激振动。强迫振动由外界激振力引起，对汽轮机而言，激振力主要是机械激振力和电磁激振力。自激振动则是振动系统通过本身运动不断向自身馈送能量，自己激励自己，自激振动主要由油膜自激、间隙自激、摩擦涡动等造成。

汽轮机强烈振动有可能造成汽轮机地基损坏、轴系断裂、动静摩擦、汽机零件松动等恶性事故，若振动发生在汽轮机高压端时，还有可能引起危急保安器动作而发生停机事故。

(1) 机组振动大的现象。

操作员站出现轴振值、瓦振值增大或报警；机组声音异常，就地测量瓦振明显增大。

(2) 机组振动大的原因。

① 润滑油压、油温异常，油质异常。

② 在启动升速过程中发生油膜振荡。

③ 在开机前盘车时间不足，汽轮机转子偏心度大。

④ 在开、停机阶段，转速处于临界转速区域。

⑤ 机组膨胀异常和滑销系统卡涩等原因，引起动静摩擦。

⑥ 机组暖机不充分，疏水不畅。

⑦ 上下缸温差、高中压转子热应力超限。

⑧ 热态开机冲转参数(主/再热蒸汽温度)偏低。

⑨ 运行参数和工况剧变，汽轮机进入冷汽或发生水冲击。

⑩ 汽轮机本体内部机械零件损坏或脱落。

⑪ 发电机磁场不平衡或转子风扇脱落，电力系统振荡。

⑫ 转子质量不平衡引起振动。

⑬ 真空过度下降，引起汽轮机中心偏移或末级叶片喘振。

(3) 机组振动异常的处理。

① 在机组正常运行中，确认任一轴振突然增加 50 μm 且相邻轴振也明显增大，或轴承座振动达 11.8 mm/s、14.7 mm/s，或轴振已达 130 μm，或在任何工况下机内发出明显的金属摩擦声，应紧急停机，同时正确记录惰走时间。

② 在启动升速过程中，若因振动超限或振动保护动作跳机，当降至盘车自动投入转速后，确认盘车装置正常。

③ 在机组启动过程中，因振动高停机后，必须全面检查，确认机组符合启动条件并已连续盘车 4 h 以上，才能再次启动。

④ 若在升负荷过程中振动增大，应停止升负荷，进行观察，待振动稳定后，方可继续升负荷。当重新升负荷时，应注意振动变化趋势，若振动再次增大，则禁止继续升负荷，并汇报领导，分析处理。

⑤ 如是发电机磁场不平衡引起机组振动，应降低机组负荷，直至振动下降到许可范围。

⑥ 如是电力系统振荡引起机组振动增大，应立即报告值长，如振动越限，应破坏真空紧急停机。

⑦ 如果 TSI 故障，应立即通知热工人员处理。

9.3.10　机组甩负荷

在机组运行过程中，机组负荷突然大幅度减少或降到零，这种事故被称为机组甩负荷，往往是由电网、发电机、汽轮机调节系统、汽轮机、锅炉、锅炉辅机或控制回路等发生事故而引起的。

(1) 机组甩负荷的现象。

① 机组有功负荷突然减小。

② 当全甩负荷时，负荷至零。

③ 就地声音突变，轴向位移变化。

④ 蒸汽流量急剧减小。

⑤ 当全甩负荷时，流量接近零。

⑥ 蒸汽压力急剧上升，高低压旁路动作，再热器安全门动作。

⑦ 各段抽汽压力急剧降低。

⑧ 主/再热蒸汽温度升高。

⑨ EH 油压、调节汽门开度大幅度变化。

⑩ 甩负荷程度达到负荷不平衡继电器与加速度继电器动作条件时，相应回路发生动作。

(2) 机组甩负荷的原因。

① 电网或发变组及厂用电发生故障。

② 主变压器、主开关及厂用电系统发生故障。

③ DEH 发生故障。

④ 汽轮机发生故障。

⑤ 机组辅机发生故障。

⑥ 机组发生保护动作。

(3) 机组甩负荷的处理。

① 根据机组负荷情况，启动备用凝结水泵，做好锅炉总燃料量、给水量、燃水比、分离器出口温度、主/再热蒸汽温度、主/再热蒸汽压力、炉膛负压和机组负荷等重要参数的监视和调整，若发现锅炉扰动过大，燃烧不稳，应及时投入油枪稳燃。

② 全面检查机组运行情况，尽快查明原因并进行相应处理，若无明显故障，立即汇报值长并做好升负荷的准备。

③ 注意厂用电运行情况，注意凝汽器真空及低压缸排汽温度，监视调整好凝汽器、除氧器及加热器水位，维持辅助蒸汽母管压力正常。

④ 注意监视主/再热蒸汽参数，当抽汽压力不能满足小汽轮机及除氧器需要时，切换除氧器和小汽轮机汽源。

⑤ 在重要辅机跳闸后，首先确认 RB 发生及 RB 动作正确，否则应手动干预。

⑥ 检查并确认跳闸磨煤机的消防蒸汽自动投入，否则应手动投入。

⑦ 检查联合引风机、送风机及一次风机的电机电流、喘振和失速情况，并及时调整。

⑧ 恢复负荷启动跳闸的磨煤机时，应先确认该磨煤机的点火能量满足，缓慢将磨煤机内存煤吹入炉膛，待存煤吹扫干净后，方可启动该制粉系统，以防发生煤粉爆燃。

⑨ 若电气保护动作，按发电机保护动作处理。

9.3.11 汽轮机严重超速

汽轮机严重超速是汽轮机事故中最为危险的一种事故，主要发生在汽轮发电机与系统解列或运行甩负荷时，可能造成叶片甩脱、轴承损坏、大轴折断，甚至导致整个机组报废，运行中应对此类事故予以足够重视。

(1) 汽轮机严重超速的现象。

① 汽轮机转速超过 3 300 r/min，超速保护未动作并继续升速。

② 机组发出异常声音，振动增大，轴瓦金属温度上升。

(2) 汽轮机严重超速的原因。

① 在发电机甩负荷后，汽轮机调速系统工作失常。

② 蒸汽进汽门、补汽门和抽汽逆止门等卡涩或关闭不严。

③ 超速保护失灵。

④ 主机功率不平衡、整定不正确或动作不正常。

(3) 汽轮机严重超速的处理。

① 立即破坏真空紧急停机。

② 检查并确认高排通风门开启，高压旁路动作正常。

③ 在机组惰走期间，应安排人员就地检查机组的振动、润滑油回油温度、供油压力等参数，倾听机组内部的声音，并准确记录惰走时间。

④ 查明超速原因并消除故障。

⑤ 全面检查并确认汽轮机正常后，方可重新启动；校验超速保护装置动作正常后，方可并网带负荷。

⑥ 在重新启动过程中，应对汽轮机振动、内部声音、轴承温度、轴向位移、推力瓦温度等进行重点检查和监视，若发现异常立即停机。

(4) 汽轮机严重超速的预防措施。

① 在机组启动前认真检查高中压主蒸汽门、调节门、补汽门的安装质量，检查并确认各汽门开关动作灵活。

② 在机组运行过程中，当任一汽轮机超速保护故障不能消除时，应停机消除。

③ 定期进行ETS超速保护试验以及主蒸汽门、调节门、补汽门、抽汽逆止门活动试验。

④ 在机组运行过程中，发现主蒸汽门或调节进汽门卡涩，应设法把机组负荷降至零，先打闸汽轮机，然后解列发电机。

⑤ 机组正常停运，采用程序逆功率方法解列发电机。

⑥ 加强汽、水、油品质的监督，确保品质符合规定。

9.3.12　除氧器水位异常

(1) 除氧器水位异常的原因。

① 锅炉给水流量大幅度波动。

② 除氧器压力大幅度波动、水位自动调节失灵、底部放水调节门泄漏或误开。

③ 凝结水压力和流量大幅度波动。

④ 高压加热器正常疏水调节门不正常。

(2) 除氧器水位异常的处理。

① 除氧器水位出现异常时，应立即调节除氧器水位调节门，并检查给水泵的运行情况，如发现异常应及时进行调整；若除氧器水位调节门或高压加热器正常疏水调节门发生故障，应及时联系检修人员进行处理；若除氧器底部放水调节门泄漏，应设法隔离并联系检修人员处理。

② 若凝结水泵出力不稳定，应切换凝结水泵运行。

③ 如除氧器水位低，必要时可启动备用凝结水泵，加大除氧器的上水，同时注意凝汽器的水位，紧急情况下应降低机组负荷。

④ 当除氧器水位升至高Ⅱ值(300 mm)时，开启除氧器溢流调节门(水位低于250 mm时返回自动调节)；当水位低到200 mm时，如果除氧器溢流调节门在自动位置，会关到0，如果在手动位置，则保持开度不变。

⑤ 当除氧器水位升至高Ⅲ值(400 mm)时，开启凝结水再循环调节门(水位低于350 mm时返回自动调节)，关闭高压加热器正常疏水调节门(水位低于350 mm时返回自动调节)，关闭除氧器水位主调节门前后隔离门，停止6号低压加热器疏水泵。

⑥ 当除氧器水位升至高Ⅳ值(500 mm)时，开启除氧器放水门、溢流调节门旁路门以及辅汽至1、2号小机供汽气动门等阀门，关闭四抽至除氧器进汽门和逆止门、辅汽至除氧器进汽总门、除氧器水位副调节门前后隔离门、汽动给水泵组再循环调节门前隔离门以及除氧器水位调节站旁路手动门等。

⑦ 当除氧器水位降至低Ⅰ值(−200 mm)报警时，检查除氧器水位调节门动作是否正常，否则应解除除氧器水位自动，手动调整除氧器水位至正常。

⑧ 当除氧器水位降至低Ⅱ值(−700 mm)报警时，及时调整除氧器水位至正常。

⑨ 若水位调整无效，除氧器水位降至低Ⅲ值(−2 060 mm)时，手跳给水泵与前置泵。

9.4 电气事故处理

电气事故主要包括发电机-变压器组事故、厂用电事故、电动机事故及电力系统事故等。

电气系统事故后果严重，事故发生后若处理不及时正确，将会事故扩大，甚至造成电力系统瓦解，带来巨大损失。

9.4.1 发电机的异常运行及事故处理

(1) 发电机过负荷。

① 现象

定子电流超过额定值。

② 处理

(a) 当发电机定子电流超过正常允许值时，首先检查发电机功率因数和电压是否正常。

(b) 若系统电压正常，应减少无功负荷，使定子电流降到允许值，但定子电压和功率因数不得超过允许范围。

(c) 若减少励磁仍无效，应报告值长，降低有功负荷。

(d) 加强对发电机各测点的温度监视和调整。

(2) 发电机三相电流不平衡。

① 现象

发电机三相电流不平衡，负序电流超过正常值。

② 处理

(a) 核对发电机、主变压器的三相电流显示，判断是外部系统原因或内部故障，还是二次表计回路故障引起的三相电流不平衡。

(b) 当负序电流大于6%的额定值，最大定子电流大于或等于额定值时，应汇报调度，申请降低机组有功、无功负荷，使负序电流、定子电流降至许可范围之内。

(c) 若是由机组内故障引起的，则应把故障机组解列。

(d) 若是由系统原因引起的，应立即汇报调度设法消除。

(e) 当发电机在带不平衡电流运行时，应加强对发电机线圈温度、氢温、各线棒出水温度和机组振动的监视和检查。

(f) 在发电机负序电流保护动作跳机后，当再次启动前，必须对发电机尤其是转子进行全面检查，确认无异常后，经总工程师批准后方可重新进行启动。

(3) 发电机温度异常。

① 现象

(a) 发电机定子线圈槽内温差大报警。

(b) 定子铁芯端部温度或定子铁芯端部磁屏蔽温度高报警。

② 处理

(a) 稳定负荷，记录异常温度测点，记录当时的发电机有功、无功、功率因数、三相电流、电压、氢压以及发电机进风温度等参数值。

(b) 对发电机相关参数进行分析或者降低发电机出力并观察温度变化趋势，判断温度检测元件是否存在故障，元件若存在故障应及时通知热工人员进行处理。

(c) 若判断为发电机过负荷或三相电流不平衡引起发电机温度异常，应及时按发电机过负荷或发电机三相电流不平衡的处理原则进行处理。

(d) 若发电机进出风温度异常，应及时检查氢冷器的工作情况，重点检查氢温自动控制、氢冷器闭式水的供给量以及氢冷器顶部的空气积聚情况。

(e) 若发现发电机内氢气压力过低，应查明原因并补氢。

(f) 若定冷水工作不正常，应及时进行检查，调整并恢复至正常。

(g) 查看绝缘过热检测装置是否报警。

(4) 发电机与系统振荡或失步。

① 现象

(a) 发电机、主变压器和 500 kV 线路的功率与电流周期性地进行剧烈摆动。

(b) 各点电压周期性地摆动。

(c) 发电机发出轰鸣声，其节奏与摆动合拍。

(d) 白炽灯随电压波动忽明忽暗。

(e) 发电机强励装置可能动作。

② 处理

(a) 当系统发生振荡时，立即将机组振荡现象汇报调度，并按照调度命令进行处理，防止事故扩大。

(b) 提高发电机无功出力，增加系统电压，尽可能使发电机电压提高至允许最大值。

(c) 根据系统频率变化，适当调节有功出力，维持功率平衡；当系统频率升高时，应立即降低有功出力。

(d) 根据振荡情况，及时切换厂用电源。

(e) 若是同步振荡，经过上述处理后振荡会逐渐衰减或消失；若处理后振荡仍不减弱，应根据调度命令将振荡系统解列，然后再重新并列。

(f) 若强励装置动作，禁止人为进行干预。

(g) 系统发生振荡时，现场运行值班人员若未接到调度命令，不得解列发电机组。

(h) 若由于本机组发电机失磁且保护未动而引起系统振荡，应立即将机组解列。

(i) 若振荡由机组非同期并列所致，应立即解列发电机。

(j) 系统振荡消除、频率恢复后，立即做好解列发电机与系统并列的准备工作，并列与否，应按调度命令执行。

(k) 频率或电压下降严重导致辅机无法正常工作，引起机组跳闸，按 MFT 事故处理原则进行处理。

(5) 发电机逆功率。

① 现象

发电机有功读数为负值，逆功率动作信号发出。

② 处理

(a) 若发电机逆功率保护动作跳闸，遵守保护动作，停机处理。

(b) 当发电机逆功率未保护动作时，应立即解列发电机。

(c) 当查明原因消除故障后，请示调度重新将发电机并入系统。

(6) 发电机非全相运行。

① 现象

(a) 保护盘"非全相"及"不对称过负荷"信号灯亮。

(b) 当一相开关跳闸时,发电机定子电流有一相增大,另两相减小且相等。

(c) 当两相开关跳闸时,发电机定子电流一相为零,另两相相等。

(d) 机组可能产生振动和噪声。

(e) 发电机出风温度明显增高。

② 处理

(a) 在非全相状态下,严禁手动关闭主蒸汽门,严禁切断发电机励磁,应将发电机有功负荷、无功负荷和定子电流减至最小,使发电机负序电流小于长期运行允许值。

(b) 当发生非全相时,发电机负序电流保护应动作并断开发电机主开关,若发电机主开关未断开,应在 NCS 中再分闸一次,仍分不掉时应将机组有、无功降至近于 0,联系检修人员就地将未跳闸相断开。

(c) 当并列出现非全相合闸时,应立即解列,在查明原因并处理后再重新并网。

(d) 当解列出现非全相分闸时,若励磁开关已经断开,严禁重新加励磁,应在 NCS 中再分闸一次,仍分不掉时应汇报调度,拉开非全相开关的两侧开关。

(7) 发电机保护动作。

① 现象

DCS 上发出发电机保护动作报警,发变组出口开关、励磁开关跳闸,发电机三相电流、电压指示为 0。

② 处理

(a) 检查厂用电源自投是否正常。

(b) 检查保护动作情况,判明跳闸原因。

(c) 若是外部故障引起跳闸,隔离故障点,全面检查并确认无异常后,可将发电机重新并列。

(d) 若是内部故障引起跳闸,则应进行如下检查。

ⓐ 对发电机保护范围内的设备进行全面检查。

ⓑ 检查发电机是否有绝缘烧焦的气味或其他明显的故障现象。

ⓒ 联系检修人员测量发电机定子、转子绝缘电阻是否合格,以及各点温度是否正常。

ⓓ 经上述检查及测量无问题,并经总工程师批准后,可进行发电机零起升压试验,试验良好后再将发电机并列。

ⓔ 若经检查确认是保护装置误动,则联系检修人员处理,停用该保护装置,经生产厂长或总工批准后,方可重新将发电机并网。

(8) 发电组主开关跳闸。

① 现象

(a) DCS 上发出相关保护动作报警。

(b) 变压器出口开关与励磁开关跳闸,发电机三相电流与电压指示到 0。

② 处理

(a) 检查 6 kV 备用电源的自投情况,若自投正常,将快切装置复位;若未自投,应检查保安电源系统运行是否正常，必要时开启柴油发电机组。

(b) 检查直流系统、UPS 系统运行是否正常。

(c) 检查保护动作情况，判断发变组主开关跳闸原因，并做相应处理。

(d) 若主开关跳闸后导致 500 kV 母线解环运行，应立即汇报调度，将主变压器高压侧闸刀拉开，断开发变组保护及切机保护跳闸 500 kV 开关压板，并投入其短引线保护，然后再恢复 500 kV 开关成串运行。

(e) 做好重新开机并网的相关准备工作。

9.4.2　励磁系统的异常运行及事故处理

(1) 励磁变压器运行中出现下列情况，应降无功运行。

① 引线接头发热或变色。

② 负荷、环境温度均无明显变化，而励磁变压器温度有明显上升，但未超过允许值。

(2) 励磁变压器运行中出现下列情况，应申请停机。

① 励磁变压器内部有强烈不均匀的放电声且伴有爆裂声。

② 套管严重破损和有严重的放电声。

③ 负荷、环境无明显变化，励磁变压器温度急剧上升，且超过允许值。

(3) 励磁变压器温升过高的处理。

① 检查励磁系统是否过负荷运行。

② 检查整流功率柜是否缺相运行。

③ 检查励磁变压器冷却风机是否自启动且正常工作。

④ 若在运行中不能恢复正常，应向调度申请停机处理。

(4) 励磁整流柜快速熔断器熔断的处理。

① 将故障整流柜脉冲开关切至断开位置。

② 联系检修人员，更换熔断的快速熔断器。

③ 注意监视机组的无功负荷，不得超过规定的限额。

(5) 励磁调节器故障的处理。

① 检查 AVR，自动或手动切至另一通道运行，加强监视，联系检修人员处理。

② 就地检查 AVR 装置其电源是否消失，记录报警指示。

③ 确认调节器报警原因，联系检修人员处理。

④ 如不能消除 AVR 故障，汇报值长，申请解列停机处理。

⑤ 故障消除后，恢复正常运行方式。

(6) 启励失败的处理。

① 检查启励电源是否正常、脉冲电源等是否投入。

② 检查启励回路、可控硅整流回路、转子回路有无短路或接地等情况。

③ 检查励磁操作控制回路是否正常。

④ 检查主回路接线是否正常，检查滑环碳刷有无异常。

⑤ 检查励磁开关合闸是否到位、PT 一次保险是否熔断或接触不良、回路接线是否松动。

⑥ 联系检修人员，检查调节器给定值及 VIF 参数设置是否正确，必要时由检修人员对

装置进行重启或采取就地减压方式进行处理。

(7) 励磁变压器保护动作的处理。

① 检查励磁装置,确认整流功率柜是否失控或转子回路是否有短路点。

② 检查励磁变压器及电缆,确认是否有短路点。

③ 故障消除或未发现明显故障点,经总工程师批准后,可用零起升压方式对机组带励磁变压器升压,无异常后再正式投运。

9.4.3 厂用电系统故障

(1) 6 kV 厂用电源中断处理。

① 若机组已跳闸,按机组跳闸原则处理。

② 若机组 RB 动作,按机组 RB 动作原则处理,稳定机组运行。

③ 严禁向故障母线手动强送电,应迅速查出故障点并进行隔离。

④ 确认 400 V 保安段母线供电是否正常,若失电未恢复,保安变未自投或自投失败,应迅速拉开保安段母线上的所有工作以及备用进线分支开关,保留柴保进线开关,确认母线无故障后,手动启动柴油发电机恢复供电。

⑤ 检查并确认直流系统和 UPS 系统供电正常。

⑥ 若失电的 400 V 母线、MCC 段备用电源有电,可以切至备用电源供电。

⑦ 检查该段 6 kV 母线所带负荷,若有保护动作而开关拒动者,将其停电隔离。拉开所有负荷开关及 PT,测量母线绝缘,若绝缘合格将母线送电,若绝缘不合格则将母线转检修,联系检修人员处理。

⑧ 记录保护装置报警信号。

(2) 400 V 厂用母线失电处理。

① 若机组 RB 动作,按对应的 RB 动作处理,稳定机组运行。

② 确认 400 V 保安 MCC 段母线供电正常,若失电未恢复,保安变未自投或自投失败,应迅速拉开保安段母线上所有工作、备用进线分支开关,保留柴油机保护电路进线开关,确认母线无故障后,手动启动柴油发动机,恢复供电。

③ 迅速查明故障点并进行隔离,若因低压厂用变压器故障引起母线失电,将变压器隔离,断开母线上所有开关,确认母线无故障,合上母联开关试送电,母线试送电成功后,恢复所带负荷供电。

④ 若由 400 V 母线故障引起母线失电或其他原因造成跳闸,无法确认母线无故障,应断开母线上所有开关,在测量母线绝缘合格后,可用工作变压器对母线充电;若确认母线故障,则将母线转为检修状态,联系检修人员处理。

(3) 辅机开关的异常处理。

① 当辅机开关保护动作导致开关拒跳造成母线失电时,应按母线失电处理。

② 当开关存在不允许分闸缺陷时,应立即断开控制回路,用上一级母线电源开关断开电源。对于 6 kV 母线,若为工作电源接带,应先将备用电源开关转冷备用或将快切闭锁,迅速对母线上相关负荷及对应热机系统进行相应倒换,再拉开工作电源开关,联系检修人员对故障开关进行处理。

③ 当开关出现非全相运行时,应立即断开,若开关无法断开,应断开上一级开关,更换

备用辅机开关，并联系检修人员处理。

④ 当在运行中辅机开关机械部分发生故障或一、二次回路严重过热时，应立即倒换备用辅机，对故障开关停电处理。

（4）辅机开关的跳闸处理。

① 检查辅机开关保护动作情况，判断跳闸原因。

② 将跳闸开关转为冷备用状态，测量辅机及电缆绝缘，汇报值长，并联系检修人员处理。

参考文献

[1] 陈海平.热力发电厂[M].北京:中国电力出版社,2018.
[2] 盛锴.火电机组控制系统建模仿真的实践与应用[M].北京:中国电力出版社,2016.
[3] 韩东太.能源与动力工程测试技术[M].2 版.徐州:中国矿业大学出版社,2019.
[4] 韩璞,刘长良,李长青.火电站仿真机原理及应用[M].天津:天津科学技术出版社,1998.
[5] 韩璞,罗毅,周黎辉,等.控制系统数字仿真技术[M].北京:中国电力出版社,2007.
[6] 侯小刚.热电站仿真机及运行[M].南京:东南大学出版社,2003.
[7]《集控运行》编写组.集控运行[M].北京:中国电力出版社,2019.
[8] 吕崇德,任挺进,姜学智,等.大型火电机组系统仿真与建模[M].北京:清华大学出版社,2002.
[9] 冉景煜.热力发电厂[M].北京:机械工业出版社,2010.
[10] 饶金华,赵玉莲,黄志明.超临界火电机组仿真运行[M].北京:中国水利水电出版社,2014.
[11] 严俊杰,黄锦涛,张凯,等.发电厂热力系统及设备[M].西安:西安交通大学出版社,2003.
[12] 杨成民.600 MW 超临界压力火电机组系统与仿真运行[M].北京:中国电力出版社,2010.
[13] 张燕侠.电厂热力系统及辅助设备[M].北京:中国电力出版社,2013.
[14] 张中林.大型燃煤电厂锅炉系统分析与集控运行[M].北京:中国电力出版社,2021.